全国高等职业教育技能型紧缺人才培养培训推荐教材

地基与基础工程施工

(建筑工程技术专业)

本教材编审委员会组织编写

主　编　杨太生
主　审　丁天庭

中国建筑工业出版社

图书在版编目（CIP）数据

地基与基础工程施工/杨太生主编 .—北京：中国建筑工业出版社，2005（2022.8重印）
全国高等职业教育技能型紧缺人才培养培训推荐教材 . 建筑工程技术专业
ISBN 978-7-112-07163-0

Ⅰ. 地… Ⅱ. 杨… Ⅲ. 地基-基础（工程）-工程施工-高等学校：技术学校-教材 Ⅳ.TU47

中国版本图书馆 CIP 数据核字（2005）第 059929 号

全国高等职业教育技能型紧缺人才培养培训推荐教材
地基与基础工程施工
（建筑工程技术专业）
本教材编审委员会组织编写
主编　杨太生
主审　丁天庭

*

中国建筑工业出版社出版、发行（北京海淀三里河路9号）
各地新华书店、建筑书店经销
廊坊市海涛印刷有限公司印刷

*

开本：787×1092毫米　1/16　印张：15　字数：365千字
2005年7月第一版　2022年8月第十七次印刷
定价：**36.00元**
ISBN 978-7-112-07163-0
（33476）

版权所有　翻印必究
如有印装质量问题，可寄本社退换
（邮政编码100037）

本书是全国高等职业教育技能型紧缺人才培养培训推荐教材之一。内容按照"高等职业学校建筑工程技术专业领域技能型紧缺人才培养培训指导方案"的指导思想和该方案对本课程的基本教学要求进行编写，重点突出职业实践能力的培养和职业素养的提高。

全书共分七个单元，内容包括：岩土的基本性质及工程分类、工程地质常识与地基勘察、土方工程施工、基坑工程施工、地基处理技术、浅基础工程施工、桩基础工程施工等。

本教材主要作为高等职业院校二年制建筑工程技术专业的教学用书，也可作为岗位培训教材或土建工程技术人员的参考书。

* * *

责任编辑：吉万旺
责任设计：赵　力
责任校对：孙　爽　关　健

本教材编审委员会名单

主 任 委 员：张其光

副主任委员：杜国城　陈　付　沈元勤

委　　　员(按姓氏笔画为序)：

丁天庭　王作兴　刘建军　朱首明　杨太生　杜　军
李顺秋　李　辉　施广德　胡兴福　项建国　赵　研
郝　俊　姚谨英　廖品槐　魏鸿汉

序

改革开放以来，我国建筑业蓬勃发展，已成为国民经济的支柱产业。随着城市化进程的加快、建筑领域的科技进步、市场竞争的日趋激烈，急需大批建筑技术人才。人才紧缺已成为制约建筑业全面协调可持续发展的严重障碍。

面对我国建筑业发展的新形势，为深入贯彻落实《中共中央、国务院关于进一步加强人才工作的决定》精神，2004年10月，教育部、建设部联合印发了《关于实施职业院校建设行业技能型紧缺人才培养培训工程的通知》，确定在建筑施工、建筑装饰、建筑设备和建筑智能化等四个专业领域实施技能型紧缺人才培养培训工程，全国有71所高等职业技术学院、94所中等职业学校、702个主要合作企业被列为示范性培养培训基地，通过构建校企合作培养培训人才的机制，优化教学与实训过程，探索新的办学模式。这项培养培训工程的实施，充分体现了教育部、建设部大力推进职业教育改革和发展的办学理念，有利于职业院校从建设行业人才市场的实际需要出发，以素质为基础，以能力为本位，以就业为导向，加快培养建设行业一线迫切需要的高技能人才。

为配合技能型紧缺人才培养培训工程的实施，满足教学急需，中国建筑工业出版社在跟踪"高等职业教育建设行业技能型紧缺人才培养培训指导方案"编审过程中，广泛征求有关专家对配套教材建设的意见，组织了一大批具有丰富实践经验和教学经验的专家和骨干教师，编写了高等职业教育技能型紧缺人才培养培训"建筑工程技术"、"建筑装饰工程技术"、"建筑设备工程技术"、"楼宇智能化工程技术"4个专业的系列教材。我们希望这4个专业的系列教材对有关院校实施技能型紧缺人才的培养培训具有一定的指导作用。同时，也希望各院校在实施技能型紧缺人才培养培训工作中，有何意见及建议及时反馈给我们。

建设部人事教育司
2005年5月30日

前　言

本书是全国高等职业教育技能型紧缺人才培养培训推荐教材之一，适用于高职二年制建筑工程技术专业。在编写过程中，编者结合多年从事教学及实践的经验，紧扣"高等职业学校建筑工程技术专业领域技能型紧缺人才培养培训指导方案"的指导思想和该方案对本课程的基本教学要求，并依据《建筑地基基础设计规范》（GB 50007—2002）、《建筑地基基础工程施工质量验收规范》（GB 50202—2002）、《建筑地基处理技术规范》（JGJ 79—2002）、《岩土工程勘察规范》（GB 50021—2001）等现行规范、标准进行编写。

本教材包括土方工程施工和基础工程施工两部分，针对本专业人才培养目标的定位，从地基基础工程的基本概念、基本知识入手，着重基本原理和基本方法的学习和应用，分析和解决施工中的一般技术问题及质量标准与检测。并编写了基础施工图识读、工程地质勘察报告的阅读与使用、施工方案与技术交底案例、实验与实训课题等内容，力求培养学生的实践动手能力。本教材建议总学时为90学时，授课时可根据本地区特点，因地制宜地结合工程项目进行现场教学，也可将部分内容放在实训课题中讲解。

全书共分为七个单元，由杨太生主编，其中单元1、2、5、6由杨太生编写，单元3、4、7由侯丽萍编写。丁天庭副教授主审了全书，并提出许多宝贵的修改意见。在编写过程中，我们参阅了一些公开出版和发表的文献，并得到山西建筑职业技术学院、浙江建设职业技术学院、内蒙古建筑职业技术学院等单位的大力支持，谨此一并致谢。

限于编者的水平和经验，加之编写时间仓促，书中尚有不妥之处，恳请读者批评指正，使本书日臻完善。

目 录

单元1 岩土的基本性质及工程分类 ·· 1
  课题1 土的组成与物理性质 ·· 1
  课题2 土的工程分类与鉴别 ·· 11
  实训课题一 ·· 16
  实训课题二 ·· 16
  复习思考题 ·· 16
  习题 ·· 17

单元2 工程地质常识与地基勘察 ·· 18
  课题1 工程地质常识 ··· 18
  课题2 建筑场地的工程地质勘察 ··· 24
  实训课题 ··· 37
  复习思考题 ·· 38
  习题 ·· 38

单元3 土方工程施工 ·· 39
  课题1 土方工程量计算及土方调配 ·· 39
  课题2 土方施工机械 ··· 48
  课题3 土方填筑与压实 ··· 59
  实训课题 ··· 62
  复习思考题 ·· 63
  习题 ·· 63

单元4 基坑工程施工 ·· 64
  课题1 基坑(槽)施工 ·· 64
  课题2 土壁支护结构 ··· 79
  课题3 基坑降水 ··· 95
  课题4 施工方案的编制 ··· 106
  实训课题一 ·· 114
  实训课题二 ·· 115
  复习思考题 ·· 115

单元5 地基处理技术 ·· 116
  课题1 地基的局部处理 ··· 116
  课题2 换填垫层法 ··· 119
  课题3 挤密桩复合地基 ··· 126
  课题4 其他地基处理方法简介 ·· 132
  课题5 特殊土处理 ··· 139
  课题6 地基处理施工方案的编制 ··· 145
  实训课题 ··· 150

复习思考题 ……………………………………………………………………………… 150
单元6　浅基础工程施工 ………………………………………………………………… 152
　课题1　浅基础的基本规定 ……………………………………………………………… 152
　课题2　无筋扩展基础 …………………………………………………………………… 155
　课题3　扩展基础 ………………………………………………………………………… 158
　课题4　其他浅基础 ……………………………………………………………………… 163
　课题5　浅基础施工图 …………………………………………………………………… 168
　课题6　浅基础施工技术交底的编制 …………………………………………………… 177
　实训课题 …………………………………………………………………………………… 181
　复习思考题 ………………………………………………………………………………… 181
单元7　桩基础工程施工 ………………………………………………………………… 183
　课题1　桩基础基本知识 ………………………………………………………………… 183
　课题2　预制钢筋混凝土桩施工 ………………………………………………………… 186
　课题3　灌注桩施工 ……………………………………………………………………… 203
　课题4　桩基础的检测与验收 …………………………………………………………… 228
　实训课题 …………………………………………………………………………………… 230
　复习思考题 ………………………………………………………………………………… 231
参考文献 ………………………………………………………………………………… 232

单元 1　岩土的基本性质及工程分类

知识点： 土的成因与组成；土的物理性质；土的工程分类与鉴别。

教学目标： 熟悉土的组成，熟悉土的工程分类方法；能进行物理性质指标计算并分析土的各种状态；能简单区分常见土的种类。

课题 1　土的组成与物理性质

1.1　土的生成

土是岩石经风化、剥蚀、破碎、搬运、沉积等过程，在复杂的自然环境中所生成的各类松散沉积物。在漫长的地质历史中，地壳岩石在相互交替的地质作用下风化、破碎为散碎体，在风、水和重力等作用下，被搬运到一个新的位置沉积下来形成"沉积土"。

风化作用与气温变化、雨雪、山洪、风、空气、生物活动等（也称为外力地质作用）密切相关，一般分为物理风化、化学风化和生物风化三种。由于气温变化，岩石胀缩开裂、崩解为碎块的属于物理风化，这种风化作用只改变颗粒的大小与形状，不改变原来的矿物成分，形成的土颗粒较大，称为原生矿物；由于水溶液、大气等因素影响，使岩石的矿物成分不断溶解水化、氧化、碳酸盐化引起岩石破碎的属于化学风化，这种风化作用使岩石原来的矿物成分发生改变，土的颗粒变的很细，称为次生矿物；由于动、植物和人类的活动使岩石破碎的属于生物风化，这种风化作用具有物理风化和化学风化的双重作用。

土是自然、历史的产物。土的自然性是指土是由固相（土粒）、液相（粒间孔隙中的水）和气相（粒间孔隙中的气态物质）组成的三相体系。相对于弹性体、塑性体、流体等连续体，土体具有复杂的物理力学性质，易受温度、湿度、地下水等天然环境条件变动的影响。土的历史性是指天然土层的物理特征与土的生成过程有关，土的生成所经历的地质历史过程以及成因对天然土层性状有重要的影响。

在地质学中，把地质年代划分为五大代（太古代、元古代、古生代、中生代和新生代），每代又分若干纪，每纪又分若干世。上述"沉积土"基本是在离我们最近的新生代第四纪（Q）形成的，因此我们也把土称为"第四纪沉积物"。由于沉积的历史不长，尚未胶结岩化，通常是松散软弱的多孔体，与岩石的性质有很大的差别。根据不同的成因条件，主要的第四纪沉积物有残积物、坡积物、洪积物、冲积物、海洋沉积物、湖泊沉积物、冰川沉积物及风积物等。

1.2　土的组成

土是由固体颗粒、水和气体组成的三相分散体系。固体颗粒构成土的骨架，是三相体系中的主体，水和气体填充土骨架之间的空隙，土体三相组成中每一相的特性及三相比例关系对土的性质有显著影响。

1.2.1 土中固体颗粒

土中固体颗粒的大小、形状、矿物成分及粒径大小的搭配情况是决定土的物理力学性质的主要因素。

(1) 粒组的划分

自然界的土都是由大小不同的土粒所组成，土的粒径发生变化，其主要性质也相应发生变化。例如土的粒径从大到小，则可塑性从无到有；黏性从无到有；透水性从大到小；毛细水从无到有。工程上将各种不同的土粒按其粒径范围，划分为若干粒组，见表1-1。

土粒粒组的划分　　　　　　　　表1-1

粒组统称	粒组名称	粒径范围 (mm)	一般特性
巨粒	漂石（块石）粒	$d>200$	透水性很大，无黏性，无毛细水
	卵石（碎石）粒	$200 \geqslant d > 60$	
粗粒	砾粒　粗粒 　　　细粒	$60 \geqslant d > 20$ $20 \geqslant d > 2$	透水性大，无黏性，毛细水上升高度不超过粒径大小
	砂粒	$2 \geqslant d > 0.075$	易透水，无黏性，遇水不膨胀，干燥时松散，毛细水上升高度不大
细粒	粉粒	$0.075 \geqslant d > 0.005$	透水性小，湿时稍有黏性，遇水膨胀小，干时稍有收缩，毛细水上升高度较大，易冻胀
	黏粒	$d \leqslant 0.005$	透水性很小，湿时有黏性、可塑性，遇水膨胀大，干时收缩显著，毛细水上升高度大，但速度慢

(2) 颗粒级配

土的颗粒级配是指大小土粒的搭配情况，通常以土中各个粒组的相对含量（即各粒组占土粒总量的百分数）来表示。

天然土常常是不同粒组的混合物，其性质主要取决于不同粒组的相对含量。为了了解其颗粒级配情况，就需进行颗粒分析试验，工程上常用的方法有筛分法和密度计法两种。《土的分类标准》中规定：筛分法适用于粒径在60～0.075mm的土。它用一套孔径不同的标准筛，按从上至下筛孔逐渐减小放置，将称过重量的烘干土样放入，经筛析机振动将土粒分开，称出留在各筛上的土重，即可求出占土粒总重的百分数；密度计法适用于粒径小于0.075mm的土，根据粒径不同，在水中下沉速度也不同的特性，用密度计进行测定分析。

将试验结果绘制颗粒级配曲线如图1-1所示，图中纵坐标表示小于（或大于）某粒径的土粒含量百分比；横坐标表示土粒的粒径，由于土体中粒径往往相差很大，为便于绘图，将粒径坐标取为对数坐标表示。

从级配曲线 a 和 b 可看出，曲线 a 所代表的土样所含土粒粒径范围广，粒径大小相差悬殊，曲线较平缓；而曲线 b 所代表的土样所含土粒粒径范围窄，粒径较均匀，曲线较陡。当土粒粒径大小相差悬殊时，较大颗粒间的孔隙被较小的颗粒所填充，土的密实度较好，称为级配良好的土，粒径相差不大，较均匀时称为级配不良的土。

为了定量反映土的级配特征，工程上常用两个级配指标来描述：

不均匀系数　　　　　　　　　　　　$C_u = \dfrac{d_{60}}{d_{10}}$　　　　　　　　　　(1-1)

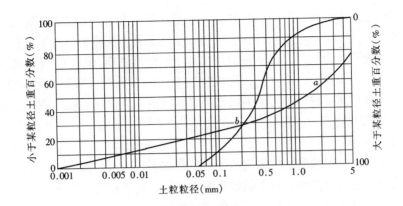

图 1-1 颗粒级配曲线

$$曲率系数 \quad C_c = \frac{d_{30}^2}{d_{10} \cdot d_{60}} \quad (1-2)$$

式中 d_{10}——有效粒径,小于某粒径的土粒质量占总质量的 10% 时相应的粒径;

d_{60}——限定粒径,小于某粒径的土粒质量占总质量的 60% 时相应的粒径;

d_{30}——小于某粒径的土粒质量占总质量的 30% 时相应的粒径。

不均匀系数 C_u 反映大小不同粒组的分布情况,即土粒大小(粒组)的均匀程度。C_u 越大,土粒越不均匀,其级配良好。曲率系数 C_c 则是描述级配曲线的整体形状,反映某粒组是否缺失的情况。

对于级配连续的土,采用单一指标 C_u 即可达到比较满意的判断结果。在一般情况下,工程上把 $C_u < 5$ 的土视为级配不良的土; $C_u > 10$ 时为级配良好的土。对于级配不连续的土(缺失 d_{60} 与 d_{10} 之间的某粒组),采用单一指标 C_u 则难以有效判定土的级配好坏。因此,当砾类土或砂类土同时满足 $C_u \geq 5$ 和 $C_c = 1 \sim 3$ 两个条件时,则为级配良好,不能同时满足则为级配不良。

1.2.2 土中水

土中水是溶解着各种离子的溶液,其含量也明显影响土的性质。土中水按其形态可分为液态水、固态水、气态水。固态水是指土中的水在温度降至 0℃ 以下时结成的冰。水结冰后体积会增大,使土体产生冻胀,破坏土的结构,冻土融化后使土体强度大大降低。气态水是指土中出现的水蒸气,一般对土的性质影响不大。液态水除结晶水紧紧吸附于固体颗粒的晶格内部外,还存在结合水和自由水两大类。

(1) 结合水

结合水是受土粒表面电场吸引的水,分强结合水和弱结合水两类。

强结合水指紧靠于土粒表面的结合水,所受电场的作用力很大,几乎完全固定排列,丧失液体的特性而接近于固体。弱结合水是指存在于强结合水外侧,电场作用范围以内的水,由于电场作用力随着与土粒距离增大而减弱,可以因电场引力从一个土粒的周围转移到另一个土粒的周围。其性质呈黏滞状态,在外界压力下可以挤压变形,对黏性土的物理力学性质影响较大。

(2) 自由水

自由水是不受土粒电场吸引的水,其性质与普通水相同,分重力水和毛细水两类。

重力水存在于地下水位以下的土孔隙中，它能在重力或压力差作用下流动，能传递水压力，对土粒有浮力作用。毛细水存在于地下水位以上的土孔隙中，由于水和空气交界处弯液面上产生的表面张力作用，土中自由水从地下水位通过毛细管（土粒间的孔隙贯通，形成无数不规则的毛细管）逐渐上升，形成毛细水。根据物理学可知，毛细管直径越小，毛细水的上升高度越高，故粉粒土中毛细水上升高度比砂类土高，在工程中要注意地基土湿润、冻胀及基础防潮。

1.2.3 土中气体

土中气体常与大气连通或以封闭气泡的形式存在于未被水占据的土孔隙中，前者在受压力作用时能够从孔隙中挤出，对土的性质影响不大；后者在受压力作用时被压缩或溶解于水中，压力减小时又能有所复原，对土的性质有较大影响，如透水性减小、延长变形稳定的时间等。

1.3 土的物理性质指标

土是由固体颗粒、水和气体组成的三相分散体系，三相的相对含量不同，对土的工程性质有重要的影响。表示土的三相组成比例关系的指标，称为土的三相比例指标。为便于分析，将互相分散的三相，抽象地各自集中起来，如图1-2所示，图中符号意义如下：

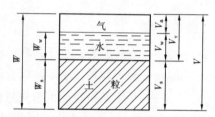

图1-2 土的三相图

W_s——土粒重量；

W_w——土中水重量；

W——土的总重量，$W = W_s + W_w$；

V_s——土粒体积；

V_w——土中水体积；

V_a——土中气体体积；

V_v——土中孔隙体积，$V_v = V_w + V_a$；

V——土的总体积，$V = V_s + V_w + V_a$。

1.3.1 指标定义

土的物理性质指标共9个，其中重度 γ、含水量 w、相对密度 d_s 三个指标可以由室内试验直接测得，称为基本指标。

(1) 土的重度 γ

土单位体积的重量称为土的重度，即：

$$\gamma = \frac{W}{V} \quad \text{kN/m}^3 \tag{1-3}$$

土的重度一般用环刀法测定。天然状态下土的重度变化范围在 $16 \sim 22 \text{kN/m}^3$ 之间，$\gamma > 20 \text{kN/m}^3$ 的土一般是比较密实的，$\gamma < 18 \text{kN/m}^3$ 时一般较松软。

(2) 土的含水量 w

土中水的重量与土粒重量之比称为土的含水量，用百分数表示，即：

$$w = \frac{W_w}{W_s} \times 100\% \tag{1-4}$$

土的含水量通常用烘干法测定，亦可近似采用酒精燃烧法快速测定。

土的含水量反映土的干湿程度。含水量愈大，说明土愈湿，一般说来也就愈软。天然状态下土的含水量变化范围较大，一般砂土 0~40%，黏性土 20%~60%，甚至更高。

(3) 土粒相对密度 d_s

土粒重量与同体积 4℃时纯水的重量之比称为土粒相对密度或土粒比重，即：

$$d_s = \frac{W_s}{V_s} \cdot \frac{1}{\gamma_w} \tag{1-5}$$

式中 γ_w——纯水在 4℃时的重度，$\gamma_w = 9.8 \text{kN/m}^3$，实用上常近似取值 10kN/m^3。

土粒的相对密度通常用比重瓶法测定。由于天然土是由不同的矿物颗粒所组成，而这些矿物颗粒的相对密度各不相同，因此试验测定的是平均相对密度。

土粒相对密度的变化范围不大，一般砂土为 2.65~2.69，黏性土为 2.70~2.75。

(4) 土的干重度 γ_d

土单位体积中土粒的重量称为土的干重度 γ_d，即：

$$\gamma_d = \frac{W_s}{V} \quad (\text{kN/m}^3) \tag{1-6}$$

土的干重度反映土的紧密程度，工程上常用它作为控制人工填土密实度的指标。

(5) 土的饱和重度 γ_{sat}

土孔隙中全部充满水时单位体积的重量称为土的饱和重度 γ_{sat}，即：

$$\gamma_{sat} = \frac{W_s + V_v \cdot \gamma_w}{V} \quad (\text{kN/m}^3) \tag{1-7}$$

(6) 土的有效重度 γ'

水下土单位体积的重量称为土的有效重度或浮重度 γ'，即：

$$\gamma' = \frac{W_s - V_s \cdot \gamma_w}{V} \quad (\text{kN/m}^3) \tag{1-8}$$

处于水下的土，由于受到水的浮力作用，使土的重力减轻，土受到的浮力等于同体积的水重 $V \cdot \gamma_w$。

(7) 土的孔隙比 e

土中孔隙体积与土粒体积之比称为土的孔隙比，即：

$$e = \frac{V_v}{V_s} \tag{1-9}$$

土的孔隙比可用来评价天然土层的密实程度。一般 $e < 0.6$ 的土是密实的低压缩性土；$e > 1$ 的土是疏松的高压缩性土。

(8) 土的孔隙率 n

土中孔隙体积与土的总体积之比称为土的孔隙率，用百分数表示，即：

$$n = \frac{V_v}{V} \times 100\% \tag{1-10}$$

土的孔隙率亦用来反映土的密实程度，一般粗粒土的孔隙率比细粒土的大。

(9) 土的饱和度 s_r

土中水的体积与孔隙体积之比称为土的饱和度，用百分数表示，即：

$$s_r = \frac{V_w}{V_v} \times 100\% \tag{1-11}$$

土的饱和度反映土中孔隙被水充满的程度。当土处于完全干燥状态时 $s_r = 0$；当土处于完全饱和状态时 $s_r = 100\%$。

上述土的三相比例指标中的重力密度（简称重度）指标共有 4 个，即土的天然重度 γ、干重度 γ_d、饱和重度 γ_{sat} 和有效重度 γ'。与之对应，土的质量密度指标也有 4 个，即土的密度 ρ、干密度 ρ_d、饱和密度 ρ_{sat} 和有效密度 ρ'。其定义不言自明，它们之间有如下关系：$\gamma = \rho g$、$\gamma_d = \rho_d g$、$\gamma_{sat} = \rho_{sat} g$、$\gamma' = \rho' g$，其中重力加速度 $g = 9.8 \text{m/s}^2 \approx 10 \text{m/s}^2$。对于同一种土，各重度或密度指标在数值上有如下关系：$\gamma_{sat} \geqslant \gamma \geqslant \gamma_d \geqslant \gamma'$ 或 $\rho_{sat} \geqslant \rho \geqslant \rho_d \geqslant \rho'$，请读者自行证明。

1.3.2 指标换算

上述表示土的三相比例关系的指标中，只要通过试验直接测定土的重度 γ、土的含水量 w、土粒相对密度 d_s，便可根据定义，利用三相图推算出其他各个指标。

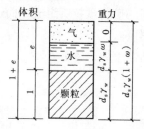

图 1-3 三相比例指标换算图

为便于推导，令 $V_s = 1$，利用指标定义得土的三相比例指标换算图（图 1-3）。

由式 (1-9) 得 $V_v = e$

所以 $V = 1 + e$

由式 (1-5) 得 $W_s = V_s \cdot d_s \cdot \gamma_w = d_s \cdot \gamma_w$

由式 (1-4) 得 $W_w = W_s \cdot w = d_s \cdot \gamma_w \cdot w$

所以 $W = W_s + W_w = d_s \cdot \gamma_w (1 + w)$

根据图 1-3，可由指标定义得换算公式（见表 1-2）

土的三相比例指标换算公式　　　　　表 1-2

指标名称	符号	表达式	单位	换算公式	备　注
重　度	γ	$\gamma = \dfrac{W}{V}$	kN/m³	$\gamma = \dfrac{d_s + s_r e}{1 + e} \gamma_w$ $\gamma = \dfrac{d_s (1 + w)}{1 + e} \gamma_w$	试验测定
土粒相对密度	d_s	$d_s = \dfrac{W_s}{V_s} \cdot \dfrac{1}{\gamma_w}$		$d_s = \dfrac{s_r e}{w}$	试验测定
含水量	w	$w = \dfrac{W_w}{W_s} \times 100\%$		$w = \dfrac{s_r e}{d_s} \times 100\%$ $= \left(\dfrac{\gamma}{\gamma_d} - 1 \right) \times 100\%$	试验测定
孔隙比	e	$e = \dfrac{V_v}{V_s}$		$e = \dfrac{d_s \gamma_w (1 + w)}{\gamma} - 1$	
孔隙率	n	$n = \dfrac{V_v}{V} \times 100\%$		$n = \dfrac{e}{1 + e} \times 100\%$	
饱和度	s_r	$s_r = \dfrac{V_w}{V_v} \times 100\%$		$s_r = \dfrac{w d_s}{e} = \dfrac{w \gamma_d}{n \gamma_w}$	
干重度	γ_d	$\gamma_d = \dfrac{W_s}{V}$	kN/m³	$\gamma_d = \dfrac{\gamma}{1 + w}$	
饱和重度	γ_{sat}	$\gamma_{sat} = \dfrac{W_s + V_v \gamma_w}{V}$	kN/m³	$\gamma_{sat} = \dfrac{d_s + e}{1 + e} \gamma_w$	
浮重度	γ'	$\gamma' = \dfrac{W_s - V_s \gamma_w}{V}$	kN/m³	$\gamma' = \gamma_{sat} - \gamma_w$ $= \dfrac{(d_s - 1) \gamma_w}{1 + e}$	

【例1-1】 某土样测得重量为1.87N,体积为100cm³,烘干后重量为1.67N,已知土粒的相对密度 $d_s = 2.66$,试求:γ、w、e、s_r、γ_d、γ_{sat}、γ'。

【解】
$$\gamma = \frac{W}{V} = \frac{1.87 \times 10^{-3}}{100 \times 10^{-6}} = 18.7 \text{kN/m}^3$$

$$w = \frac{W_w}{W_s} \times 100\% = \frac{1.87 - 1.67}{1.67} \times 100\% = 11.98\%$$

$$e = \frac{d_s \gamma_w (1+w)}{\gamma} - 1 = \frac{2.66 \times 10 (1+0.1198)}{18.7} - 1 = 0.593$$

$$s_r = \frac{w d_s}{e} = \frac{0.1198 \times 2.66}{0.593} = 0.537 = 53.7\%$$

$$\gamma_d = \frac{\gamma}{1+w} = \frac{18.7}{1+0.1198} = 16.7 \text{kN/m}^3$$

$$\gamma_{sat} = \frac{d_s + e}{1+e} \gamma_w = \frac{2.66 + 0.593}{1+0.593} \times 10 = 20.4 \text{kN/m}^3$$

$$\gamma' = \gamma_{sat} - \gamma_w = 20.4 - 10 = 10.4 \text{kN/m}^3$$

【例1-2】 某完全饱和土,已知干重度 $\gamma_d = 16.2 \text{kN/m}^3$,含水量 $w = 20\%$,试求土粒相对密度 d_s、孔隙比 e 和饱和重度 γ_{sat}。

【解】 已知完全饱和土 $s_r = 1$

由公式 $s_r = \frac{w \gamma_d}{n \gamma_w}$ 得 $n = \frac{w \gamma_d}{s_r \gamma_w} = \frac{0.2 \times 16.2}{1 \times 10} = 0.324$

由公式 $n = \frac{e}{1+e}$ 得 $e = \frac{n}{1-n} = \frac{0.324}{1-0.324} = 0.48$

代入公式 $d_s = \frac{s_r e}{w} = \frac{1 \times 0.48}{0.2} = 2.40$

$$\gamma_{sat} = \frac{d_s + e}{1+e} \gamma_w = \frac{2.4 + 0.48}{1 + 0.48} \times 10 = 19.46 \text{kN/m}^3$$

1.4 土的物理状态

1.4.1 无黏性土的密实度

无黏性土一般是指具有单粒结构的碎石(类)土与砂(类)土,土粒之间无粘结力,不具有可塑性,呈松散状态。它们的工程性质与其密实程度有关,密实状态时,结构稳定,强度较高,压缩性小,可作为良好的天然地基;疏松状态时,则是不良地基。

(1) 碎石土的密实度

碎石土的颗粒较粗,试验时不易取得原状土样,《建筑地基基础设计规范》根据重型圆锥动力触探锤击数 $N_{63.5}$ 将碎石土的密实度划分为松散、稍密、中密和密实(表1-3),也可根据野外鉴别方法确定其密实度(表1-4)。

碎石土的密实度 表1-3

重型圆锥动力触探锤击数 $N_{63.5}$	密实度	重型圆锥动力触探锤击数 $N_{63.5}$	密实度
$N_{63.5} \leq 5$	松散	$10 < N_{63.5} \leq 20$	中密
$5 < N_{63.5} \leq 10$	稍密	$N_{63.5} > 20$	密实

注：1. 本表适用于平均粒径小于等于50mm且最大粒径不超过100mm的卵石、碎石、圆砾、角砾；对于平均粒径大于50mm或最大粒径大于100mm的碎石土，可按表1-4鉴别其密实度；
2. 表内 $N_{63.5}$ 为经综合修正后的平均值。

碎石土密实度的野外鉴别方法 表1-4

密实度	骨架颗粒含量和排列	可挖性	可钻性
密实	骨架颗粒含量大于总重的70%，呈交错排列，连续接触	锹镐挖掘困难，用撬棍方能松动，井壁一般稳定	钻进极困难，冲击钻探时，钻杆、吊锤跳动剧烈，孔壁较稳定
中密	骨架颗粒含量等于总重的60%~70%，呈交错排列，大部分接触	锹镐可挖掘，井壁有掉块现象，从井壁取出大颗粒处能保持颗粒凹面形状	钻进较困难，冲击钻探时，钻杆、吊锤跳动不剧烈，孔壁有坍塌现象
稍密	骨架颗粒含量等于总重的55%~60%，排列混乱，大部分不接触	锹可挖掘，井壁易坍塌，从井壁取出大颗粒后，砂土立即坍落	钻进较容易，冲击钻探时，钻杆稍有跳动，孔壁易坍塌
松散	骨架颗粒含量小于总重的55%，排列十分混乱，绝大部分不接触	锹易挖掘，井壁极易坍塌	钻进很容易，冲击钻探时，钻杆无跳动，孔壁极易坍塌

注：1. 骨架颗粒系指与表1-12相对应粒径的颗粒；
2. 碎石土的密实度应按表列各项要求综合确定。

(2) 砂土的密实度

砂土的密实度通常采用相对密实度 D_r 来判别，其表达式为：

$$D_r = \frac{e_{max} - e}{e_{max} - e_{min}} \tag{1-12}$$

式中 e——砂土在天然状态下的孔隙比；

e_{max}——砂土在最松散状态下的孔隙比，即最大孔隙比；

e_{min}——砂土在最密实状态下的孔隙比，即最小孔隙比。

由式（1-12）可以看出：当 $e = e_{min}$ 时，$D_r = 1$，表示土处于最密实状态；当 $e = e_{max}$ 时，$D_r = 0$，表示土处于最松散状态。判定砂土密实度的标准如表1-5所示。

相对密实度 D_r 评定砂土的密实度 表1-5

相对密实度 D_r	$1 \geq D_r > 0.67$	$0.67 \geq D_r > 0.33$	$0.33 \geq D_r \geq 0$
密实度	密实	中密	松散

相对密实度从理论上讲是判定砂土密实度的好方法，但由于天然状态的 e 值不易测准，测定 e_{max} 和 e_{min} 的误差较大等实际困难，故在应用上存在许多问题。《建筑地基基础设计规范》根据标准贯入试验锤击数 N 来评定砂土的密实度（表1-6）。

标准贯入试验锤击数 N 评定砂土的密实度　　表1-6

标准贯入试验锤击数 N	密实度	标准贯入试验锤击数 N	密实度
$N \leqslant 10$	松散	$15 < N \leqslant 30$	中密
$10 < N \leqslant 15$	稍密	$N > 30$	密实

1.4.2 黏性土的物理特征

黏性土的主要物理状态特征是其软硬程度。由于黏性土主要成分是黏粒，土颗粒很细，土的比表面大（单位体积的颗粒总表面积），与水相互作用的能力较强，故水对其工程性质影响较大。

(1) 界限含水量

当土中含水量很大时，土粒被自由水所隔开，土处于流动状态；随着含水量的减少，逐渐变成可塑状态，这时土中水分主要为弱结合水；当土中主要含强结合水时，土处于固体状态，如图1-4所示。

图1-4　黏性土的物理状态与含水量的关系

黏性土由一种状态转变到另一种状态的分界含水量称为界限含水量。液限是土由流动状态转变到可塑状态时的界限含水量（也称为流限或塑性上限）；塑限是土由可塑状态转变到半固态时的界限含水量（也称为塑限下限）；缩限是土由半固态转变到固态时的界限含水量。界限含水量都以百分数表示，其值通过试验确定。

(2) 塑性指数

液限与塑限的差值（计算时略去百分号）称为塑性指数，用符号 I_P 表示，即：

$$I_P = w_L - w_P \tag{1-13}$$

塑性指数表示土的可塑性范围，它主要与土中黏粒（直径小于0.005mm的土粒）含量有关。黏粒含量增多，土的比表面增大，土中结合水含量高，塑性指数就大。

塑性指数是描述黏性土物理状态的重要指标之一，工程上常用它对黏性土进行分类。

(3) 液限指数

土的天然含水量与塑限的差值除以塑性指数称为液性指数，用符号 I_L 表示，即：

$$I_L = \frac{w - w_P}{I_P} = \frac{w - w_P}{w_L - w_P} \tag{1-14}$$

由式（1-14）可见：$I_L < 0$，即 $w < w_P$，土处于坚硬状态；$I_L > 1.0$，即 $w > w_L$，土处于流动状态。因此，液限指数是判别黏性土软硬程度的指标。规范根据液限指数将黏性土划分为坚硬、硬塑、可塑、软塑及流塑五种状态（见表1-7）。

黏性土的状态　　表1-7

液限指数 I_L	$I_L \leqslant 0$	$0 < I_L \leqslant 0.25$	$0.25 < I_L \leqslant 0.75$	$0.75 < I_L \leqslant 1$	$I_L > 1$
状态	坚硬	硬塑	可塑	软塑	流塑

(4) 黏性土的灵敏度和触变性

黏性土的一个重要特征是具有天然结构性，当天然结构被破坏时，黏性土的强度降低，压缩性增大。反映黏性土结构性强弱的指标称为灵敏度，用 S_t 表示，即

$$S_t = \frac{q_u}{q_o} \tag{1-15}$$

式中　q_u——原状土强度；

　　　q_o——与原状土含水量、重度等相同，结构完全破坏的重塑土强度。

根据灵敏度可将黏性土分为：

$S_t > 4$　　　　　高灵敏度

$2 < S_t \leqslant 4$　　　　中灵敏度

$1 < S_t \leqslant 2$　　　　低灵敏度

土的灵敏度愈高，结构性愈强，扰动后土的强度降低愈多。因此对灵敏度高的土，施工时应特别注意保护基槽，使结构不扰动，避免降低地基强度。

黏性土扰动后土的强度降低，但静置一段时间后，土粒、离子和水分子之间又趋于新的平衡状态，土的强度又逐渐增长，这种性质称为土的触变性。

1.5　土的压实性

压实是指采用人工或机械以夯、碾、振动等方式，对土施加夯压能量，使土颗粒原有结构破坏，空隙减小，气体排出，重新排列压实致密，从而得到新的结构强度。对于粗粒土，主要是增加了颗粒间的摩擦和咬合；对于细粒土，则有效地增强了土粒间的分子引力。

在试验室进行击实试验是研究土压实性质的基本方法。击实试验分轻型和重型两种，轻型击实试验适用于粒径小于 5mm 的黏性土，重型击实试验适用于粒径不大于 20mm 的土。试验时，将含水量为一定值的扰动土样分层装入击实筒中，每铺一层后，均用击锤按规定的落距和击数锤击土样，直到被击实的土样(共 3~5 层)充满击实筒。由击实筒的体积和筒内击实土的总重计算出湿密度 ρ，再根据测定的含水量 w，即可算出干密度 $\rho_d = \dfrac{\rho}{1+w}$。用一组(通常为 5 个)不同含水量的同一种土样，分别按上述方法进行试验，即可绘制一条击实曲线，如图 1-5 所示。由图可见，对某一

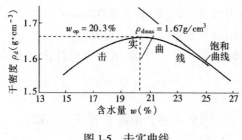

图 1-5　击实曲线

土样，在一定的击实功能作用下，只有当土的含水量为某一适宜值时，土样才能达到最密实。击实曲线的极值为最大干密度 ρ_{dmax}，相应的含水量即为最优含水量 W_{op}。

影响土压实的因素很多，包括土的含水量、土类及级配、击实功能、毛细管压力、孔隙压力等，其中前三种是主要影响因素。

在工程中，填土的质量标准常用压实系数来控制，压实系数定义为工地压实达到的干密度 ρ_d 与击实试验所得到的最大干密度 ρ_{dmax} 之比，即 $\lambda = \dfrac{\rho_d}{\rho_{dmax}}$。压实系数愈接近 1，表明对压实质量的要求越高。

课题 2　土的工程分类与鉴别

自然界的土类众多，工程性质各异，土的分类体系就是根据土的工程性质差异将土划分成一定的类别，其目的在于通过一种通用的鉴别标准，以便在不同土类间作出有价值的比较、评价。

2.1　按岩土的主要特征分类

为了评价岩土的工程性质以及进行地基基础的设计与施工，《建筑地基基础设计规范》（GB 50007—2002）根据岩土的主要特征，按工程性能近似地原则把作为建筑地基的岩土分为岩石、碎石土、砂土、粉土、黏性土和人工填土六类。

2.1.1　岩石

岩石是指颗粒间牢固联结，呈整体或具有节理裂隙的岩体。其坚硬程度划分为坚硬岩、较硬岩、较软岩、软岩和极软岩（表 1-8）；其完整程度划分为完整、较完整、较破碎、破碎和极破碎（表 1-9）。当缺乏试验资料时，可在现场通过观察定性划分，划分标准见表 1-10 和表 1-11。

岩石坚硬程度的划分　　　　　　　　　　　　　　　　　　　　　　　表 1-8

坚硬程度类别	坚硬岩	较硬岩	较软岩	软岩	极软岩
饱和单轴抗压强度标准值 f_{rk}（MPa）	$f_{rk} > 60$	$60 \geqslant f_{rk} > 30$	$30 \geqslant f_{rk} > 15$	$15 \geqslant f_{rk} > 5$	$f_{rk} \leqslant 5$

岩石完整程度的划分　　　　　　　　　　　　　　　　　　　　　　　表 1-9

完整程度等级	完整	较完整	较破碎	破碎	极破碎
完整性指数	>0.75	0.75~0.55	0.55~0.35	0.35~0.15	<0.15

注：完整性指数为岩体纵波波速与岩块纵波波速之比的平方。选定岩体、岩块测定波速时应有代表性。

岩石坚硬程度的定性划分　　　　　　　　　　　　　　　　　　　　　表 1-10

名　称		定　性　鉴　别	代　表　性　岩　石
硬质岩	坚硬岩	锤击声清脆，有回弹，震手，难击碎；基本无吸水反映	未风化-微风化的花岗岩、闪长岩、辉绿岩、玄武岩、安山岩、片麻岩、石英岩、硅质砾岩、石英砂岩、硅质石灰岩等
	较硬岩	锤击声较清脆，有轻微回弹，稍震手，较难击碎；有轻微吸水反映	1. 微风化的坚硬岩 2. 未风化-微风化的大理岩、板岩、石灰岩、钙质砂岩等
软质岩	较软岩	锤击声不清脆，无回弹，较易击碎；指甲可刻出印痕	1. 中风化的坚硬岩和较硬岩 2. 未风化-微风化的凝灰岩、千枚岩、砂质泥岩、泥灰岩等
	软岩	锤击声哑，无回弹，有凹痕，易击碎；浸水后，可捏成团	1. 强风化的坚硬岩和较硬岩 2. 中风化的较软岩 3. 未风化-微风化的泥质砂岩、泥岩等
极软岩		锤击声哑，无回弹，有较深凹痕，手可捏碎；浸水后，可捏成团	1. 风化的软岩 2. 全风化的各种岩石 3. 各种半成岩

岩石完整程度的划分 表 1-11

名 称	结构面组数	控制性结构面平均间距（m）	代表性结构类型
完 整	1~2	>1.0	整状结构
较完整	2~3	0.4~1.0	块状结构
较破碎	>3	0.2~0.4	镶嵌状结构
破 碎	>3	<0.2	碎裂状结构
极破碎	无序	—	散体状结构

2.1.2 碎石土

碎石土是指粒径大于 2mm 的颗粒含量超过全重 50% 的土。按其颗粒形状及粒组含量可分为漂石、块石、卵石、碎石、圆砾、角砾（表 1-12）。

2.1.3 砂土

砂土是指粒径大于 2mm 的颗粒含量不超过全重 50%、粒径大于 0.075mm 的颗粒含量超过全重 50% 的土。按粒组含量可分为砾砂、粗砂、中砂、细砂和粉砂（表 1-13）。

碎石土的分类 表 1-12

土的名称	颗粒形状	粒组含量
漂石 块石	圆形及亚圆形为主 棱角形为主	粒径大于 200mm 的颗粒含量超过全重 50%
卵石 碎石	圆形及亚圆形为主 棱角形为主	粒径大于 20mm 的颗粒含量超过全重 50%
圆砾 角砾	圆形及亚圆形为主 棱角形为主	粒径大于 2mm 的颗粒含量超过全重 50%

注：分类时应根据粒组含量栏从上到下以最先符合者确定。

砂土的分类 表 1-13

土的名称	粒 组 含 量
砾砂	粒径大于 2mm 的颗粒含量占全重 25%~50%
粗砂	粒径大于 0.5mm 的颗粒含量超过全重 50%
中砂	粒径大于 0.25mm 的颗粒含量超过全重 50%
细砂	粒径大于 0.075mm 的颗粒含量超过全重 85%
粉砂	粒径大于 0.075mm 的颗粒含量超过全重 50%

注：分类时应根据粒组含量栏从上到下以最先符合者确定。

2.1.4 粉土

粉土是指粒径大于 0.075mm 的颗粒含量不超过全重 50%、塑性指数 $I_P \leq 10$ 的土。其性质介于砂土及黏性土之间。

2.1.5 黏性土

黏性土是指塑性指数 $I_P > 10$ 的土。按其塑性指数可分为黏土和粉质黏土（表 1-14）。

黏性土的分类 表 1-14

塑性指数	土的名称
$I_P > 17$	黏土
$10 < I_P \leq 17$	粉质黏土

注：塑性指数由相应于 76g 圆锥沉入土样中深度为 10mm 时测定的液限计算而得。

2.1.6 人工填土

人工填土是指由于人类活动而堆填的土。其物质成分杂乱、均匀性差。按其组成和成因可分为素填土、压实填土、杂填土和冲填土。

素填土是指由碎石土、砂土、粉土、黏性土等组成的填土。经过压实或夯实的素填土为压实填土。杂填土是指含有建筑垃圾、工业废料、生活垃圾等杂物的填土。冲填土是指由水力冲填泥砂形成的填土。

除了上述六类土之外，还有一些特殊土，如：淤泥和淤泥质土、湿陷性黄土、膨胀土等，它们都具有特殊的性质，见单元 5。

【**例 1-3**】 某土样不同粒组的含量见下表所示，已知试验测得天然重度 $\gamma = 16.6$kN/

m³，含水量 w = 9.43%，土粒相对密度 d_s = 2.7，处于密实状态时的干重度 γ_{dmax} = 16.2kN/m³，处于最松散状态时的干重度 γ_{dmin} = 14.5kN/m³。试确定土的名称并判别该土的密实状态。

粒径（mm）	5~2	2~1	1~0.5	0.5~0.25	0.25~0.1	0.1~0.075
占全重的百分比（%）	3.1	6	14.4	41.5	26	9

【解】 查表1-13，粒径大于0.25mm的颗粒含量为：

3.1% + 6% + 14.4% + 41.5% = 65%，超过全重的50%，故该土定为中砂。

砂土的天然孔隙比　　$e = \dfrac{d_s \gamma_w (1+w)}{\gamma} - 1 = \dfrac{2.7 \times 100 (1+0.0943)}{16.6} - 1 = 0.78$

砂土的最大孔隙比　　$e_{max} = \dfrac{d_s \gamma_w}{\gamma_{dmin}} - 1 = \dfrac{2.7 \times 10}{14.5} - 1 = 0.86$

砂土的最小孔隙比　　$e_{min} = \dfrac{d_s \gamma_w}{\gamma_{dmax}} - 1 = \dfrac{2.7 \times 10}{16.2} - 1 = 0.67$

相对密实度　　$D_r = \dfrac{e_{max} - e}{e_{max} - e_{min}} = \dfrac{0.86 - 0.78}{0.86 - 0.67} = 0.42$

因为 $0.67 > D_r > 0.33$，所以该砂处于中密状态。

【例1-4】 A、B两种土样，试验结果如下表所示，试确定该土的名称及软硬状态。

	天然含水量 w	塑限 w_P（%）	液限 w_L（%）
A	40.4	25.4	47.9
B	23.2	21.0	31.2

【解】 A土：塑性指数　　$I_P = w_L - w_P = 47.9 - 25.4 = 22.5$

液性指数　　$I_L = \dfrac{w - w_P}{I_P} = \dfrac{40.4 - 25.4}{22.5} = 0.67$

因 $I_P > 17$，$0.25 < I_L \leq 0.75$，所以该土为黏土，可塑状态；

B土：塑性指数　　$I_P = w_L - w_P = 31.2 - 21 = 10.2$

液性指数　　$I_L = \dfrac{w - w_P}{I_P} = \dfrac{23.2 - 21}{10.2} = 0.22$

因 $10 < I_P \leq 17$，$0 < I_L \leq 0.25$，所以该土为粉质黏土，硬塑状态。

2.2 按岩土的坚硬程度分类

按岩土的坚硬程度和开挖方法及使用工具，将土分为八类（表1-15）。

按岩土的坚硬程度分类　　　　表1-15

土的分类	土（岩）的名称	质量密度（kg/m³）	开挖方法及工具
一类土（松软土）	略有黏性的砂土；粉土腐殖土及疏松的种植土；泥炭（淤泥）	600~1500	用锹，少许用脚蹬或用板锄挖掘
二类土（普通土）	潮湿的黏性土和黄土；软的盐土和碱土；含有建筑材料碎屑、碎石、卵石的堆积土和种植土	1100~1600	用锹、条锄挖掘，需用脚蹬，少许用镐

续表

土的分类	土（岩）的名称	质量密度（kg/m³）	开挖方法及工具
三类土（坚土）	中等密实的黏性土或黄土；含有碎石、卵石或建筑材料碎屑的潮湿的黏性土或黄土	1800～1900	主要用镐、条锄挖掘，少许用锹
四类土（砂砾坚土）	坚硬密实的黏性土或黄土；含有碎石、砾石（体积在10%～30%，重量在25kg以下石块）的中等密实黏性土或黄土；硬化的重盐土；软泥灰岩	1900	全部用镐、条锄挖掘，少许用撬棍
五类土（软石）	硬的石炭纪黏土；胶结不紧的砾岩；软的、节理多的石灰岩及贝壳石灰岩；坚实的白垩；中等坚实的页岩、泥灰岩	1200～2700	用镐或撬棍、大锤挖掘，部分使用爆破方法
六类土（次坚石）	坚硬的泥质页岩；坚实的泥灰岩；角砾状花岗岩；泥灰质石灰岩；黏土质砂岩；云母页岩及砂质页岩；风化的花岗岩、片麻岩及正长岩；密实的石灰岩等	2200～2900	用爆破方法开挖，部分用风镐
七类土（坚石）	白云岩；大理石；坚实的石灰岩、石灰质石英质的砂岩；坚硬的砂质页岩；蛇纹岩；粗粒正长岩；有风化痕迹的安山岩及玄武岩；片麻岩、粗面岩；中粗花岗岩等	2500～2900	用爆破方法开挖
八类土（特坚石）	坚实的细粒花岗岩；花岗片麻岩；闪长岩；坚实的玢岩、角闪岩、辉长岩、石英岩；安山岩、玄武岩；最坚实的辉绿岩、石灰岩等	2700～3300	用爆破方法开挖

2.3 岩土的野外鉴别方法

2.3.1 碎石土、砂土野外鉴别方法

碎石土、砂土野外鉴别方法见表1-16。

碎石土、砂土野外鉴别方法 表1-16

类别	土的名称	观察颗粒粗细	干燥时的状态及强度	湿润时用手拍击状态	粘着程度
碎石土	卵（碎）石	一半以上的颗粒超过20mm	颗粒完全分散	表面无变化	无粘着感觉
	圆（角）砾	一半以上的颗粒超过2mm（小高粱粒大小）	颗粒完全分散	表面无变化	无粘着感觉
砂土	砾砂	约有1/4以上的颗粒超过2mm（小高粱粒大小）	颗粒完全分散	表面无变化	无粘着感觉
	粗砂	约有一半以上的颗粒超过0.5mm（细小米粒大小）	颗粒完全分散，但有个别胶结一起	表面无变化	无粘着感觉
	中砂	约有一半以上的颗粒超过0.25mm（白菜籽粒大小）	颗粒基本分散，局部胶结，但一碰即散	表面偶有水印	无粘着感觉
	细砂	大部分颗粒与粗豆米粉近似（>0.074mm）	颗粒大部分分散，少量胶结，稍加碰撞即散	表面有水印（翻浆）	偶有轻微粘着感觉
	粉砂	大部分颗粒与小米粉近似	颗粒少部分分散，大部分胶结，稍加压力可分散	表面有显著翻浆现象	有轻微粘着感觉

2.3.2 黏土、粉质黏土、粉土野外鉴别方法

黏土、粉质黏土、粉土野外鉴别方法见表1-17。

黏土、粉质黏土、粉土野外鉴别方法 表1-17

土的名称	湿润时用刀切	湿土用手捻摸时的感觉	土的状态 干土	土的状态 湿土	湿土搓条情况
黏土	切面光滑，有粘刀阻力	有滑腻感，感觉不到有砂粒，水分较大时很粘手	土块坚硬，用锤才能打碎	易粘着物体，干燥后不易剥去	塑性大，能搓成直径小于0.5mm的长条（长度不短于手掌），手持一端不易断裂
粉质黏土	稍有光滑面，切面平整	稍有滑腻感，有粘滞感，感觉到有少量砂粒	土块用力可压碎	能粘着物体，干燥后较易剥去	有塑性，能搓成直径为0.5~2mm的土条
粉土	无光滑面，切面稍粗糙	有轻微粘滞感或无粘滞感，感觉到砂粒较多粗糙	土块用手捏或抛扔时易碎	不易粘着物体，干燥后一碰就掉	塑性小，能搓成直径为2~3mm的短条

2.3.3 新近沉积黏性土野外鉴别方法

新近沉积黏性土野外鉴别方法见表1-18。

新近沉积粘性土野外鉴别方法 表1-18

沉积环境	颜色	结构性	含有物
河漫滩和山前洪、冲积扇的表层；古河道；已填塞的湖、塘、沟、谷；河道泛滥区	颜色较深而暗，呈褐、暗黄或灰色，含有机质较多时带灰黑色	结构性差，用手扰动原状土时极易变软，塑性较低的土还有振动析水现象	在完整的剖面中无原生的粒状结构体，但可能含有圆形的钙质结构体或贝壳等，在城镇附近可能含有少量碎砖、陶片或朽木等人类活动的遗物

2.3.4 人工填土、淤泥、黄土、泥炭野外鉴别方法

人工填土、淤泥、黄土、泥炭野外鉴别方法见表1-19。

人工填土、淤泥、黄土、泥炭野外鉴别方法 表1-19

土的名称	观察颜色	夹杂物质	形状（构造）	浸入水中的现象	湿土搓条情况
人工填土	无固定颜色	砖瓦碎块、垃圾、炉灰等	夹杂物显露于外，构造无规律	大部分变成稀软淤泥，其余部分为碎瓦、炉渣在水中单独出现	一般能搓成3mm土条但易断，遇有杂质甚多时不能搓条
淤泥	灰黑色有臭味	池沼中半腐朽的细小动植物遗体，如草根、小螺壳等	夹杂物轻，仔细观察可以发现构造常呈层状，但有时不明显	外观无显著变化，水面出现气泡	一般淤泥质土接近粉土，能搓成3mm土条，容易断裂
黄土	黄褐二色的混合色	有白色粉末出现在纹理之中	夹杂物质常清晰显见，构造上有垂直大孔（肉眼可见）	即行崩散而分成散的颗粒集团，在水面出现许多白色液体	搓条情况与正常的粉质黏土相似
泥炭	深灰或黑色	有半腐朽的动植物遗体，其含量超过60%	夹杂物有时可见，构造无规律	极易崩碎，变成稀软淤泥，其余部分为植物根动物残体渣渣悬浮于水中	一般能搓成1~3mm土条，但残渣甚多时，仅能搓3mm以上的土条

实 训 课 题 一

实训题目： 常见土的野外鉴别

实训方式： 将学生分成若干小组，选择有代表性的一个或多个基坑开挖现场，针对已开挖基坑中的不同土层，在指导教师或工程技术人员的指导下，进行常见土的野外鉴别。

实训目的： 对工程现场的地基情况有一个全面了解，并初步学会地基土的简单鉴别方法，积累经验，增加感性认识。

实训内容和要求： 观察地基土的特征，了解地基土的成层构造，并根据前述野外简单鉴别方法，靠目测、手感和借助一些简单工具，鉴定各层土的名称。为取得较好的实训效果，指导教师要根据具体情况编写实训指导书。

实训成果： 实践活动中经互相讨论后每组出一份鉴别结果，并与工程地质勘察报告相对照，检验鉴别结果的准确性，并谈谈对土的现场简单鉴别方法的认识和感受。若现场鉴别结果有错误或误差，要在指导教师或工程技术人员的指导下分析原因，以取得较好的实训效果。

实 训 课 题 二

实训题目： 土工试验

实训方式： 将学生分成若干小组，在指导教师或试验员的指导下，进行土工基本试验。

实训目的： 土工试验是学习土力学基本理论不可缺少的教学环节，也是地基基础施工现场的一项重要工作。通过试验，可以加深对基本理论的理解，同时也是学习试验方法、试验技能和培养试验结果分析能力的重要途径。

实训内容和要求： 进行密度、天然含水量、土粒相对密度、液限、塑限、击实等试验，掌握试验目的、仪器设备、操作步骤、成果整理等环节。土工试验方法应遵循《土工试验方法标准》（GB/T50123—1999），并根据本校实验室具体情况编写《土工试验手册》。

实训成果： 试验完成后，将试验数据填入试验记录表，并写出试验过程。各小组间交流成果，进行分析讨论，由指导教师讲评，以提高学生的实际动手能力。

复 习 思 考 题

1. 土由哪几部分组成？土中固体颗粒、土中水和土中气体三相比例的变化，对土的性质有什么影响？
2. 何谓颗粒级配良好？何谓级配不好？
3. 黏土颗粒表面那一层水膜对土的工程性质影响最大？
4. 简述 γ、γ_d、γ_{sat}、γ' 的意义，并证明 $\gamma_{sat} \geq \gamma \geq \gamma_d \geq \gamma'$。
5. 试用 $V=1$ 表示土的三相比例指标换算图，并推导物理性质指标公式。
6. 已知含水量甲土大于乙土，试问饱和度是否甲土大于乙土？

7. 何谓土的塑限、液限？它们与天然含水量是否有关？

8. 地基岩土分为几大类？它们是如何划分的？

习　题

1. 在某土层中，用体积为 72cm³ 的环刀取样，经测定：土样质量 129.1g，烘干质量 121.5g，土粒相对密度为 2.7，问该土样的含水量、重度、饱和重度、浮重度、干重度各是多少？

2. 某黏性土的含水量 $w = 36.4\%$，液限 $w_L = 48\%$，塑限 $w_p = 25.4\%$，试求该土样的塑性指数和液性指数，并确定该土样的名称和状态。

3. 某砂土样，标准贯入试验锤击数 $N = 20$，土样颗粒分析结果如下表，试确定该土样的名称和状态。

粒径（mm）	2~0.5	0.5~0.25	0.25~0.075	0.075~0.05	0.05~0.01	<0.01
粒组含量（%）	5.6	17.5	27.4	24.0	15.5	10.0

4. 已知 A 和 B 土样的物理指标如下表：

	w_L（%）	w_p（%）	w（%）	d_s	S_r
A	32	14	45	2.7	1.0
B	15	5	26	2.68	1.0

试问下列结论是否正确？

①A 土样比 B 土样含有更多的黏粒。

②A 土样比 B 土样具有更大的重度。

③A 土样比 B 土样的干重度大。

④A 土样比 B 土样的孔隙率大。

单元2 工程地质常识与地基勘察

知识点：工程地质常识；建筑场地工程地质勘察的目的、内容及方法；勘察报告的阅读与使用。

教学目标：了解第四纪沉积层、不良地质等工程地质常识；概括说明建筑场地工程地质勘察的目的、内容、方法以及地基承载力的概念；能熟练地阅读勘察报告并使用。

课题1 工程地质常识

1.1 地质年代的概念

地球形成至今大约有60亿年以上。在这漫长的地质历史中，地壳经历了一系列的演变过程。地质年代就是指地壳发展历史与地壳运动、沉积环境、生物演变相应的时代段落。每个段落都发生了不同的特征性地质事件，如岩石的形成、生物种属的产生与灭绝、气候变异等。在地质学中，根据地层对比和古生物学方法，把地质年代划分为五大代（太古代、元古代、古生代、中生代和新生代），每代又分为若干纪、世、期，相应的地层单位为界、系、统、层。

太古代—距今1800~2700百万年；

元古代—下分长城纪、蓟县纪、震旦纪等，距今600~1800百万年；

古生代—下分奥陶纪、石炭纪、二叠纪等，距今225~600百万年；

中生代—下分侏罗纪、白垩纪等，距今70~225百万年；

新生代—下分晚第三纪、第四纪（表2-1）等，距今0.025~70百万年。

新生代第四纪地质年代 表2-1

纪	世		距今年代（万年）
第四纪（Q）	全新世	Q_4	2.5
	更新世	晚更新世（Q_3）	15
		中更新世（Q_2）	50
		早更新世（Q_1）	100

1.2 岩石的类型

1.2.1 岩石按成因分类

岩石按其成因可分为三大类：

(1) 岩浆岩 由地球内部的岩浆侵入地壳或喷出地面冷凝而成，岩浆岩又称为火成岩；

(2) 沉积岩 岩石经风化、剥蚀成碎屑，经流水、风或冰川搬运至低处沉积，再经压密或化学作用固结而成，沉积岩又称为水成岩。沉积岩是地表分布最广的岩类，约占陆地表面积的75%；

(3) 变质岩 由于地壳运动和岩浆活动，形成高温和高压环境，使地壳中的先成岩在固态下发生矿物成分或结构构造的变化，而形成的一种新岩石。

1.2.2 岩石按坚固性分类

岩石按坚固性可分为三大类：

（1）硬质岩石 指饱和单轴极限抗压强度大于30MPa的岩石，常见的硬质岩石有花岗岩、石灰岩、石英岩、闪长岩、玄武岩、大理岩等。

（2）软质岩石 指饱和单轴极限抗压强度为5~30MPa的岩石，常见的软质岩石有钙质页岩、泥质砂岩、千枚岩、片岩等。

（3）极软岩石 指饱和单轴极限抗压强度小于5MPa的岩石，常见的极软岩石有黏土岩、泥质页岩、泥灰岩等。

1.2.3 岩石按风化程度分类

岩石按风化程度可分为五大类：

（1）未风化 其特征为：岩质新鲜，偶见风化痕迹。

（2）微风化 其特征为：结构基本未变，仅节理面有渲染或略有变色，有少量风化裂隙。

（3）中等风化 其特征为：结构部分破坏，沿节理面有次生矿物，风化裂隙发育，岩体被切割成岩块，用镐难挖，岩芯钻方可钻进。

（4）强风化 其特征为：结构大部分破坏，矿物成分显著变化，风化裂隙很发育，岩体破碎，用镐可挖，干钻不易钻进。

（5）全风化 其特征为：结构基本破坏，但尚可辨认，有残余结构强度，用镐可挖，干钻可钻进。

1.3 第四纪沉积物

地表的岩石经各种外力地质作用而成的沉积物，至今沉积历史不长，在未经胶结硬化成岩石之前，呈松散状态，称为第四纪沉积物，即"土"。不同成因类型各具有不同的分布规律和工程地质特征，以下分别介绍其中主要的几种成因类型：

1.3.1 残积物

残积物是指残留在原地未被搬运的那一部分原岩风化剥蚀后的产物，而另一部分（较细的碎屑）则被风和降水所带走。它的分布主要受地形的控制，在宽广的分水岭上，由雨水产生的地表迳流速度很小，风化产物易于保留，残积物就比较厚，在平缓的山坡上也常有残积物覆盖。

由于风化剥蚀产物是未经搬运的，颗粒不能被磨圆或分选，没有层理构造。

1.3.2 坡积物

坡积物是雨雪水流的地质作用将高处岩石风化产物缓慢地洗刷剥蚀，顺着斜坡向下逐渐移动，沉积在较平缓的山坡上而形成的沉积物。它一般分布在坡腰上或坡脚下，其上部与残积物相接（图2-1）。坡积物质随斜坡自上而下呈现由粗到细的分选现象，其矿物成分与下卧基岩没有直接关系，这是它与残积物的明显区别。

坡积物粗细颗粒混杂，土质不均匀，厚度变化很大（上部有时不足1m，下部可达几十米），通常孔隙大，压缩性高。

1.3.3 洪积物

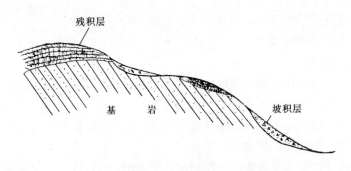

图 2-1 残积物（层）与坡积物（层）断面

由暴雨或大量融雪形成暂时性山洪急流，冲刷地表并搬运大量碎屑物质，流至山谷出口或山前倾斜平原，堆积而成洪积物。山洪流出谷口后流速减慢，被搬运的较大碎屑（如块石、砾石、粗砂等）首先大量堆积下来，较远处颗粒随之变细，分布范围也逐渐扩大。其地貌特征：靠谷口处窄而陡，谷口外逐渐变为宽而缓，形如扇状，故称为洪积扇（锥）。

由于山洪的发生是周期性的，每次的大小不尽相同，堆积物的粗细也随之不同。因此，洪积物常呈现不规则的层理构造，往往存在夹层、局部尖灭和透镜体等产状。

1.3.4 冲积物

冲积物是由河流流水将两岸基岩及其上部覆盖的坡积、洪积物剥蚀搬运，沉积在河床较平缓地带而形成的沉积物，其特点是呈现明显的层理构造。由于搬运作用显著，碎屑物质由带棱角颗粒（块石、碎石、角砾）经滚磨、碰撞逐渐形成亚圆形或圆形颗粒（漂石、卵石、圆砾），搬运距离越长，沉积的颗粒越细。

河流冲积物在地表的分布很广，可分为平原河谷冲积物和山区河谷冲积物等类型。

平原河谷通常不深而宽度很大，除河床外，大多数都有河漫滩及阶地等地貌单元（图2-2）。正常流量时，河水仅在河床中流动，洪水期间，河水会溢出河床，泛滥于河漫滩之

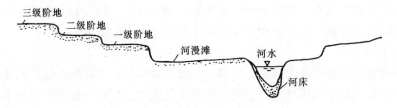

图 2-2 平原河谷断面

上。阶地是在地壳的升降运动与河流的侵蚀、沉积等作用下形成的。当地壳下降时，河流坡度变小，发生沉积作用，河谷中的冲积层增厚；地壳上升时，河流因竖向侵蚀作用增强而下切原有的冲积层，在河谷中冲刷出一条较窄的河床，新河床两岸原有的冲积物即成为阶地。如果地壳交替发生多次升降运动，就可以形成多级阶地，阶地的位置越高，形成的年代则越早。

山区河谷两岸陡峭，大多仅有河谷阶地。河流坡度大，流速大，因而沉积物颗粒较粗，大多为砂粒所填充的漂石、卵石与圆砾等。在山间盆地和宽谷中有河漫滩冲积物。

1.3.5 其他沉积物

除了上述四种成因类型的沉积物外，还有海洋沉积物、湖泊沉积物、冰川沉积物、风

积物等，不再一一介绍。

1.4 不良地质

1.4.1 断层与节理

岩层在地应力作用下形成断裂构造，断裂面两侧岩体发生显著的相对位移，地壳大范围错断称为断层。

岩层在地应力作用下形成断裂构造，但未发生相对位移时称为节理。互相平行的节理称为一组节理，若岩层具有三组以上的节理，称为节理发育。此时，岩体被节理分割，破坏了岩层的整体性。

断层与节理对建筑工程的危害极大，永久性建筑物、水库大坝等要避免横跨其上，一旦断层活动，后果不堪设想。

1.4.2 岩溶与土洞

岩溶是可溶性岩石在水的溶（侵）蚀作用下，产生的各种地质作用、形态和现象的总称。

土洞是在有覆盖土的岩溶发育区，其特定的水文地质条件，使岩面以上的土体遭到流失迁移而形成土中的洞穴和洞内塌落堆积物以及引发地面变形破坏的总称。土洞是岩溶的一种特殊形态，是岩溶范畴内的一种不良地质现象，由于发育速度快、分布密，对工程的影响有时甚至大于岩溶。

在覆盖型岩溶地区，由于自然或人为因素引起地下水快速重复波动，使上覆土层受到潜蚀、真空吸蚀等作用，与基岩相接触的土层中就会引起土洞，土洞继续发展扩大，洞顶土层就不断塌落，塌落一直发展到地表就形成地面塌陷。塌陷会毁坏铁路、公路、桥梁、管道等工程设施，也会使工业与民用建筑物开裂、歪斜、倒塌，甚至随地面一起下陷。岩溶地区塌陷灾害是我国主要地质灾害之一。

岩溶塌陷虽有突发性，但其前身的土洞，是在某些因素作用下，多数是长期发育而形成的。因此，对土洞的调查、勘探、治理和预报是岩溶塌陷地区重要的岩土工程工作之一。

1.4.3 滑坡与崩塌

斜坡上的岩土沿坡内一定的软弱带做整体向前向下移动的现象称为滑坡。滑坡的形成与地层岩性、地质构造、地形地貌、水文地质、气候、地震等因素密切相关。有时也与人类活动因素有关，如：不合理的开挖坡脚，不合理的在坡体上方堆载，不合理的开采矿藏，大药量爆破等，都能引起滑坡或古滑坡复活。

陡坡上的岩体或土体在重力或其他外力作用下，突然向下崩落的现象称为崩塌。崩塌的形成与地形条件、岩性条件、构造条件以及昼夜温差变化、暴雨、地下水、风化作用、地震、不合理的采矿或开挖边坡等因素有关，都能促使斜坡体产生崩塌。

崩塌与典型的滑坡相比有以下特点：①运动快，发生猛烈；②不沿固定的面或带；③整体性完全被破坏；④竖向位移大于水平位移。

我国人口众多，但耕地少，因建工厂、住宅、道路等需占用大量农田，若新建大工厂、企业，靠山进山不占农田，则具有重要的意义。因此，山坡稳定性对建筑物的安危就显得尤为重要。除进行调查、勘察、稳定性验算外，设计时尚应注意在滑坡区或潜在滑坡区进行工程建设和滑坡整治时应执行以防为主、防治结合、先治坡、后建房的原则,结合滑坡特性采取治坡与治水相结合的措施,合理有效地整治滑坡;崩塌的防治应以根治为原则,当不能根治时,可采用遮挡、支撑、拦截、加固、排水以及避让等措施。

1.4.4 泥石流

泥石流是发生在山区的泥、砂、碎块石等松散土体与水体的混合流体,在重力作用下,沿通面或小溪沟快速流动的一种自然地质现象,是介于崩塌、滑坡等块体运动和高含砂水流运动之间的一系列流动过程。其形成一般具有三个基本条件:①物源条件(因地质构造、岩性、不良地质作用、人类活动等造成大量的松散碎屑堆积);②水源条件(因强度较大的降雨、冰川积雪的强烈消融等造成骤发洪流物);③地形条件(陡峻的地形)。典型的泥石流流域,从上游到下游一般可分为形成、流通、堆积三个区。

泥石流的形成过程复杂,暴发突然,流动快速,历时短暂,破坏力强,往往成为山区破坏生态环境、毁坏工程设施、危害工农业生产及人民生命财产的重大地质灾害。泥石流的勘察应在可行性研究或初步勘察阶段进行,通过测绘、调查、识别、判断、勘探、测试等方法,查明泥石流的形成条件和泥石流的类型、规模、发育阶段、活动规律,并对工程场地作出适宜性评价,提出防治方案的建议。

1.4.5 采空区

地下矿层被开采后,产生的空间称为采空区。可分为老采空区、现采空区和未来采空区。

地下矿层被采空后采空区上方覆盖的岩层将失去支撑,原来的平衡条件将被破坏,致使上方岩层产生移动变形,直到破坏塌落。使地表大面积下沉、凹陷,导致地表各类建筑物(包括线路、桥涵等)变形破坏,甚至倒塌。

采空区的勘察应查明老采空区上覆岩层的稳定性,预测现采空区和未来采空区的地表移动、变形特征和规律性;判定其作为工程场地的适宜性,划分不宜建筑的场地和相对稳定的场地。

下列地段不宜作为建筑场地:

(1) 在开采过程中可能出现非连续变形的地段;
(2) 地表移动活跃的地段;
(3) 特厚矿层和倾角大于55°的厚矿层露头地段;
(4) 由于地表移动和变形引起边坡失稳和山崖崩塌的地段;
(5) 地表倾角大于10mm/m,地表曲率大于0.6mm/m^{2}或地表水平变形大于6mm/m的地段。

下列地段作为建筑场地时应评价其适宜性:

(1) 采空区采深采厚比小于30的地段;
(2) 采深小,上覆岩层极坚硬,并采用非正规开采方法的地段;
(3) 地表倾角为3~10mm/m,地表曲率为0.2~0.6mm/m^{2}或地表水平变形为2~6mm/m的地段。

下列地段为相对稳定的地段,可以作为建筑场地:

(1) 已达充分采动,无重复开采可能的地表移动盆地中间区;
(2) 地表倾角小于3mm/m,地表曲率小于0.2mm/m^{2}或地表水平变形小于2mm/m的地段。

1.5 地 下 水

1.5.1 地下水的分类

地下水按埋藏条件不同可分为三类（图2-3）：

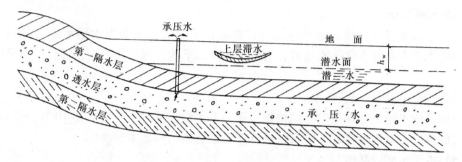

图2-3 地下水埋藏示意图

（1）上层滞水

上层滞水是指埋藏在地表浅处局部隔水层上，具有自由水面的重力水。上层滞水分布范围有限，靠大气降水及地表水补给，水量不大并随季节变化，旱季可能干涸。

（2）潜水

潜水是指埋藏在地表下第一个连续分布的稳定隔水层之上，具有自由水面的重力水。自由水面为潜水面，水面的标高称为地下水位，地面至潜水面的距离为地下水的埋藏深度，潜水面至隔水层的距离为含水层的厚度。潜水由大气降水及河水补给，水位也有季节性变化。

（3）承压水

承压水是指埋藏在两个连续分布的稳定隔水层之间的含水层中，完全充满含水层并承受静水压力的重力水。它通常存在于卵石层中，呈倾斜状分布，在地势高处水位高，对地势低处产生静水压力。若凿井打穿承压水顶面的第一隔水层，则承压水因有压力而上涌，至某一高度稳定下来（压力大的可以喷出地面），这一水位高程称为承压水位，含水层顶面至承压水位之间的距离称为承压水头。

1.5.2 地下水对工程的影响

地下水对工程的设计方案、施工方法与工期、工程投资与使用都有着密切的关系，若处理不当还可能产生不良影响，甚至发生工程事故。评价地下水对工程的影响，应根据工程的特点、气候条件等，分析地下水位、水质及动态变化对岩土体及建筑物的力学、物理、化学作用。

地下水对建筑工程的主要影响如下：

（1）基础埋深

通常基础的埋置深度应小于地下水位深度，否则在基坑开挖和基础施工时必须进行施工排（降）水。在寒冷地区当基础底面的持力层为粉砂或黏性土，若地下水位深度低于冻结深度1.5~2.0m时，冬期可能因毛细水上升使地基冻胀顶起基础，导致墙体开裂。

(2) 地下水位升降

当地下水位在地基持力层中上升，会使黏性土软化，增大压缩性；湿陷性黄土则产生严重湿陷，膨胀土则吸水膨胀，从而导致一些工程问题。当地下水位在地基持力层中大幅度下降，使地基中原有水位以下的有效自重应力增加，会使建筑物产生附加沉降，后果严重。

(3) 水质侵蚀性

大多数地区地下水的水质洁净，不含有害化学物质，可作为饮用水或工业用水。但是，当地下水中含有害化学物质时，对地下水位以下的工程结构具有侵蚀性，须采取必要的措施。

(4) 空心结构物浮起

地面下的水池、油罐等空心结构物位于地下水位以下时，在竣工使用前因地下水的浮力，可能将空心结构物浮起，需进行计算并采取适当的措施来解决。

(5) 承压水冲破基槽

存在承压水的地区，基槽开挖的深度要考虑承压水上面隔水层的自重压力应大于承压水的压力，否则，承压水可能冲破基槽底部的隔水层涌上基槽，造成流土破坏。

(6) 地下室防水

建筑物的地下室若常年或雨期处于地下水位以下，则必须做好防水层，否则产生渗漏、倒灌，无法使用。

(7) 地下水流动

地下水在重力作用下通过土中孔隙由高处向低处流动，这种现象称为渗流。水流通过土中孔隙难易程度的性质称为土的渗透性。水在土孔隙中的渗流，渗透水流作用在土颗粒上的作用力称为渗透力。当渗透力较大时，就会引起土颗粒的移动，使土体产生变形，称为土的渗透变形，若渗透水流把土颗粒带出土体（如流砂、管涌或潜蚀等），造成土体的破坏，称为渗透破坏。这种渗透现象会危及建筑物的安全和稳定，必须采取措施加以防治。

课题 2 建筑场地的工程地质勘察

2.1 工程地质勘察的目的与内容

2.1.1 工程地质勘察的目的

工程地基勘察的目的就是运用各种勘察技术手段，根据建设工程的要求，查明、分析、评价建筑场地的地质、环境特征和岩土工程条件，编制勘察文件，为建筑场地的选择、地基基础的设计和施工提供所需的基本资料，有时还可用来分析工程事故。

建筑场地地形平坦，地表土坚实，并不能保证地基土均匀与坚实。优良的设计方案，必须以准确的工程地质资料为依据。地基土层的分布、土的松密、压缩性高低、强度大小、均匀性、地下水埋深及水质、土层是否会液化等条件都关系着建筑物的安危和正常使用。结构工程师只有对建筑场地的工程地质资料全面深入的研究，才能做出好的地基基础设计方案。

如果不进行现场勘察（或参考相邻建筑物的地基情况）就盲目进行设计，这种设计是值得怀疑的，就有可能造成严重的工程事故，这种做法不应推荐。在工程实践中，有不少这样的例子。常见的事故是贪快求省、勘察不详或分析结论有误，以致延误建设进度、浪费大量资金，甚至遗留后患。为此《岩土工程勘察规范》（GB 50021—2001）中作为强制性条文明确指出："各项工程建设在设计和施工之前，必须按基本建设程序进行岩土工程勘察。岩土工程勘察应按工程建设各勘察阶段的要求，正确反映工程地质条件，查明不良地质作用和地质灾害，精心勘察、精心分析，提出资料完整、评价正确的勘察报告。"从事设计和施工的工程技术人员务必重视该项工作，正确地向勘察单位提出勘察任务和要求，并能正确地分析和使用工程地质勘察报告。

2.1.2 不同阶段的勘察内容与要求

建筑场地的岩土工程勘察，应在搜集建筑物或构筑物（以下简称建筑物）上部荷载、功能特点、结构类型、基础形式、埋置深度和变形限制等方面资料的基础上进行。

建筑场地的岩土工程勘察宜分阶段进行，可行性研究勘察应符合选择场址方案的要求；初步勘察应符合初步设计的要求；详细勘察应符合施工图设计的要求；场地条件复杂或有特殊要求的工程，宜进行施工勘察。

场地较小且无特殊要求的工程可合并勘察阶段。当建筑物平面布置已经确定，且场地或其附近已有岩土工程资料时，可根据实际情况，直接进行详细勘察。

(1) 可行性研究勘察（规划性勘察、选址勘察）

可行性研究勘察的目的是为了取得选择场址所需的主要岩土工程地质资料，对拟建场地的稳定性和适宜性做出工程地质评价和方案比较。这一阶段勘察工作的主要任务有以下几个方面：

1) 搜集区域地质、地形地貌、地震、矿产、当地的工程地质、岩土工程和建筑经验等资料；

2) 在充分搜集和分析已有资料的基础上，通过踏勘了解场地的地层、构造、岩性、不良地质作用和地下水等工程地质条件；

3) 当拟建场地工程地质条件复杂，已有资料不能满足要求时，要根据具体情况进行工程地质测绘和必要的勘探工作；

4) 当有两个或两个以上拟选址时，应进行比较分析。

根据我国的建设经验，在选择场址时一般宜避开下列地区或地段：①不良地质现象发育且对场地稳定性有直接危害或潜在威胁，如有大滑坡、强烈发育岩溶、地表塌陷、泥石流及江河岸边强烈冲淤区等；②地震基本烈度较高，可能存在地震断裂带及地震时可能发生滑坡、山崩、地表断裂的场地；③洪水或地下水对建筑场地有严重不良影响；④地下有尚未开采的有价值矿藏或未稳定的地下采空区。

(2) 初步勘察

初步勘察是在建设场址选定批准后进行的。初步勘察的目的是对场地内拟建建筑地段的稳定性做出岩土工程评价，为总平面图布置取得足够地质资料，对主要建筑物的地基基础方案及不良地质现象的防治方案提供地质资料。这一阶段勘察工作的主要任务有以下几个方面：

1) 搜集拟建工程的有关文件、岩土工程资料以及工程场地范围的地形图；

2）初步查明地质构造、地层结构、岩土工程特性、地下水埋藏条件；

3）查明场地不良地质作用的成因、分布、规模、发展趋势，并对场地的稳定性做出评价；

4）对抗震设防烈度等于或大于6度的场地，应对场地和地基的地震效应做出初步评价；

5）季节性冻土地区，应调查场地土的标准冻结深度；

6）初步判定水和土对建筑材料的腐蚀性；

7）高层建筑初步勘察时，应对可能采取的地基基础类型、基坑开挖与支护、工程降水方案进行初步分析评价。

(3) 详细勘察

详细勘察在初步设计完成以后进行，直接为设计施工图提供资料。对于有建筑经验的地区、小型工程和现有项目的扩建工程一般可直接进行这一阶段的勘察工作。详细勘察的目的是针对具体建筑物地基或具体工程的地质问题，为施工图设计和施工（地基处理、基坑开挖、基坑支护等）提供可靠的工程地质资料。因此，详细勘察应按单体建筑物或建筑群提出详细的岩土工程资料和设计、施工所需的岩土参数；对建筑地基做出岩土工程评价，并对地基类型、基础形式、地基处理、基坑支护、工程降水和不良地质作用的防治等提出建议。这一阶段勘察工作的主要任务有以下几个方面：

1）搜集附有坐标和地形的建筑总平面图，场区的地面整平标高，建筑物的性质、规模、荷载、结构特点、基础形式、埋置深度、地基允许变形等资料；

2）查明不良地质作用的类型、成因、分布范围、发展趋势和危害程度，提出整治方案和建议；

3）查明建筑范围内各岩土层的类型、深度、工程特性，分析和评价地基的稳定性、均匀性和承载力；

4）对需进行沉降计算的建筑物，提供地基变形计算参数，预测建筑物的变形特征；

5）查明埋藏的河道、沟浜、墓穴、防空洞、孤石等对工程不利的埋藏物；

6）查明地下水的埋藏条件，提供地下水位及其变化幅度；

7）在季节性冻土地区，提供场地土的标准冻结深度；

8）判定水和土对建筑材料的腐蚀性。

对抗震设防烈度等于或大于6度的场地，应进行场地和地基地震效应的岩土工程勘察，并应根据国家批准的地震动参数区划和有关规范，提出勘察场地的抗震设防烈度、设计基本地震加速度和设计特征周期。应划分场地的类别，划分对抗震有利、不利或危险的地段，进行液化判别。

当建筑物采用桩基时，应查明场地各层岩土的类型、深度、分布、工程特性和变化规律；当采用基岩作为桩的持力层时，应查明基岩的岩性、构造、岩面变化、风化程度，确定其坚硬程度、完整程度和基本质量等级，判定有无洞穴、临空面、破碎岩体或软弱岩层；查明水文地质条件，评价地下水对桩基设计和施工的影响，判定水质对建筑材料的腐蚀性；查明不良地质作用，可液化土层和特殊性岩土的分布及其对桩基的危害程度，并提出防治措施的建议；评价成桩可能性，论证桩的施工条件及其对环境的影响。

工程需要时，详细勘察应论证地基土和地下水在建筑施工和使用期间可能产生的变化及其对工程和环境的影响,提出防治方案、防水设计水位和抗浮设计水位的建议。

(4) 施工勘察

施工勘察不是一个固定的勘察阶段,应根据工程需要而定。施工勘察的目的是与设计、施工单位一起,解决与施工有关的工程地质问题。它不仅包括施工阶段的勘察工作,还包括可能在施工完成后进行的勘察工作。一般而言,当出现下列情况时应进行施工勘察:

1) 在复杂地基上修建较重要的建筑物时;
2) 基槽开挖后,地质条件与原勘察资料不符,有可能要做较大设计修改时;
3) 深基础设计及施工中需要进行测试工作时;
4) 选择地基处理方案,需进行设计和检验工作时;
5) 需进一步查明及处理地基中的不良地质现象,如溶洞、土洞等;
6) 对施工中出现的边坡失稳等问题需进行观测和处理时。

当需进行基坑开挖、支护和降水设计时,勘察工作应包括基坑工程勘察的内容。根据岩土工程条件,判定开挖、降水可能发生的问题和需要采取的支护措施,必要时尚应在施工阶段进行补充勘察。

2.2 工程地质勘察的方法

2.2.1 工程地质测绘与调查

工程地质测绘与调查是指采用搜集资料、调查访问、地质测量、遥感解译等方法,查明场地的工程地质要素,并绘制相应的工程地质图件。为初步评价场地的工程地质条件与场地的稳定性、工程地质分区、后期勘察工作的合理布置等提供依据。

工程地质测绘的基本方法是在地形图上布置一定数量的观测点或观测线,以便按点或线观测地质现象。观测点一般选择在不同地貌单元、不同地层的交接处及对工程有意义的地貌构造和可能出现不良地质现象的地段。观测线通常与岩层走向、构造线方向及地貌单元轴线相垂直,以便观测到较多的地质现象。并将观测到的地质现象表示于地形图上。

工程地质测绘与调查的范围应包括场地及其附近与研究内容有关的地段。一般宜包括下列内容:①查明地形、地貌特征及其与地层、构造、不良地质作用的关系,划分地貌单元;②岩土的年代、成因、性质、厚度和分布;对岩层应鉴定其风化程度,对土层应区分新近沉积土、各种特殊性土;③查明岩体结构类型,各类结构面(尤其是软弱结构面)的产状和性质,岩、土接触面和软弱夹层的特性等,新构造活动的形迹及其与地震活动的关系;④查明地下水的类型、补给来源、排泄条件,井泉位置,含水层的岩性特征、埋藏深度、水位变化、污染情况及其与地表水体的关系;⑤搜集气象、水文、植被、土的标准冻结深度等资料;调查最高洪水位及其发生时间、淹没范围;⑥查明岩溶、土洞、滑坡、崩塌、泥石流、冲沟、地面沉降、断裂、地震震害、地裂缝、岸边冲刷等不良地质作用的形成、分布、形态、规模、发育程度及其对工程建设的影响;⑦调查人类活动对场地稳定性的影响,包括人工洞穴、地下采空、大挖大填、抽水排水和水库诱发地震等;⑧建筑物的变形和工程经验。

2.2.2 勘探方法

岩土工程勘察中,需要借助各种勘探工具,查明地下岩土分布特征及工程特性。勘探方法很多，现将工业与民用建筑工程常用的三种方法介绍如下：

(1) 钻探法

钻探就是利用钻机在地层中钻孔（直到预计深度为止），通过沿孔深取样，以鉴别和划分土层，并测定岩土层的物理力学性质。同时也可在孔内进行原位测试，以得到土层的某些性质指标。这是世界各国广泛使用的传统方法。

钻探分为机械钻探和人工钻探两种。对于大规模的深钻孔并采取原状土样，最常用的是机械钻探。按钻进方式不同，钻机一般常用回钻式、冲击式、振动式三种。可根据不同的地层类别、土质条件和勘察要求，选用相应的钻进方式。

回钻式钻机是利用钻机的回钻器带动钻头旋转，磨削孔底地层向下钻进，通常使用管状钻头（对不同的地层选用不同的钻头），能取柱状（原状）土样。目前，国内工程勘察常用的浅孔（<100m）钻机型号有30型、50型和100型等（数字表示最大钻进深度），其中SH-30型钻机的结构如图2-4所示。冲击式钻机是利用卷扬机，借钢丝绳带动有一定重量的钻具上下反复冲击，破碎（切削）孔底土层钻进，可取得扰动土样。振动式钻机是靠振动力切削孔底土层钻进。

人工钻探最常用的是手摇麻花钻，设备简单，适用于勘探浅部土层（通常6m左右），麻花钻钻进时将土的结构破坏，可取得扰动土样。

(2) 触探法

触探法是间接的勘察方法，不取土样做试验，只是将一个特制探头装在触探杆底部，打入或压入地基土中，根据贯入阻力的大小探测土层的工程性质。根据探头的结构和入土方法不同，可分为动力触探和静力触探两大类，动力触探又分为圆锥动力触探和标准贯入试验。

1) 圆锥动力触探

用标准质量的穿心锤提升至标准高度自由下落，将特制的圆锥探头贯入地基土层标准深度，用所需锤击数 N 的大小来判定土的工程性质的好坏。N 值越大，表明贯入阻力越大，土质越密实。圆锥动力触探根据锤击能量分为轻型、重型和超重型三种类型，见表2-2。

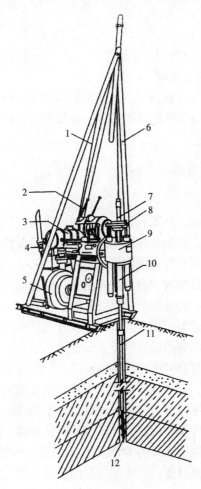

图2-4 SH-30型钻机结构示意图
1—钢丝绳；2—卷扬机；3—柴油机；4—操纵把；5—转轮；6—钻架；7—钻杆；8—卡杆器；9—回转器；10—立轴；11—钻孔；12—钻头

2) 标准贯入试验

标准贯入试验是一种简单、有效、应用广泛的原位动力触探试验，可简称为标贯。标准贯入试验所采用的触探头是一个标准规格的圆筒形探头（两个半圆管合成的取土器），称

圆锥动力触探类型 表 2-2

类 型		轻 型	重 型	超重型
落锤	质量（kg）	10±0.2	63.5±0.5	120±1
	落距（cm）	50±2	76±2	100±2
探头	直径（mm）	40	74	74
	锥角（°）	60	60	60
探杆	直径（mm）	25	42	50~60
贯入指标	深度（cm）	30	10	10
	锤击数	N_{10}	$N_{63.5}$	N_{120}
主要适用岩土		浅部的填土、砂土、粉土、黏性土	砂土、中密以下的碎石土、极软岩	密实和很密的碎石土、极软岩、软岩

之为标准贯入器，见图 2-5。

标准贯入试验来源于美国，采用质量为 63.5kg（140 磅）的穿心锤，自由落距 76cm（30 英寸），将贯入器锤击贯入土中 30cm（1 英尺）所需的锤击数，即为标准贯入锤击数 N。试验时先采用回钻钻进，钻至试验标高以上 15cm 处，清除孔底残土，防止涌砂或塌孔。锤击时应避免偏心及侧向晃动，锤击速率应小于 30 击/min。贯入器打入土中 15cm 后，开始记录每打入 10cm 的锤击数，累计打入 30cm 的锤击数，即为标准贯入锤击数 N。当锤击数已达 50 击，而贯入深度未达 30cm 时，可记录实际贯入深度并终止试验。试验后拔出贯入器，取出土样进行鉴别描述，绘制标准贯入锤击数 N 与深度的关系曲线。

当标准贯入试验深度较大，触探杆长度超过 3m 时，考虑击锤能量损失，实测标准贯入锤击数应按下式修正：

$$N = \alpha N' \quad (2-1)$$

式中 N——修正后的标准贯入锤击数；

N'——实测标准贯入锤击数；

α——触探杆长度修正系数，见表 2-3。

触探杆长度修正系数 表 2-3

触探杆长度（m）	≥3	6	9	12	15	18	21
α	1.00	0.92	0.86	0.81	0.77	0.73	0.70

标准贯入试验适用于砂土、粉土和一般黏性土，不适用于软塑至流塑的软土。

3）静力触探

静力触探试验是利用压力装置将触探头用静力压入试验土层，通过触探头中的传感器和量测仪表测试

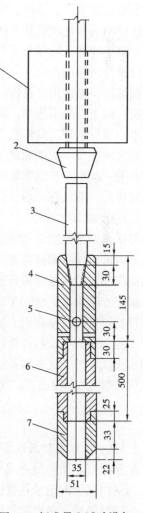

图 2-5 标准贯入试验设备
（单位：mm）
1—穿心锤；2—锤垫；3—钻杆；4—贯入器头；5—出水孔；6—两个半圆形管合并而成的贯入器身；7—贯入器靴

土层对触探头的贯入阻力,以此来判断、分析、确定地基土的物理力学性质。

静力触探试验能快速、连续地测定比贯入阻力、锥尖阻力、侧壁摩阻力和孔隙水压力,探测土层性质沿深度的变化。根据静力触探资料,结合地区经验,可以划分土层,估算土的强度、压缩性、承载力、单桩承载力、沉桩可能性和判定液化势等。

静力触探试验适用于软土、一般黏性土、粉土、砂土、素填土和含少量碎石的土。

(3) 掘探法

掘探一般包括井探、槽探和洞探。这种方法就是在建筑场地或地基内有代表性的地段用人工开挖探井、探槽或平洞,直接观察了解土层情况与性质。探井有圆形、正方形或长方形等形状,尺寸视土的软硬情况而定,较软的土层尺寸可以适当增大;探槽一般垂直于岩层或地层走向,用来了解岩层或地层分界线等。

在掘探过程中,应准确记录探井、探槽的位置、高程、尺寸、深度,描述地层土质分布、密度、含水量、稠度、颗粒成分与级配、含有物及土层特征、异常情况、地下水位等;还应用适当比例绘制有代表性剖面图或整个探井、探槽的展示图,把全部岩性、地层分界、构造特征、取样与原位试验位置,一一表示在图上,并辅以代表性部位的彩色照片,以供分析应用。

掘探法一般适用于钻探法难以进行勘察(如地基中含有大块漂石、块石等)或难以准确查明(如土层很不均匀、颗粒大小相差悬殊、分布不规则等)的土层;湿陷性黄土地区的勘察;事故处理质量检验等。这种方法直观、明了,可直接观察土层的天然结构;必要时可取大块优质不扰动原状土,进行物理力学性试验或在探槽内做现场载荷试验。但开挖深度有限,地下水位以下难以应用,土质疏松或开挖较深时必须支撑,以保证人身安全。勘察完成后,需认真回填,分层压实,工程量较大。

2.2.3 测试工作

测试是岩土勘察工作的重要内容,包括室内试验和现场原位测试。

室内试验项目和试验方法应符合《岩土工程勘察规范》(GB 50021—2001)的规定,具体操作和试验仪器应符合现行国家标准《土工试验方法标准》(GB/T 50123)和《工程岩体试验方法标准》(GB/T 50266)的规定。

现场原位测试是在岩土层所在位置,基本保持原有的结构、湿度、应力状态下,测定岩土工程物理力学指标。常用的原位测试方法除前述静力触探试验、圆锥动力触探试验和标准贯入试验外,还有载荷试验、十字板剪切试验、旁压试验、现场直接剪切试验、波速测试等,参见《岩土工程勘察规范》(GB 50021—2001)的规定。

2.3 勘察报告的阅读与使用

2.3.1 工程地质勘察报告的编制

地基勘察工作的最终成果是以报告书的形式提出的。勘察工作结束后,将取得的野外工作和室内试验的记录和数据,以及搜集到的各种直接和间接资料进行分析整理、检查校对、归纳总结后,做出建筑场地的工程地质评价。以简要明确的文字和图表编成报告书。

岩土工程勘察报告应资料完整、真实准确、数据无误、图表清晰、结论有据、建议合理、便于使用和长期保存,并应因地制宜,重点突出,有明确的工程针对性。

岩土工程勘察报告应根据任务要求、勘察阶段、工程特点和地质条件等具体情况编写，并应包括下列内容：
1）勘察目的、任务要求和依据的技术标准；
2）拟建工程概况；
3）勘察方法和勘察工作布置；
4）场地地形、地貌、地层、地质构造、岩土性质及其均匀性；
5）各项岩土性质指标，岩土的强度参数、变形参数、地基承载力的建议值；
6）地下水埋藏情况、类型、水位及其变化；
7）土和水对建筑材料的腐蚀性；
8）可能影响工程稳定的不良地质作用的描述和对工程危害程度的评价；
9）场地稳定性和适宜性评价。

岩土工程勘察报告应对岩土利用、整治和改造的方案进行分析论证，提出建议；对工程施工和使用期间可能发生的岩土问题进行预测，提出监控和预防措施的建议。

成果报告应附下列图件：
1）勘探点平面布置图；
2）工程地质柱状图；
3）工程地质剖面图；
4）原位测试成果图表；
5）室内试验成果图表。

2.3.2 勘察报告的阅读与使用

阅读勘察报告的目的在于掌握场地的工程地质条件，以便正确加以利用。因此，必须重视勘察报告的阅读与使用，阅读的步骤和重点如下：

1）全面仔细阅读勘察报告的内容，了解勘察结论和计算指标的可靠程度，进而判断报告的建议对本工程的适用性，防止只注重个别数据和结论的做法；

2）根据工程特点和要求，核对钻孔布置、钻孔深度、取样数量等是否符合有关规范的要求；

3）复核土工试验是否合理，地基基础设计和施工所需数据是否齐全，是否满足设计和施工的要求；

4）地质剖面图中钻孔点地面标高，钻孔深度，各土层的名称、厚度、坡度等分布情况；勘探点平面布置图中钻孔位置，剖面线及位置；与剖面图对应，了解整个拟建场地的土层分布情况；根据土的各项指标，比较各层土的特性，是否有薄弱部位等；

5）地下水的埋藏条件、有无侵蚀性、地下水位及变化规律；

6）根据工程地质评价、结论和建议，结合工程的具体情况，合理确定持力层、基础类型、地基处理方法、基础施工方案等。

分析工程地质勘察报告时，要把场地的工程地质条件与拟建建筑物具体情况和要求联系起来，既要从场地工程地质条件出发进行设计、施工，也要在设计、施工中发挥主观能动性，充分利用有利的工程地质条件。因此，在分析工程地质勘察报告时，以下内容必须引起工程技术人员的足够重视。

勘察报告的综合分析首先是评价场地的稳定性和适宜性。场地稳定性涉及区域稳定性和场地地基稳定性两方面问题。前者是指一个地区的整体稳定，如有无新的、活动的构造断裂带通过；后者是指一个具体的工程建筑场地有无不良地质现象及其对场地稳定性的直接与潜在的危害。原则上，采取区域稳定性和地基稳定性相结合的观点。当地区的区域稳定性条件不利时，寻找一个地基好的场地，会改善区域稳定性条件。对勘察报告中指明宜避开的危险场地，则不宜进行建筑，如不得不在其中较为稳定的地段进行建筑，也需事先采取有力的防范措施，以免中途更改场地或花费极高的处理费用。对建筑场地可能发生的不良地质现象，如泥石流、滑坡、崩塌、岩溶、塌陷等，应查明其成因、类型、分布范围、发展趋势及危害程度，采取适当的整治措施。

地基基础的设计必须满足地基承载力和基础沉降这两项基本要求。基础的形式有深、浅之分，前者主要把所承受的荷载相对集中地传递到地基深部，而后者则通过基础底面，把荷载扩散分布到浅层地基。因而基础形式不同，持力层选择时侧重点就不同。

对浅基础而言，在满足地基稳定和变形要求的前提下，基础应尽量浅埋。如果上层土地基承载力大于下层土时，尽量利用上层土作地基持力层，若遇软弱地基，宜利用上部硬壳层作为持力层。冲填土、建筑垃圾和性能稳定的工业废料，当均匀性和密实度好时，亦可作为持力层，不应一概予以挖除。如果荷载影响范围内的地层不均匀，有可能产生不均匀沉降时，应采取适当的防治措施，或加固处理，或调整上部荷载的大小。如果持力层承载力不能满足设计要求，则可采取适当的地基处理措施，如软弱地基的深层搅拌、预压堆载、化学加固，湿陷性地基的强夯密实等。

对深基础而言，主要的问题是选择桩尖持力层。桩尖持力层一般宜选择稳定的硬塑—坚硬状态的低压缩性黏土层和粉土层；中密以上的砂土和碎石层；中—微风化的基岩。当以第四纪松散的沉积层作为桩尖持力层时，应从持力层的整体强度及变形要求考虑，保证持力层有足够的厚度。持力层的下部不应有软弱地基和可液化地层。此外，还应结合地层的分布情况和岩土特征，考虑成桩时穿过持力层以上各地层的可能性。

基础设计、施工方案不要仅局限于拟建场地范围内，它或多或少，或直接或间接要对场地周围的环境甚至工程自身产生影响。如排水时地下水位要下降，基坑开挖时要引起坑外土体的变形，打桩时产生的挤土效应，灌注桩施工时泥浆排放对环境的污染等。因此选择基础方案时要预测到施工过程中可能出现的问题，要从工程建设的全过程考虑，提出合理的施工方法及相应的防治措施。

需要指出的是，由于勘察详细程度有限，加之地基土的特殊性和勘察手段本身的局限性，或人为和仪器设备的影响，勘察报告不可能完全准确地反映场地的全部特征。因而在阅读和使用勘察报告时，应注意分析和发现问题，对有疑问的关键性问题应设法进一步查明，以确保工程质量。

2.3.3 勘察报告实例

某六层框架结构办公楼，场地位于××路东侧，勘察阶段为详细勘察阶段，该工程勘察报告摘录如下：

(1) 工程概况（略）

(2) 勘察任务和要求

根据工程地质勘察任务书，本次勘察的任务和要求为：查明场地地层的分布及其物理力学性质在水平方向和垂直方向的变化情况；地基土的性质；地下水情况；提供地基土的承载力；对场地的稳定性和适宜性作出评价；对场地条件和地震液化进行判定；对水和土对建筑材料的腐蚀性作出评价；对地基和基础设计方案提出建议；对基槽开挖和地下水位的控制提出建议；对不良地质现象提出治理意见；提出地基处理的方案。

（3）勘察工作概况（略）

（4）场地及土层描述

场地位于××路东侧，地势较平坦，地貌单元单一，为第四纪全新世冲积平原。本次勘察采用相对标高系统，标高接测点为路中心线处（假设该处标高为0.00m），场地标高一般在0.00~0.15m左右。本次勘察查明，在钻探所达深度范围内，场地土层自上而下分为四层：

①素填土：以灰色为主，粉质黏土质，软塑，松散，厚约0.7~1.9m左右，该层土物理力学性质较差，为低强度高压缩性地基土；

②粉土：灰黄色-灰色，含白云母碎片，稍密为主，摇震反应中等、干强度为低、韧性为低、无光泽反应，层厚较均匀，一般在4.0m左右，该层土物理力学性质一般，为中等压缩性地基土；

③粉质黏土：可塑为主局部硬塑，局部为黏土，光泽反应稍有光滑、无摇震反应、中等干强度，层厚较均匀，在5.8~6.1m左右，为中等压缩性地基土；

④粉质黏土：软塑，局部夹粉土，光泽反应稍有光滑、无摇震反应、中等偏低干强度，该层土最大揭示厚度为8.2m，本次勘察未揭穿。

（5）地下水及水和土对建筑材料的腐蚀性评价

在本次勘察深度范围内浅层地下水为潜水类型，勘察期间实测稳定水位为假设标高-1.50m左右，但地下水位会受大气降水入渗补给、蒸发、自然排泄等因素的影响。现场踏勘查明场地四周无明显的污染源，根据区域水文地质、工程地质资料，可判定地下水和土对混凝土无腐蚀性，对钢筋有弱的腐蚀性。

（6）岩土工程分析评价

1）场地的稳定性和适宜性

本次勘察结果表明，拟建场地地基土在勘探深度范围内分布基本稳定，无明显的软弱下卧层，无发生滑坡、泥石流、崩塌等地质灾害的可能性，场地的稳定性较好，适宜进行本工程的建设。

2）地基土力学性质评价

地基土物理力学性质指标见土工试验成果表（略）。

3）地基方案

①地基土承载力、压缩性等设计指标的评价：地基土承载力根据本次勘察成果并结合地区勘察经验综合确定，压缩性指标根据土工试验成果取平均值，见表2-4。

地基土承载力、压缩性等设计指标　表2-4

地层层序及名称	地基土承载力特征值 f_{ak}(kPa)	压缩模量平均值 E_s(MPa)
（1）素填土		
（2）粉土	130	9.84
（3）粉质黏土	240	7.91
（4）粉质黏土	160	

②地基方案：根据拟建工程特点及场地土物理力学性质，拟建工程可采用天然地基方案，基础持力层为第二层粉土。施工时应注意：开挖基槽时如地下水位高于坑底，应采取坑内明排及时降低地下水位；局部超深的应将表层填土全部挖除，用1:1砂石回填。

4）场地地震效应

根据《建筑抗震设计规范》(GB 50011—2001)有关规定,本场地的抗震设防烈度为7度,设计基本地震加速度为0.10g,设计地震分组为第一组。该工程抗震设防分类为丙类。

①场地土类型的划分:根据国家标准《建筑抗震设计规范》(GB 50011—2001)的规定,拟建场地土综合判定为中软场地土,土层等效剪切波速见表2-5。

土层等效剪切波速　　　　　　　表2-5

孔号	层号	土层名称	地基承载力特征值 f_{ak} (kPa)	土层剪切波速 v_s (m/s)	层厚 (m)	传播时间 t (s)	土层等效剪切波速 v_{se} (m/s)
J1	1	素填土		100.0	1.60	0.016	185.2
	2	粉土	130	160.0	4.00	0.025	
	3	粉质黏土	240	300.0	6.20	0.021	
	4	粉质黏土	160	180	8.2	0.046	

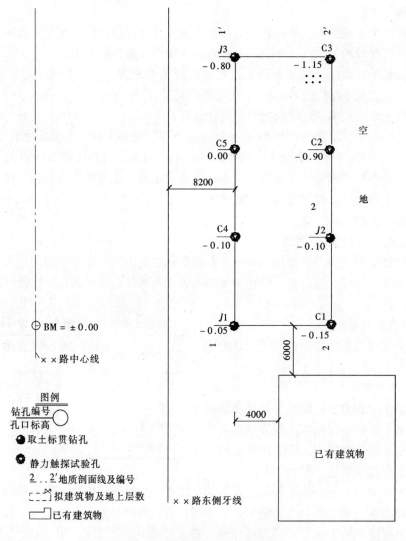

图2-6　工程勘探点平面位置图

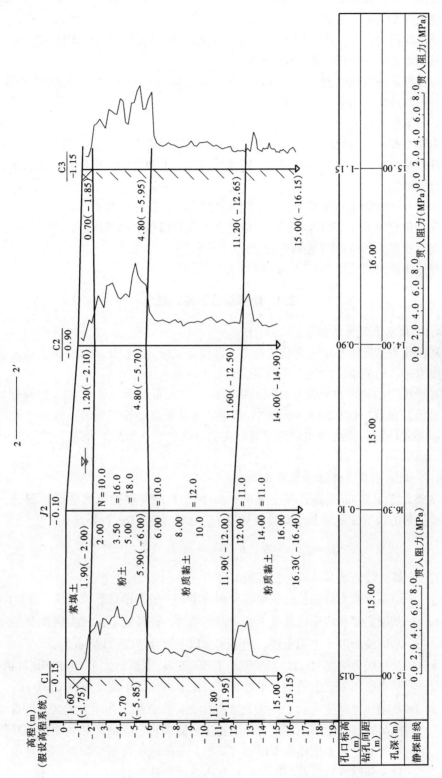

图 2-7 工程地质剖面图

②建筑场地类别的划分：根据国家标准《建筑抗震设计规范》（GB 50011—2001）的规定，建筑场地类别为Ⅲ类。

③场地地段的划分：根据国家标准《建筑抗震设计规范》（GB 50011—2001）的规定，拟建建筑场地地段为可进行建设的一般场地。

④拟建场地的液化判别：根据《建筑抗震设计规范》（GB 50011—2001）有关液化判别规定，第二层粉土为非液化土层。

(7) 结论和建议

①拟建工程可采用天然地基，以第二层粉土为基础持力层；

②开挖基槽时，基槽底不宜夯拍，防止对持力层土的扰动，破坏土的原状结构，使地基土承载力降低；

③基槽开挖后应通知勘察单位，会同各有关部门，做好验槽工作；

④为避免差异沉降对结构的影响，应适当加强基础和上部结构的强度。

工程勘探点平面位置图见图 2-6。

工程地质剖面图见图 2-7。

2.4 地基承载力基本概念

2.4.1 地基承载力的概念

地基承载力是指地基承受荷载的能力，即地基在保证其稳定的前提下，满足建筑物各类变形要求时，地基单位面积上所能承受的最大应力。

地基承载力的确定在地基基础设计中是一个非常重要而又十分复杂的问题，《建筑地基基础设计规范》（GB 50007—2002）规定：地基承载力特征值可由载荷试验或其他原位测试、公式计算、并结合实践经验等方法综合确定。通常地基承载力特征值由勘察单位提供。

2.4.2 地基承载力特征值的修正

当基础宽度大于 3m 或埋置深度大于 0.5m 时，从载荷试验或其他原位测试、公式计算、经验值等方法确定的地基承载力特征值 f_{ak}，尚应按下式进行修正：

$$f_a = f_{ak} + \eta_b \gamma (b - 3) + \eta_d \gamma_m (d - 0.5) \tag{2-2}$$

式中　f_a——修正后的地基承载力特征值（kPa）；

f_{ak}——地基承载力特征值，按前述原则确定，一般由勘察单位提供（kPa）；

η_b, η_d——基础宽度和埋深的地基承载力修正系数，按基底下土的类别查表 2-6；

γ——基础底面以下土的重度，地下水位以下取浮重度（kN/m³）；

b——基础底面宽度（m），当基宽小于 3m 按 3m 取值，大于 6m 按 6m 取值；

γ_m——基底底面以上土的加权平均重度，地下水位以下取浮重度（kN/m³）；

d——基础埋置深度（m），一般自室外地面标高算起。在填方地区，可自填土地面标高算起，但填土在上部结构施工后完成时，应从天然地面标高算起。对于地下室，如采用箱形基础或筏基时，基础埋深自室外地面标高算起；当采用独立基础或条形基础时，应从室内地面标高算起。

【例 2-1】　某基础底面尺寸 3.2m × 3.6m，埋置深度 1.8m，场地土层资料为：第一层

承载力修正系数　　　　　表 2-6

土 的 类 别		η_b	η_d
淤泥和淤泥质土		0	1.0
人工填土 e 或 I_L 大于等于 0.85 的黏性土		0	1.0
红黏土	含水比 $a_w > 0.8$	0	1.2
	含水比 $a_w \leq 0.8$	0.15	1.4
大面积压实填土	压实系数大于 0.95、黏粒含量 $\rho_c \geq 10\%$ 的粉土	0	1.5
	最大干密度大于 $2.1 t/m^3$ 的级配砂石	0	2.0
粉 土	黏粒含量 $\rho_c \geq 10\%$ 的粉土	0.3	1.5
	黏粒含量 $\rho_c < 10\%$ 的粉土	0.5	2.0
e 及 I_L 均小于 0.85 的黏性土 粉砂、细砂（不包括很湿与饱和时的稍密状态） 中砂、粗砂、砾砂和碎石土		0.3 2.0 3.0	1.6 3.0 4.4

注：1. 强风化和全风化的岩石，可参照所风化成的相应土类取值，其他状态下的岩石不修正；
　　2. 地基承载力特征值按《建筑地基基础设计规范》附录 D 深层平板荷载试验确定时 η_0 取 0。

为人工填土，天然重度 17.46kN/m³，厚 0.8m；第二层为耕植土，天然重度 16.64kN/m³，厚 1.0m；第三层为黏性土，e 及 I_L 均小于 0.85，天然重度 19kN/m³，基础以该层作为持力层，工程地质勘察报告提供地基承载力特征值 $f_{ak} = 340$ kPa。试进行修正。

【解】 基底以上土的加权平均重度为：

$$\gamma_m = \frac{\sum_{i=1}^{n} \gamma_i H_i}{\sum_{i=1}^{n} H_i} = \frac{17.46 \times 0.8 + 16.64 \times 1.0}{0.8 + 1.0} = 17 \text{kN/m}^3$$

查表 2-6 得：$\eta_b = 0.3$　$\eta_d = 1.6$

$$\begin{aligned}
f_a &= f_{ak} + \eta_b \gamma (b - 3) + \eta_d \gamma_m (d - 0.5) \\
&= 340 + 0.3 \times 19 \times (3.2 - 3) + 1.6 \times 17 \times (1.8 - 0.5) \\
&= 377 \text{kPa}
\end{aligned}$$

实 训 课 题

实训题目： 工程地质勘察报告阅读及现场参观

实训方式： 将学生分成若干小组，在指导教师或工程技术人员的带领下参观一个具体的基坑开挖现场，并进行该建筑场地工程地质勘察报告的阅读。

实训目的： 通过现场参观和地质勘察报告的阅读，使学生对工程现场的地基土情况有一个全面了解，并初步学会工程地质勘察报告的使用。

实训内容和要求： 学生应了解该房屋建筑的工程特点及场地特征，了解工程地质勘察报告的目的、任务和要求，主要内容和工作，土层分布和土层描述的内容；理解关于地基土物理力学性质指标的意义和确定方法，能看懂工程地质勘察报告的附图、附表等；明确场地评价和地基基础设计与施工的建议；了解本工程基础类型、地基处理方法、基坑开挖与支护方案等。

实训成果： 实训结束后，针对工程地质勘察报告的阅读和本工程基础设计、地基处理、基坑开挖与支护的类型、特点，以及现场参观情况，写出实训报告，其内容应能将工程地质资料和工程特点联系起来，阐述它们之间的有关工程问题。并组织学生进行分析讨论，指导教师讲评，以提高学生分析问题的能力，积累工程经验。

复习思考题

1. 何谓第四纪沉积物？根据搬运与沉积条件不同，分哪几种类型？
2. 何谓不良地质？断层与节理、岩溶与土洞、滑坡与崩塌有何不同？
3. 地下水有哪几种？它们有何不同？地下水对建筑工程的影响有哪些方面？
4. 何谓标准贯入试验？
5. 勘探方法有哪几种？试比较它们的优缺点和适用条件？
6. 为何要进行工程地质勘察？勘察分为那几个阶段？包括哪些内容？
7. 如何阅读和使用工程地质勘察报告？阅读使用勘察报告重点要注意哪些问题？
8. 通过工程地质勘探报告中的工程地质剖面图，可以了解哪些情况？
9. 什么情况下需对地基承载力特征值进行修正？

习 题

某基础埋深 $d = 1.8$m，基础宽度 $b = 3.5$m，地基土为中密的碎石，承载力特征值 $f_{ak} = 500$kPa，地下水位距地表为 1.3m，地下水位以上土的重度 $\gamma = 19.8$kN/m³，地下水位以下的饱和重度 $\gamma_{sat} = 21.0$kN/m³，试对地基承载力特征值进行修正。

单元 3 土方工程施工

知识点： 土方工程量计算及土方调配；常用土方施工机械的特点及选择；土方填筑与压实。

教学目标： 熟悉土方工程量的计算方法；能选择常用土方施工机械；能正确采用土方施工的一般技术。

课题 1 土方工程量计算及土方调配

土方工程在施工前，必须先进行土方工程量的计算。但是由于各种土方工程的外形复杂而且也很不规则，所以要想精确的计算出土方工程量往往比较困难。因此，我们在进行土方工程量计算时，都将其假设或是划分为一定的几何形状，并且采用具有一定精度而又和实际情况近似的方法进行计算。

1.1 基坑（基槽）土方量计算

基坑土方量可以按照几何中的棱柱体（由两个平行的平面做底的一种多面体）体积计算。如图 3-1 所示。

即：$V = \dfrac{H}{6}(A_1 + 4A_0 + A_2)$ （3-1）

式中 V——基坑土方量（m³）；
H——基坑深度（m）；
A_1、A_2——基坑上、下两底面面积（m²）；
A_0——基坑中截面面积（m²）。

基槽和路堤的土方量可以按长度方向划分为若干段后，再用与上面同样的方法进行计算，如图 3-2 所示。

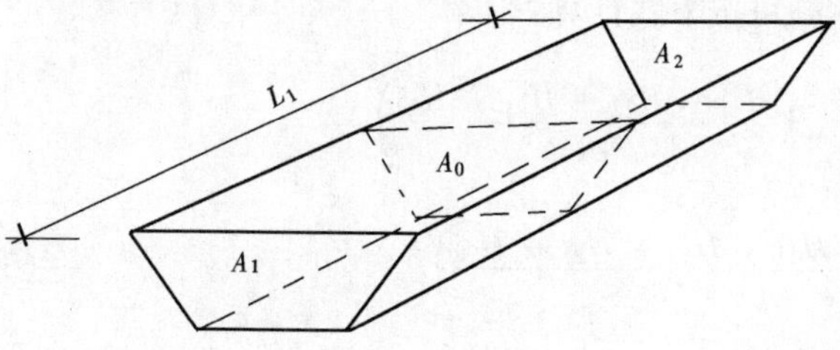

图 3-1 基坑土方量计算

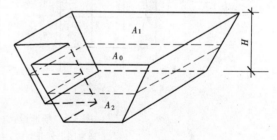

$V_1 = \dfrac{L_1}{6}(A_1 + 4A_0 + A_2)$ （3-2）

式中 V_1——第一段的土方量（m³）；
L_1——第一段的长度（m）。

将各段土方量相加即可得到总土方量，即：$V = V_1 + V_2 + \cdots\cdots + V_n$

式中 V_1、$V_2\cdots\cdots V_n$——各分段的土方量(m³)。

图 3-2 基槽土方量计算

1.2 场地平整土方量计算

场地平整是将自然地面通过人工或机械挖填平整改造成设计要求的平面。场地设计平面通常由设计单位在总图竖向设计中确定。通过设计平面的标高和自然地面的标高之差,可以得到场地各点的施工高度(填挖高度),由此可计算出场地平整的土方量。

1.2.1 确定场地设计标高

对于较大面积的场地平整(如工业厂房和住宅区场地、车站、机场、运动场等),正确选择设计标高是十分重要的。选择场地设计标高时,应尽可能满足下列要求:

① 场地以内的挖方和填方应达到相互平衡,以降低土方运输费用。
② 尽量利用地形,以减少挖方数量。
③ 符合生产工艺和运输的要求。
④ 考虑最高洪水位的影响。

采用挖填土方量平衡法确定场地设计标高,计算步骤如下:

(1) 初步计算场地设计标高

如图 3-3 所示,将场地地形图划分为边长为 20~40m 的若干个方格,每个方格的角点标高,一般可根据地形图上相邻两等高线的标高,用插入法求得。在无地形图的情况下,可以在地面打设木桩定好方格网,然后用仪器直接测出。

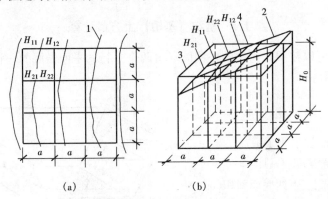

图 3-3 场地设计标高计算简图
(a) 地形图上划分方格;(b) 设计标高示意图
1—等高线;2—自然地坪;3—设计标高平面;
4—自然地面与设计标高平面的交线(零线)

按照挖填平衡的原则,场地设计标高可按下式计算:

$$H_0 N a^2 = \sum_1^N \left(a^2 \frac{H_{11} + H_{12} + H_{21} + H_{22}}{4} \right)$$

故

$$H_0 = \sum_1^N \left(\frac{H_{11} + H_{12} + H_{21} + H_{22}}{4N} \right) \tag{3-3}$$

式中　　H_0——所求的场地设计标高(m);
　　　　a——方格边长(m);
　　　　N——方格数;

H_{11}、H_{12}、H_{21}、H_{22}——任一方格四个角点的标高。

从图 3-3 (b) 中可以看出，H_{11} 是一个方格的角点标高，H_{12} 和 H_{21} 均为相邻两个方格公共角点标高；H_{22} 则为相邻四个方格公共角点标高。若将所有方格的四个角点标高相加，则类似 H_{11} 这样的角点标高加一次，类似 H_{12} 和 H_{21} 这样的标高要加两次，类似 H_{22} 这样的标高要加四次。因此，式 (3-3) 可改写为如下形式：

$$H_0 = \frac{\Sigma H_1 + 2\Sigma H_2 + 3\Sigma H_3 + 4\Sigma H_4}{4N} \tag{3-4}$$

式中　H_1——一个方格所独有的角点标高 (m)；

　　　H_2——两个方格所共有的角点标高 (m)；

　　　H_3——三个方格所共有的角点标高 (m)；

　　　H_4——四个方格所共有的角点标高 (m)。

(2) 场地设计标高的调整

由式 (3-4) 计算出的 H_0 是一个理论数值，实际还应考虑下列因素对其进行调整：

1) 由于土具有可松性，一定体积的土开挖后体积会增大，为此需相应提高设计标高。提高值可按下式计算：

$$\Delta H_0 = \frac{V_W (K'_s - 1)}{A_T + A_W K'_s} \tag{3-5}$$

式中　ΔH_0——考虑土的可松性而提高的场地设计标高值 (m)；

　　　V_W——设计标高调整前的总挖方量 (m³)；

　　　A_T——设计标高调整前的填方区总面积 (m²)；

　　　A_W——设计标高调整前的挖方区总面积 (m²)；

　　　K'_s——土的最终可松性系数。

由上述可知，考虑土的可松性后，场地的设计标高调整后改为：

$$H'_0 = H_0 + \Delta H_0 \tag{3-6}$$

2) 由于设计标高以上各种填方工程用土量而引起设计标高的降低，或者由于设计标高以下各种挖方工程的挖土量而引起设计标高的提高。

3) 由于边坡挖填土方量不等（特别是地形变化大时）而影响设计标高的增减。

4) 根据经济结果的比较，而将部分挖方就近弃于场外，或部分填方就近取于场外而引起挖、填土方量的变化后，需增、减设计标高。

(3) 考虑泄水坡度对设计标高的影响

按式 (3-4) 计算的 H_0 未考虑场地的泄水要求（即场地表面均处于同一个水平面上），实际应有一定的泄水坡度。因此，还应按照场地泄水坡度的要求（单向泄水或双向泄水），计算出场地内各方格角点实际施工时所采用的设计标高。

1) 单向泄水时，各角点设计标高：

场地采用单向泄水时，以 H_0 为场地中心线的标高如图 3-4 所示，则场地内任一点的设计标高为：

$$H_n = H_0 \pm l \cdot i \tag{3-7}$$

式中 H_n——场地内任意一点的设计标高（m）；
  l——该点至场地中心线的距离（m）；
  i——场地泄水坡度（不小于2‰）。

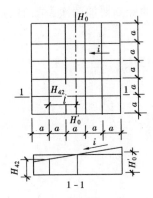

图 3-4 单向泄水坡度的场地

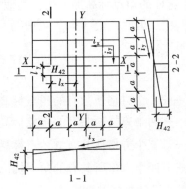

图 3-5 双向泄水坡度的场地

2) 双向泄水时，各角点设计标高：

场地采用双向泄水时，原理与单向泄水相同（如图 3-5）。场地内任一点的设计标高为：

$$H_n = H_0 \pm l_x \cdot i_x \pm l_y \cdot i_y \tag{3-8}$$

式中 l_x、l_y——该点于 $x-x$、$y-y$ 方向距场地中心线的距离（m）；
  i_x、i_y——分别为 x 方向和 y 方向的泄水坡度。

1.2.2 场地土方量计算

场地平整土方量的计算有方格网法和横截面法，可根据地形具体情况采用。这里主要介绍方格网法。

方格网法适用于地形比较平缓或是台阶宽度比较大的地段。计算起来较为复杂，但计算精度较高。计算步骤如下：

(1) 划分方格网并计算各方格角点施工高度

根据已有的地形图（一般采用 1:500 地形图）将所要计算的场地划分为若干个方格网，划分时尽量与测量的纵、横坐标网相对应。方格网一般采用 20m×20m～40m×40m，将设计标高和自然地面标高分别标注在方格点的右上角和右下角。将设计地面标高与自然地面标高之差，也就是各角点的施工高度（挖或填），填在方格点的左上角。挖方为负，填方为正。

$$h_n = H_n - H \tag{3-9}$$

式中 h_n——角点施工高度（"+"为填，"-"为挖）；
  H_n——角点设计标高；
  H——角点自然地面标高。

(2) 计算零点位置

在一个方格网内若要同时存在挖方和填方时，需要先算出挖填方的分界点，即零点的位置，并将其标注在方格网上。连接零点所得为零线，它是挖方区与填方区的分界线（图 3-6）。

零点位置按下式计算：

$$x_1 = \frac{h_1}{h_1 + h_2} \times a; \qquad x_2 = \frac{h_2}{h_1 + h_2} \times a \qquad (3\text{-}10)$$

式中　x_1、x_2——角点至零点的距离（m）；
　　　h_1、h_2——相邻两角点的施工高度（m），均采用绝对值；
　　　a——方格网的边长（m）。

在实际工程中，也可采用图解法直接求出零点位置，如图 3-7 所示。方法是用尺在各角上标出相应比例，用尺相连，与方格交点即为零点位置。这种方法甚为方便，又可避免计算或查表时出现错误。

（3）计算方格土方工程量

按方格网底面积图形和表 3-1 中计算公式，计算每个方格内的挖方或填方量。

常用方格网点计算公式　　　　　　　　　　　　　　　　　　　表 3-1

项　目	图　式	计　算　公　式
一点填方或挖方（三角形）		$V = \frac{1}{2}bc \frac{\Sigma h}{3} = \frac{bch_3}{6}$ 当 $b = c = a$ 时，$V = \frac{a^2 h_3}{6}$
二点填方或挖方（梯形）		$V_+ = \frac{b+c}{2} a \frac{\Sigma h}{4} = \frac{a}{8}(b+c)(h_1+h_3)$ $V_- = \frac{d+e}{2} a \frac{\Sigma h}{4} = \frac{a}{8}(d+e)(h_2+h_4)$
三点填方或挖方（五角形）		$V = \left(a^2 - \frac{bc}{2}\right)\frac{\Sigma h}{5} = \left(a^2 - \frac{bc}{2}\right)\frac{h_1+h_2+h_4}{5}$
四点填方或挖方（正方形）		$V = \frac{a^2}{4}\Sigma h = \frac{a^2}{4}(h_1+h_2+h_3+h_4)$

注：a——方格网的边长（m）；b、c——零点到一角的边长（m）；h_1、h_2、h_3、h_4——方格网四角点的施工高程（m），用绝对值代入；Σh——填方或挖方施工高程的总和（m），用绝对值代入；V——挖方或填方。

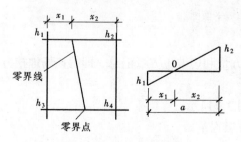

图 3-6　零点位置计算示意图

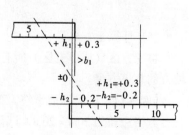

图 3-7　零点位置图解法

(4) 计算边坡土方量

图 3-8 所示为一场地边坡的平面示意图。计算边坡土方量时，可将要计算的边坡划分为两种近似的几何形体，一种为三角棱锥体，另一种为三角棱柱体。

1) 三角棱锥体边坡体积

例如图 3-8 中的①，体积计算为：$V_1 = \frac{1}{3} A_1 l_1$ (3-11)

式中 l_1——边坡①的长度；

A_1——边坡①的端面积，即 $A_1 = \frac{h_2 (mh_2)}{2} = \frac{mh_2^2}{2}$ (3-12)

h_2——角点的挖土高度；

m——边坡的坡度系数，$m = \frac{宽}{高}$。

2) 三角棱柱体边坡体积

例如图 3-8 中的④，体积计算为：

$$V_4 = \frac{A_1 + A_2}{2} l_4 \quad (3\text{-}13a)$$

当两端横断面面积相差很大的情况下，则：

$$V_4 = \frac{l_4}{6} (A_1 + 4A_0 + A_2) \quad (3\text{-}13b)$$

式中 l_4——边坡④的长度；

$A_1 、 A_2 、 A_0$——边坡④两端及中部的横断面面积，算法同上（图 3-8 剖面系近似表示，实际上，地表面不完全是水平的）。

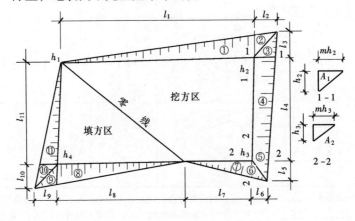

图 3-8 场地边坡平面图

(5) 计算土方总量

将挖方区（或填方区）所有方格计算的土方量和边坡土方量汇总，即得该场地挖方和填方的总土方量。

【例 3-1】厂房场地平整，部分方格网如图 3-9 所示。

方格边长为 20m×20m，试计算挖填总土方工程量。

【解】(1) 划分方格网、标注高程。根据图 3-9 方格各角点的设计地面标高和自然

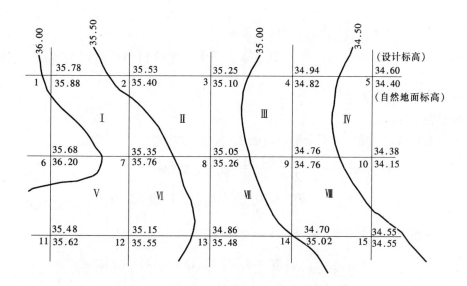

图 3-9 方格角点标高、方格编号、角点编号图
(图中Ⅰ、Ⅱ、Ⅲ等为方格编号；1、2、3等为角)

地面标高，计算各方格角点的施工高度，例如，角点 4 的施工高度 $h_4 = 34.94 - 34.82 = +0.12$（m），其余各点均以此类推计算，结果标于图中（图 3-10）。

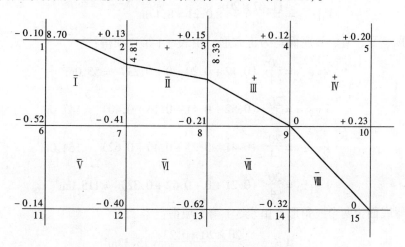

图 3-10 零线、角点挖、填高度图
(图中Ⅰ、Ⅱ、Ⅲ等为方格编号；1、2、3等为角点号)

（2）计算零点位置

从图 3-10 可知，1~2 线、2~7 线、3~8 线三条方格边两端的施工高度符号不同，说明在此方格边上有零点存在。由 $x_1 = \dfrac{h_1}{h_1 + h_2} \times a$ 可得：

1~2 线　　$x_1 = \dfrac{0.1}{0.1 + 0.13} \times 20 = 8.70\text{m}$

2~7 线　　$x_1 = \dfrac{0.13}{0.13 + 0.41} \times 20 = 4.81\text{m}$

3～8线　　$x_1 = \dfrac{0.15}{0.15 + 0.21} \times 20 = 8.33\text{m}$

9点、15点本身为零点,将各零点标于图上,连接相邻零点即为零线,如图3-10所示。

(3) 计算土方工程量

根据表3-1:

方格Ⅰ底面为三角形和五角形,由表3-1第1、3项得:

$$V_{\text{Ⅰ}(+)} = \dfrac{(20-8.70) \times 4.81}{2} \times 0.13 = 3.53\text{m}^3$$

$$V_{\text{Ⅰ}(-)} = \left[20^2 - \dfrac{(20-8.70) \times 4.81}{2} \times \dfrac{0.1+0.52+0.41}{5}\right] = 76.80\text{m}^3$$

方格Ⅱ底面为两个梯形,由表3-1第2项得:

$$V_{\text{Ⅱ}(+)} = \dfrac{20}{8}(4.81+8.33)(0.13+0.15) = 9.20\text{m}^3$$

$$V_{\text{Ⅱ}(-)} = \dfrac{20}{8}(15.19+11.67)(0.41+0.21) = 41.63\text{m}^3$$

方格Ⅲ底面为一个梯形和一个三角形,由表3-1第1、2项得:

$$V_{\text{Ⅲ}(+)} = \dfrac{20}{8}(8.33+20.00)(0.15+0.12) = 19.12\text{m}^3$$

$$V_{\text{Ⅲ}(-)} = \dfrac{11.67 \times 20}{6} \times 0.21 = 8.17\text{m}^3$$

方格Ⅳ、Ⅴ、Ⅵ、Ⅶ底面均为正方形,由表3-1第4项得:

$$V_{\text{Ⅳ}(+)} = \dfrac{20^2}{4}(0.12+0.20+0+0.23) = 55.0\text{m}^3$$

$$V_{\text{Ⅴ}(-)} = \dfrac{20^2}{4}(0.52+0.41+0.14+0.40) = 147.0\text{m}^3$$

$$V_{\text{Ⅵ}(-)} = \dfrac{20^2}{4}(0.41+0.21+0.40+0.62) = 164.0\text{m}^3$$

$$V_{\text{Ⅶ}(-)} = \dfrac{20^2}{4}(0.21+0+0.62+0.32) = 115.0\text{m}^3$$

方格Ⅷ底面为两个三角形,由表3-1第1项得:

$$V_{\text{Ⅷ}(+)} = \dfrac{20 \times 20 \times 0.23}{6} = 15.33\text{m}^3$$

$$V_{\text{Ⅷ}(-)} = \dfrac{20 \times 20 \times 0.32}{6} = 21.33\text{m}^3$$

(4) 计算总土方工程量

方格网总填土量 $\Sigma V_{(+)} = 1.18 + 9.20 + 19.12 + 55.0 + 15.33 = 99.83\text{m}^3$

方格网总挖方量 $\Sigma V_{(-)} = 76.80 + 41.63 + 8.17 + 147.0 + 164.0 + 115.0 + 21.33 = 573.93\text{m}^3$

1.3 土 方 调 配

土方工程量计算完成后,即可着手土方调配工作。土方调配工作是土方规则设计的一个重要内容。土方调配是使土方运输量或土方运输成本为最低的条件下,确定填、挖方区土方的调配方向和数量，从而达到缩短工期提高经济效益的目的。

1.3.1 土方调配原则

进行土方调配，必须综合考虑工程和现场情况、有关技术资料、进度要求和土方施工方法以及分期分批施工的土方堆放和调运问题，经过全面研究，确定调配原则之后，方可进行土方调配工作。土方调配原则如下：

（1）应力求达到挖、填平衡和运输量最小的原则，以降低成本。

（2）应考虑近期施工与后期利用相结合的原则。

（3）尽可能与大型地下建筑物的施工相结合。

（4）调配区大小的划分应满足主要土方施工机械工作面大小的要求，使土方机械和运输车辆的效率能得到充分发挥。

1.3.2 土方调配表的编制

场地土方调配，需作成相应的土方调配表，如图 3-11，以便在施工中使用。编制方法如下：

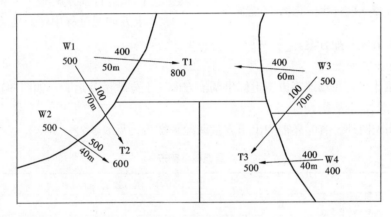

图 3-11 土方调配图

（1）划分调配区

在场地平面图上先划出挖、填区的分界线（即零线）。划分时应注意：

1）划分应与房屋和构筑物的平面位置相协调，并考虑开工顺序、分期施工顺序。

2）调配区大小应满足土方施工用主导机械的行驶操作尺寸要求。

3）调配区范围应和土方工程量计算用的方格网相协调。

4）当土方运距较大或场地范围内土方调配不能达到平衡时，可考虑就近借土或弃土，此时一个借土区或一个弃土区可作为一个独立的调配区。

（2）计算土方量

计算各调配区土方量，并标注在图上。

（3）计算每对调配区之间的平均运距

平均运距即挖方区重心至填方区土方重心的距离。因此，确定平均运距需先求出每个调配区的土方重心。方法如下：

取场地或方格网中的纵横两边为坐标轴，以一个角作为坐标原点（图 3-12）。按下式求出各挖方、填方调配区的重心坐标 X_0 及 Y_0。

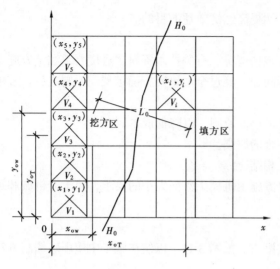

图 3-12 土方调配区间的平均运距

$$X_0 = \frac{\Sigma (x_i V_i)}{\Sigma V_i} \quad (3\text{-}14)$$

$$Y_0 = \frac{\Sigma (y_i V_i)}{\Sigma V_i}$$

式中　x_i、y_i——i 块方格的重心坐标；
　　　V_i——i 块方格的土方量。

填、挖方区之间的平均运距 L_0 为：

$$L_0 = \sqrt{(x_{oT} - x_{ow})^2 + (y_{oT} - y_{ow})^2}$$

式中　x_{oT}、y_{oT}——填方区的重心坐标；
　　　x_{ow}、y_{ow}——挖方区的重心坐标。

重心求出后，标于图上，用比例尺量出每对调配区的平均运输距离。

（4）进行土方调配

土方调配过程中使总土方运输量为最小值，即为最优调配方案。

（5）画出土方调配图

根据上面计算，在场地土方图上标出调配方向、土方数量及运距，如图 3-11 所示。

（6）列出土方量平衡表

除土方调配图外，有时还需列出土方量调配平衡表，见表 3-2。

土方量调配平衡表　　　　表 3-2

挖方区编号	挖方数量 (m³)	填方区编号、填方数量 (m³)			合计
		T₁ 800	T₂ 600	T₃ 500	1900
W₁	500	400　50	100　70		
W₂	500		500　40		
W₃	500	400　60		100　70	
W₄	400			400　40	
合计	1900				

课题 2　土方施工机械

由于土方工程面广量大，若采用人工方法施工，不仅劳动强度大，工期长，而且效率低。因此，土方工程施工，除适当使用人力开挖外，应尽可能采取机械化施工方法，以提高生产效率，加快施工进度。

2.1 常用土方施工机械的施工特点

土方施工常用的施工机械有：推土机、铲运机、挖土机、装载机等。

2.1.1 推土机

推土机是土方工程施工的主要机械之一，它是在动力机械（如拖拉机等）的前方安装推土板等工作装置而成的机械。目前我国生产的推土机有：T_3-100、T-120、上海-120A、T-180、TL180、T-220 等。推土板有钢丝绳操纵和用油压操纵两种。图 3-13 所示是油压操纵的 T-180 型推土机外形。油压操纵推土板的推土机除了可以升调推土板外，还可调整推土板的角度，因此灵活性更大。

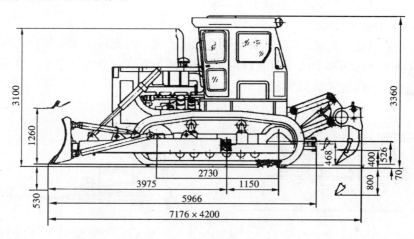

图 3-13 T-180 型推土机外形图

推土机操纵灵活，运转方便，所需工作面较小，可挖土、运土，易于转移，行驶速度快，因此应用广泛。多用于场地清理和平整，开挖深度不大于 1.5m 的基坑、基槽，以及配合挖土机、铲运机工作等。此外，在推土机后面可安装松土装置，破、松硬土和冻土，也可以挂羊足碾进行土方压实工作。推土机可以推挖一～三类土，经济运距 100m 以内，效率最高为 60m。

（1）作业方法

推土机开挖的基本作业是铲土、运土和卸土三个工作行程和空载回驶行程。铲土时应根据土质情况，尽量采用最大切土深度在最短距离（6～10m）内完成，以便缩短低速运行时间，然后直接推运到预定地点。为了提高生产效率，可根据地形条件、施工条件和工程量大小采用以下施工方法：

1) 下坡推土法 在斜坡上，推土机顺下坡方向切土与推运（图 3-14），借助机械本身向下的重力作用切土，一般可提高生产率 30% 左右，但坡度不宜超过 15°，否则后退时爬坡困难。

2) 槽形挖土法 推土机重复多次在一条作业线上切土和推土，使地面逐渐形成一条浅槽（图 3-15），从而减少土的散失，可提高 10%～30% 的推土量。此法适用于土层较厚、运距较远的情况。

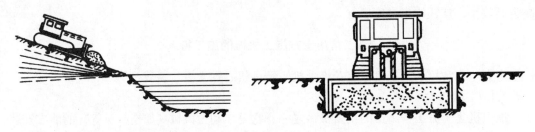

图3-14 下坡推土法　　　　　　　图3-15 槽形推土法

3) 并列推土法　平整较大面积的场地时，用2~3台推土机并列推土（图3-16）减少土体散失量。铲刀相距15~30cm，一般采用两机并列推土，可增大推土量15%~30%。平均运距不宜超过50~75m，亦不宜小于20m。

4) 分堆集中、一次堆送

当推运距离较远而土质又较坚硬时，切土深度不大，应先将土积聚在一个或数个中间点，然后再集中推送到卸土区（图3-17）。堆积距离不宜大于30m，推土高度以2m内为宜。此种方法可提高生产率15%左右。

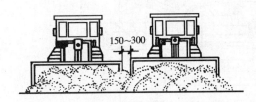

图3-16 并列推土法　　　　　　　图3-17 分堆集中，一次推送法

(2) 推土机生产率

推土机是一种循环作业的机械，生产率可按下式计算：

$$P_\mathrm{h} = \frac{3600q}{T_\mathrm{V} K_\mathrm{S}} \tag{3-15}$$

式中　P_h——推土机的生产率（m³/h）；

q——推土机每次推土量（m³）；

T_V——从推土到将土送至填土地点的循环延续时间（s）；

K_S——土的最初可松性系数。

2.1.2　铲运机

铲运机是一种能综合完成全部土方施工工序（挖土、装土、卸土、压土和平土）的机械，由铲斗、行驶装置、操纵装置、牵引车等部分组成。铲运机按行走方式分为自行式铲运机和拖式铲运机两种。如图3-18和图3-19所示，按铲斗的操纵系统又可分为钢丝绳操纵和液压操纵两种。按铲斗的容量可分为小型（斗容量小于3m³）、中型（斗容量为3~15m³）、大型（斗容量为15~30m³）、特大型（斗容量大于30m³）四种。

铲运机操作简单灵活，不受地形限制，能独立工作，行驶速度快，易于转移。适用于大面积场地平整、压实以及开挖大型基坑（槽）、管沟、填筑路基等工程。但不适于砾石层、冻土地带及沼泽地区使用。开挖坚土时需用推土机助铲，开挖三、四类土宜先用松土机预先翻松20~40cm。

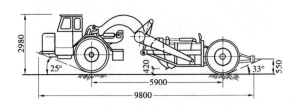
图3-18 CL₇型自行式铲运机

图3-19 G₆-2.5型拖式铲运机

(1) 作业方法

1) 开行路线

铲运机在施工中，为了提高生产效率，应根据不同的施工条件（工程量、运距、土的性质、地形条件等）合理地选择适宜的开行路线。

常见铲运机的开行路线有以下两种：

①环形路线

这种开行路线根据铲土与卸土的相对位置的不同，可有图3-20（a）和图3-20（b）的两种情况。图中每一个循环只完成一次铲土与卸土。这是一种简单而常用的开行路线。当挖、填交替而挖填之间距离又短时，可采用大环形路线如图3-20（c）所示，此种开行路线的优点是进行一个循

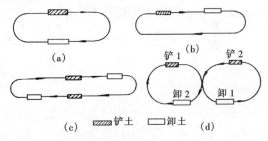
图3-20 铲运机开行路线
(a)、(b) 环形路线；(c) 大环形路线；(d) 8字形路线

环能完成多次铲土和卸土，减少铲运机的转变次数，提高了生产效率。

②8字形路线

这种开行路线是装土、运土和卸土时按"8"字形运行，即轮流在两个工作面上进行作业如图3-20（d），此种开行方式每一个循环能完成两次挖土和卸土作业，比环形路线缩短了运行时间，提高了生产效率。

2) 作业方法

为提高铲运机的生产效率，除了合理选择开行路线外，还可根据不同的施工条件，采用以下施工方法：

①下坡铲土

铲土机顺着地势（坡度一般为3°~9°）下坡铲土，可以利用铲运机的重力增加切土深度，提高生产效率。

②跨铲法

就是预留土埂，间隔铲土。此种方法铲土埂时增加了两个自由面，阻力减少，可缩短铲土时间和减少向外撒土，比一般方法效率高。适用于较坚硬土的铲土回填或场地平整。

③助铲法

土质较坚硬时，可采用推土机助铲以缩短铲土时间。这种方法的关键是推土机与铲运机配合紧密，才能达到满意的效果。

(2) 铲运机生产率

铲运机生产率可按下式计算：

$$P_\mathrm{h} = \frac{3600 q K_\mathrm{c} K_\mathrm{h}}{T_\mathrm{c} K_\mathrm{s}} \tag{3-16}$$

式中　P_h——铲运机的生产率（m³/h）；
　　　q——铲斗的几何容量（m³）；
　　　K_c——铲斗装土的充盈系数（见表 3-3）；

铲运机铲斗的充盈系数　　　表 3-3

铲土方式	砂 土	砂 黏 土	黏 土
不用助铲	0.5～0.7	0.8～0.9	0.6～0.8
助　铲	0.8～1.0	1.0～1.2	0.9～1.2

　　　K_h——机械时间利用系数，一般取 0.8～0.9；
　　　K_s——土的最初可松性系数；
　　　T_c——铲运机一个工作循环的延续时间（s），可按下式计算：

$$T_\mathrm{c} = \frac{l_1}{v_1} + \frac{l_2}{v_2} + \frac{l_3}{v_3} + \frac{l_4}{v_4} + t_5 \tag{3-17}$$

式中　l_1、l_2、l_3、l_4——相应为铲装土、运土、卸土、回程的距离（m）；
　　　v_1、v_2、v_3、v_4——相应为铲装土、运土、卸土、回程时的速度（m/s）；
　　　t_5——铲运机调头、换挡所需的时间，约 30～120s。

铲运机铲装土距离 l_1（m）可用下式计算：

$$l_1 = \frac{q K_\mathrm{c}}{h B K_\mathrm{h}} \tag{3-18}$$

式中　h——铲斗切土深度（m）；
　　　B——铲斗切土宽度（m）；
　　　其余符号意义同前。

2.1.3 单斗挖土机

单斗挖土机是一种常用的挖土机械，其种类有多种，在施工过程中，可以根据工作的需要，更换其工作装置。按工作装置的不同，可分为正铲、反铲、拉铲、抓铲等。按动力装置不同可分为机械式和液压式（图 3-21）。

（1）正铲挖土机

正铲挖土机（图 3-22）装车轻便灵活，回转速度快，能挖坚硬土层，工作效率高，适用于开挖停机面以上土方。正铲挖土机性能见表 3-4 和表 3-5。

挖土机的生产率主要决定于铲斗的每斗装土量和每斗作业的循环延续时间。为了提高挖土机的生产率，除了考虑工作面的要求之外，还需考虑挖土机的开挖方式和运土机械配合的问题，尽量减少回转角度，缩短每个循环的延续时间。

根据挖土机的开挖路线与运土机械相对位置不同，挖土机可有正向挖土侧向卸土和正向挖土后方卸土两种开挖方式。

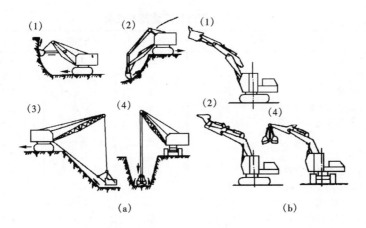

图 3-21 单斗挖土机
(a) 机械式；(b) 液压式
(1)—正铲；(2)—反铲；(3)—拉铲；(4)—抓铲

1) 正向开挖、侧向卸土

挖土机向前进方向挖土，运输车停在挖土机侧面装车（图 3-23a），采用这种作业方式，挖土机铲臂卸土时回转角度小（小于 90°），装车方便，循环时间短，生产效率高，适用于开挖工作面较大，深度不大的边坡、基坑（槽）、沟渠等，是最常用的开挖方法。

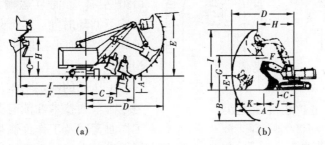

图 3-22 正铲挖土机与外形图
(a) 机械式；(b) 液压式

正铲挖土机技术性能　　　　　　表 3-4

项次	工作项目	符号	单位	W₁-50		W₁-100		W₁-200	
1	动臂倾角	A		45°	60°	45°	60°		
2	最大挖土高度	H_1	m	6.5	7.9	8.0	9.0	45°	60°
3	最大挖土半径	R	m	7.8	7.2	9.8	9.0	9.0	10
4	最大卸土高度	H_2	m	4.5	5.6	5.5	6.8	11.5	10.8
5	最大卸土高度时卸土半径	R_2	m	6.5	5.4	8.0	7.0	6.0	7.0
6	最大卸土半径	R_3	m	7.1	6.5	8.7	8.0	10.2	8.5
7	最大卸土半径时卸土高度	H_3	m	2.7	3.0	3.3	3.7	10	9.6
8	停机面处最大挖土半径	R_1	m	4.7	4.35	6.4	5.7	3.75	4.7
9	停机面处最小挖土半径	R_2	m	2.5	2.8	3.3	3.6	7.4	6.25

注：W₁-50——斗容量为 0.5m³；W₁-100——斗容量为 1m³；W₁-200——斗容量为 2m³。

单斗液压挖掘机正铲技术性能　　表 3-5

符号	名　　称	单位	WY60	WY100	WY160
	铲斗容量	m³	0.6	1.5	1.6
	动臂长度	m		3	
	斗柄长度	m		2.7	2
A	停机面上最大挖掘半径	m	7.6	7.7	7.7
B	最大挖掘深度	m	4.36	2.9	3.2
C	停机面上最小挖掘半径	m			2.3
D	最大挖掘半径	m	7.78	7.9	8.05
E	最大挖掘半径时挖掘高度	m	1.7	1.8	2
F	最大卸载高度时卸载半径	m	4.77	4.5	4.6
G	最大卸载高度	m	4.05	2.5	5.7
H	最大挖掘高度时挖掘半径	m	6.16	5.77	5
I	最大挖掘高度	m	6.34	7.0	8.1
J	停机面上最小装载半径	m	2.2	4.7	4.2
K	停机面上最大水平装载行程	m	5.4	3.0	3.6

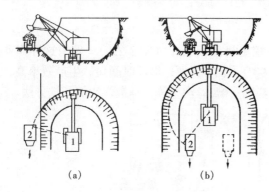

图 3-23　正铲挖土机开挖方式
（a）侧向开挖；（b）正向开挖
1—正铲挖土机；2—自卸汽车

2）正向开挖、后方卸土

挖土机向前进方向挖土，运输车停在挖土机后方装车。（图 3-23b）这种作业方式，挖土机铲臂卸土回转角度大（180°左右），而且运输车需倒车开入，延长了循环时间，生产效率低；一般用于开挖工作面小且较深的基坑（槽）、管沟等。

工作面的确定与土的性质及挖土机与运输车的技术性能有关，主要是确定工作面宽度及工作面高度。工作面是指挖土机一次开行中进行挖土时的工作范围。根据挖土机开挖方式不同，工作面又分为侧工作面和正工作面。

侧工作面根据运输工具与挖土机的停放标高是否相同，又可分为高卸侧工作面和平卸侧工作面（图 3-24）。

工作面布置原则为：保证挖土机生产效率最高，而土方的欠挖数量最少。

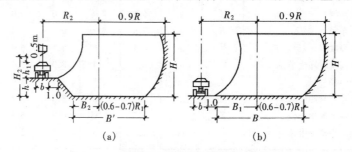

图 3-24　侧工作面尺寸
（a）高卸侧工作面；（b）平卸侧工作面

侧工作面的右半部尺寸布置：底部宽度宜为 $(0.6\sim0.7)R$，此时旋转角度小，生产率较高。高度 H 一般取小于或等于最大挖土半径时的挖土高度，为保证一次挖土即能装满土斗，其最小高度不宜小于3倍土斗高。

侧工作面的左半部尺寸布置：为提高正铲挖土机生产率，平卸侧工作面的底宽 B_1、高卸侧工作面的 h 和底宽 B_2 可按下式计算：

$$B_1 = (0.6 - 0.7)R_3 - \left(\frac{b}{2} + 1\right) \tag{3-19}$$

$$h = H_2 - (h_1 + 0.5) \tag{3-20}$$

$$B_2 = (0.6 - 0.7)R_2 - \left(\frac{b}{2} + 1 + mh\right) \tag{3-21}$$

式中　b——运输工具的宽度（m）；
　　　h_1——运输工具的高度（m）；
　　　m——土方边坡系数。

平卸侧工作面的底部总宽度 B 为：

$$B = (0.6 - 0.7)R_1 + B_1 \tag{3-22}$$

高卸侧工作面底部总宽度 B' 为：

$$B' = (0.6 - 0.7)R_1 + B_2 \tag{3-23}$$

正工作面的尺寸左右对称，其底面总宽度等于 $2R_1$。

根据上面确定的挖土机的工作面尺寸及基坑的横断面尺寸，即可拟订挖土机的开行次序，确定开挖层数和每层的开行次数。

开挖层数 n 可按下式计算：

$$n = \frac{D}{E} \tag{3-24}$$

式中　D——挖方总高度；
　　　E——工作面高度，平卸侧工作面及正工作面取实际高度 H，高卸侧工作面取 h。

每层的开行次数 m 可按下式计算：

$$m = \frac{F}{G} \tag{3-25}$$

式中　F——挖方表面宽度；
　　　G——工作面宽度，取 $G = B$ 或 $G = B'$。

若经上述计算所得层数不是整数，而且剩余的高度小于3倍土斗高度时，可先开一条高度等于上述剩余高度的土槽，称为"先锋槽"。宽度以便于运输工具通行即可。

正铲挖土机工作面布置如图3-25所示。

(2) 反铲挖土机

反铲挖土机外形如图3-26所示。用于开挖停机面以下深度不大的土方，反铲挖土机操作灵活，不用开运输道。适用于开挖含水量大的一～三类的砂土或黏土以及管沟、基槽、基坑等的开挖。液压反铲挖土机技术性能见表3-6所示。

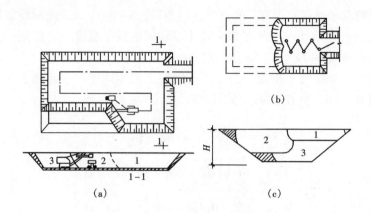

图 3-25 正铲开挖基坑
(a) 一层通道多次开挖；(b) 一层通道 Z 字形开挖；(c) 三层通道布置
1、2、3—通道断面及开挖顺序

单斗液压挖掘机反铲技术性能 表 3-6

符号	名 称	单 位	WY40	WY60	WY100	WY160
	铲斗容量	m³	0.4	0.6	1~1.2	1.6
	动臂长度	m			5.3	
	斗钢长度	m			2	2
A	停机面上最大挖掘半径	m	6.9	8.2	8.7	2.8
B	最大挖掘深度时挖掘半径	m	3.0	4.7	4.0	4.5
C	最大挖掘深度	m	4.0	5.3	5.7	6.1
D	停机面上最小挖机半径	m		8.2		3.3
E	最大挖掘半径	m	7.18	8.63	9.0	10.6
F	最大挖掘半径时挖掘深度	m	1.97	1.3	1.8	2
G	最大卸载高度时卸载半径	m	5.267	5.1	4.7	5.4
H	最大卸载高度	m	3.8	4.46	5.4	5.83
I	最大挖掘高度时挖掘半径	m	6.367	7.35	6.7	7.8
J	最大挖掘高度	m	5.1	6.025	7.6	8.1

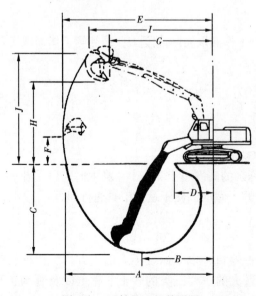

图 3-26 反铲挖土机外形图

反铲挖土机挖土时可采用沟端开挖和沟侧开挖两种方式。

1) 沟端开挖

挖土机停在基坑（槽）端部后退挖土，汽车停在两侧装土。沟端开挖时（图 3-27a），挖土机停放平稳，卸土时回转角度小，视线好，挖土效率高，是基坑开挖采用最多的一种开挖方式。

2) 沟侧开挖

挖土机停在基坑（槽）一侧，横向移动挖土。沟侧开挖（图 3-27b）能将土弃于距基槽边较远处，但挖土的深度与宽度都比沟端开挖小，而且不能很好地控制边坡，挖土机移动方向与挖土方向垂直，稳定性较差。

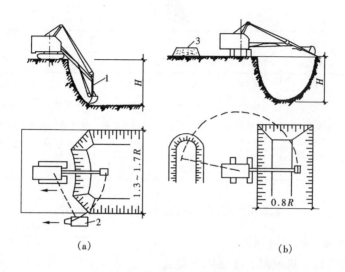

图 3-27 反铲挖土机开挖方式
(a) 沟端开挖；(b) 沟侧开挖
1—反铲挖土机；2—自卸汽车；3—弃土堆

(3) 拉铲挖土机

拉铲挖土机 [图 3-21 (3)] 用于开挖停机面以下土方，可挖深坑，挖掘半径及卸载半径大，操纵灵活性较差。拉铲挖土机开挖基坑时，也有沟端开挖和沟侧开挖两种方式。

(4) 抓铲挖土机

抓铲挖土机 [图 3-21 (4)] 适用于开挖停机面以下土方。适用于开挖土质比较松软、施工面较狭窄的深基坑、基槽以及水中挖取土等，或用于装卸碎石、矿渣等松散材料，不能挖掘坚硬土。

2.1.4 装载机

装载机按行走方式分履带式和轮胎式两种；按工作方式有周期工作的单斗式装载机和连续工作的链式与轮斗式装载机。装载机操作灵活，回转移位方便、快速，行驶速度快。适用于装卸土方和散料，也可用于较软土体的表层剥离、地面平整、场地清理和土方运送等工作。常用国产铰接式轮胎装载机主要技术性能及规格见表 3-7。

国产铰接式轮胎装载机主要技术性能及规格　　　　表 3-7

	型　　号						
	WZ2A	ZL10	ZL20	ZL30	ZL40	ZL50	ZL50K
铲斗:容量(m^3)	0.7	0.5	1.0	1.5	2.0	3.0	2.7
装载量(t)	1.5	1	2	3	4	5	5
卸料高度(m)	2.25	2.25	2.6	2.7	2.8	2.85	2.78
发动机功率(马力)	55	55	81	100	135	220	
行走速度(km/h)	18.5	10~28	0~30	0~32	0~35	10~35	7.8~55
最大牵引力(t)	—	30	6.4	7.5	10.5	16	
爬坡能力(°)	18	3.2	30	25	28~30	30	25

续表

	型 号						
	WZ2A	ZL10	ZL20	ZL30	ZL40	ZL50	ZL50K
回转半径(m)	4.9	4.48	5.03	5.5	5.9	6.5	6.24
离地间隙(m)	—	0.29	0.393	0.4	0.45	0.305	
转向方式	铰接液压缸	铰接液压缸	铰接液压缸	铰接液压缸	铰接液压缸	铰接液压缸	铰接液压缸
外形尺寸(m)	7.88×2×3.23	4.4×1.8×2.7	5.7×2.2×2.8	6×2.4×2.8	6.4×2.5×3.2	6.7×2.8×2.7	7.61×2.94×3.22
总重(t)	6.4	4.5	7.6	9.2	11.5	16.8	17

2.2 土方施工机械的选择及配套计算

2.2.1 土方施工机械的选择

进行选择土方施工机械时，注意以下要点：

(1) 当地形起伏不大，坡度在20°以内，挖填平整土方的面积较大，土的含水量适当，平均运距短（一般在1km以内）时，采用铲运机比较合适。若土质坚硬或冬季冻土层厚度超过100～150mm时，必须由其他机械辅助翻松再铲运。当一般土的含水量大于25%，或坚硬的黏土含水量超过30%时，铲运机可能会陷车，必须使水疏干后再施工。

(2) 地形起伏较大的丘陵地带，一般挖土高度在3m以内，运输距离超过1km，工程量较大且又集中时，可采用下述三种方式进行挖土和运土：

1) 正铲挖土机配合自卸式汽车进行施工，并在弃土区配备推土机平整土堆。选择铲斗容量时，应考虑到土质情况、工程量和工作面高度。当开挖普通土，集中工程量在1.5万m³以下时，可采用0.5m³的铲斗；当开挖集中工程量为（1.5～5）万m³时，以选用1.0m³的铲斗为宜，此时，普通土和硬土都能开挖。

2) 用推土机将土推入漏斗，并用自卸式汽车在漏斗下承土并运走。这种方法适用于挖土层厚度在5～6m以上的地段。漏斗上口尺寸为3m左右，由宽3.5m的框架支承。其位置应选择在挖土段的较低处，并预先挖平。漏斗左右及后侧土壁应予支撑。使用73.5km的推土机两次可装满8t自卸式汽车，效率较高。

3) 用推土机预先把土推成一堆，用装载机把土装到汽车上运走，效率也很高。

(3) 开挖基坑时根据下述原则选择机械

1) 土的含水量较小，可结合运距长短、挖掘深浅，分别采用推土机、铲运机或正铲挖土机配合自卸式汽车进行施工。当基坑深度在1～2m，基坑不太长时可采用推土机；深度在2m以内长度较大的线状基坑，宜由铲运机开挖；当基坑较大，工程量集中时，可选用正铲挖土机挖土。

2) 如地下水位较高，又不采用降水措施，或土质松软，可能造成正铲挖土机和铲运机陷车时，则采用反铲、拉铲或抓铲挖土机配合自卸式汽车较合适。

(4) 移挖作填以及基坑和管沟的回填，运距在60～100m以内可用推土机。

2.2.2 挖土机与运土车辆的配套计算

土方机械配套计算时，应先确定主导施工机械，其他机械应按主导机械的性能进行配套选用。当选用挖土机挖土时，挖土机的生产效率不仅取决于挖土机本身的技术性能，而且还应与所选运土车辆的运土能力相协调。

(1) 挖土机数量确定

挖土机数量应根据土方量、工期、台班生产率来确定。

$$N = \frac{Q}{P} \times \frac{1}{T \cdot C \cdot K} \tag{3-26}$$

式中　N——挖土机的数量（台）；
　　　Q——土方量（m³）；
　　　P——挖土机生产率（m³/台班）；
　　　T——工期（工作日）；
　　　C——每天工作班数；
　　　K——时间利用系数（可取 0.8~0.9）。

单斗挖土机的生产率 P，可通过查定额或按下式进行计算：

$$P = \frac{8 \times 3600}{t} \cdot q \cdot \frac{K_c}{K_s} \cdot K_B \quad (\text{m}^3/\text{台班}) \tag{3-27}$$

式中　t——挖土机每斗作业循环延续时间（s）；
　　　q——挖土机斗容量（m³）；
　　　K_c——土斗的充盈系数（可取 0.8~1.1）；
　　　K_s——土的最初可松性系数；
　　　K_B——工作时间利用系数（可取 0.7~0.9）。

(2) 运土车辆配套计算

为保证挖土机连续作业，运土车辆的数量可按下式计算：

$$N_1 = \frac{T_1}{t_1} \tag{3-28}$$

式中　N_1——运土车辆的数量；
　　　T_1——运土车辆每一运土循环延续时间（min）；
　　　t_1——运土车辆每次装车时间（min）。

课题 3　土方填筑与压实

3.1　填筑材料要求

填方土料应符合设计要求，以保证填方工程的质量，如设计无要求时，应符合以下规定：含有大量有机物的土，石膏或水溶性硫酸盐含量大于 5% 的土，冻结或液化状态的泥炭、黏土或粉状砂质黏土等，一般不能作填土之用。填土应分层进行，并尽量采用同类土填筑。如采用不同土填筑时，应将透水性较大的土层置于透水性较小的土层之下，不能将各种土混杂在一起使用，以免填方内形成水囊。填土必须具有一定的密实度，以避免建筑物的不均匀沉陷。填土密实度以设计规定的控制干密度作为检查标准。

3.2　土的压实原理

对于黏性土而言，其压实原理为：当含水量较小时，土中水主要是强结合水，土粒周围的水膜很薄，颗粒间较大的分子引力阻止颗粒移动，在外力作用下不易改变原来位置。因此，对这样的土进行压实就比较困难；当含水量适当增大时，土中结合水膜变厚，土粒间的连接力减弱而使土粒容易移动，此时进行压实，效果就会好些；但当含水量继续增大时，土中水膜变厚，出现了自由水，对土进行压实时，孔隙中过多的水分不易立即排出，反而不易压实。

对于无黏性土而言，要想达到比较好的压实效果，就需有一定静荷载与动荷载联合作用。

3.3 填土压实方法

填土压实的方法有碾压、夯实和振动压实几种。

3.3.1 碾压法

碾压法是利用机械滚轮的压力压实土壤，适用于大面积填土工程。碾压机械一般有平碾（压路机）、羊足碾、振动碾。

平碾，又称光面碾，适用于碾压砂类土和黏性土。羊足碾，是在平碾滚筒上焊有若干羊足状的突出物而成（图3-28）。羊足碾特别适用于黏性土的压实，对于非黏性土及含水量过高的黏性土均不适用。振动碾是一种振动和碾压同时作用的高效能压实机械，适用于爆破石渣、碎石类土、杂填土等大型填方工程。

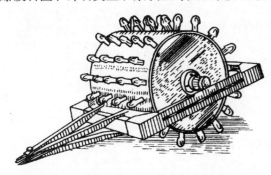

图 3-28 羊足碾

3.3.2 夯实法

夯实法是利用夯锤自由下落的冲击力来夯实土壤。夯实机械主要有夯锤、内燃夯土机、蛙式打夯机。夯实法由于尺寸小、质量轻、故多用于小面积回填土的夯实。

夯锤是借助起重机悬挂一重锤进行夯土的夯实机械，常用于夯实砂性土、湿陷性黄土、杂填土以及含有石块的填土。蛙式打夯机由于构造简单、使用轻便，是建筑工地上常用的一种夯实机械。蛙式打夯机工作时，由电动机带动夯锤上部的偏心块旋转，由于偏心块离心力的作用，使夯锤连续冲击地面。偏心块每回转一周，夯锤冲击地面一次，同时带动机身前移一步。

3.3.3 振动压实法

振动压实法是利用机械的静压力和激振力的共同作用压实土料。振动压实机械有振动板和振动碾两大类。振动板主要用于狭窄场地的小量填方压实，振动碾主要用于大体积填方的压实。

3.4 填土压实质量标准

填土压实后，应具有一定的密实度。密实度的检验以设计规定的控制干密度为标准。土的控制干密度与最大干密度之比称为压实系数。不同的填方工程，设计要求的压实系数不同。对于一般场地平整，压实系数在 0.9 左右，对于地基填土为 0.93~0.97。填方压实后的干密度,应有90%以上符合设计要求,其余10%的最低值与设计值的差,不得大于0.088g/cm³,且应分散,不宜集中。检查土的实际干密度,可采用环刀法取样测定。取样组数为:基坑回填每30~50m³取样一组(每个基坑不少于一组);基槽或管沟回填每层按长度20~50m取样一组;室内填土每层按100~500m²取样一组;场地平整填方每层按400~900m²取样一组。取样部位应在每层压实后的下半部。取样后先称出土的湿密度并测定含水量,然后用下式计算土实际干密度ρ_0:

$$\rho_0 = \frac{\rho}{1 + 0.01\omega} \quad (3\text{-}29)$$

式中 ρ——土的湿密度(g/cm³);
  ω——土的湿含水量(%)。

根据上式计算所得的$\rho_0 \geqslant \rho_d$(控制干密度),则压实合格;若$\rho_0 < \rho_d$,则压实不够,应采取相应措施,提高压实质量。

3.5 填土压实的影响因素

影响填土压实质量的因素有很多,其中主要影响因素有:压实功、含水量和铺土厚度。

3.5.1 压实功的影响

填土压实后的密度与压实机械对其所施加的功的关系见图3-29所示。从图中可看出二者的关系:当土的含水量一定,在开始压实时,土的密度急剧增加,待到接近土的最大密度时,压实功虽然增加许多,但土的密度几乎没有变化。在实际施工中,对于砂土只需碾压或夯击2~3遍,对亚砂土只需3~4遍,对亚黏土或黏土只需5~6遍。对

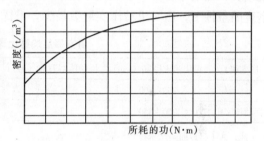

图3-29 土的密度与压实功的关系示意图

于松土不宜用重型碾压机械直接碾压,否则土层有强烈起伏现象,压实效果不佳。若先用轻碾压实,再用重锤压实效果会更好。

3.5.2 含水量的影响

在同一压实功条件下,填土的含水量对压实质量有直接影响,如图3-30所示。

用同样的方法压实不同含水量的土,压实后土的密实度各不相同。较干燥的土,由于土颗粒之间摩阻力减小,因此不容易被压实。但若含水量过大时,成为橡皮土,也不易压实。在同样压实功的条件下,能使填土压实获得最大密实度时的含水量,称为最优含水量。各种土的最优含水量和最大干密度可参见表3-8。

各种土的最佳含水量和最大干重度的参考值   表3-8

土的类别	最佳含水量(%)	最大干重度(kN/m³)	土的类别	最佳含水量(%)	最大干重度(kN/m³)
砂 土	8~12	18~18.8	粉质黏土	12~21	18.5~19.5
粉 土	9~15	16~18	黏 土	19~23	15.8~17

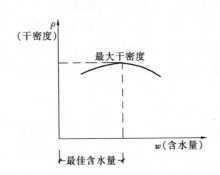
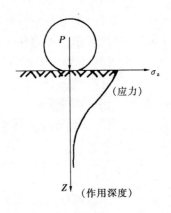

图 3-30 土的干密度与含水量关系　　　　图 3-31 压实作用沿深度的变化

3.5.3 铺土厚度的影响

土在压实功的作用下,其应力随深度增加而逐渐减少(图 3-31 所示),但超过一定深度后,虽然仍反复碾压,土的密实度增加却很小。压实机压实深度与压实机械、土的性质和含水量等有关。铺土厚度应小于压实机械压土时的压实影响深度。为使压实机械消耗能量最少,铺土厚度有一个最优厚度范围,在这个厚度范围内,可以使填土在获得设计要求密度的条件下,压实机械压实遍数最少,最优铺土厚度可按表 3-9 选用。

填方每层的铺土厚度和压实遍数　　　　表 3-9

压实机具	每层铺土厚度(mm)	每层压实遍数(遍)	压实机具	每层铺土厚度(mm)	每层压实遍数(遍)
平　碾	250~300	6~8	柴油打夯机	250~250	3~4
振动压实机	250~350	3~4	人工打夯	<200	3~4

注:人工打夯时,土块粒径不应大于 50mm。

实 训 课 题

实训题目:制定场地平整施工方案

实训内容:某工程地形及方格网见图 3-32 所示,方格网边长 20m×20m,土质为亚黏土,场地排水坡度为 $i_x = 2‰$,$i_y = 3‰$;基坑平面尺寸为 66m×36m,开挖深度为 4.5m。

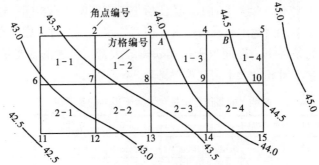

图 3-32 某建筑场地地形图和方格网布置

现场除留 800m³ 作为基坑回填土外,其余均按综合平衡考虑。

实训要求:

1. 确定场地平整的设计标高。
2. 计算挖、填土方量。
3. 划分土方调配区,计算平均运距,进行土方调配。
4. 制定施工方案及施工顺序。

实训方式: 以实训教学专用周的形式进行,时间为 0.5 周,也可根据各校具体情况安排。

实训成果: 实训结束后,每位学生提供一份实训资料,按照施工企业技术资料归档要求装订成册。

复 习 思 考 题

1. 试述基坑、基槽土方量计算的方法。
2. 确定场地设计标高应考虑哪些因素?
3. 试述场地平整土方量计算的方法。
4. 土方调配应遵循哪些原则?如何划分调配区?
5. 试述正铲挖土机的两种开挖方式及适用范围。
6. 常用土方施工机械的类型有哪几种?
7. 试述单斗挖土机的类型及其工作特点和适用范围。
8. 影响填土压实的主要因素有哪些?怎样检查填土压实的质量?
9. 试述土的最优含水量的概念,土的含水量和控制干密度对填土质量有何影响?
10. 开挖基坑时选择机械的原则有哪些?
11. 试述土的压实原理。

习 题

1. 某基坑底长 80m,宽 60m,深 8m,四边放坡,边坡坡度为 1:0.5。

(1) 试计算挖土土方工程量。

(2) 若混凝土基础和地下室占有体积为 24000m³,则应预留多少回填土?(自然状态土)

(3) 若多余土方外运,外运土方为多少?(自然状态土)

(4) 若用斗容量为 3m³ 的汽车外运,需运多少车?(已知土的最初可松性系数 $K_s = 1.1$ 最终可松性系数 $K'_s = 1.05$)

2. 某建筑场地方格网如图 3-33 所示,方格网边长 20m,双向泄水坡度 $i_x = i_y = 3‰$,试按挖填平衡的原则确定设计标高(不考虑土的可松性影响)。

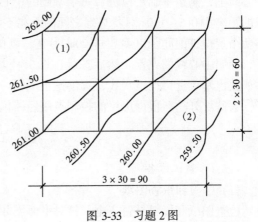

图 3-33 习题 2 图

单元 4 基坑工程施工

知识点：基坑（槽）施工工艺、钎探与验槽及常见质量通病防治；土壁支护；基坑降水；施工方案的编制。

教学目标：熟悉钎探与验槽的目的、方法及注意事项；熟悉基坑（槽）施工常见质量通病防治；能陈述土壁支护的类型与构造，正确实施土壁支护方案；能选择基坑降水方法；能正确采用基坑（槽）施工的一般技术，编写施工方案。

课题 1 基坑（槽）施工

基坑（槽）的施工，首先应进行房屋定位和标高引测，然后根据基础的底面尺寸、埋置深度、土质好坏、地下水位的高低及季节性变化等不同情况，考虑施工需要，确定是否需要留置工作面、放坡、增加排水设施和设置支撑，从而定出挖土边线和进行放灰线工作。

1.1 测量放线

基槽放线：根据房屋轴线控制点，首先将外墙轴线的交叉点用木桩测设在地面上，并在桩顶钉上铁钉作为标志。房屋外墙轴线测定后，再根据建筑物平面图，将内部开间所有轴线都一一测出。最后根据中心轴线用石灰在地面上撒出基槽开挖边线。同时在房屋四周离基坑边一定距离设置龙门板，以便于基础施工时复核轴线位置和标高。

柱基放线：在基坑开挖前，从设计图上查对基础的纵横轴线编号和基础施工详图，根据柱子的纵横轴线，用经纬仪在矩形控制网上测定基础中心线的端点，同时在每个柱基中心线上，测定基础定位桩，每个基础的中心线上设置四个定位木桩，其桩位离基础开挖线的距离为 0.5~1.0m。若基础之间的距离不大，可每隔 1~2 个或几个基础打一定位桩，但两个定位桩的间距以不超过 20m 为宜，以便拉线恢复中间柱基的中线。桩顶上钉一钉子，标明中心线的位置。然后按施工图上柱基的尺寸和按边坡系数确定的挖土边线的尺寸，放出基坑上口挖土灰线，标出挖土范围。

大基坑开挖，根据房屋的控制点用经纬仪放出基坑四周的挖土边线。

1.2 施工工艺

1.2.1 施工准备

(1) 学习和审查图纸

检查图纸和资料是否齐全，核对平面尺寸和坑底标高，图纸相互间有无错误和矛盾；掌握设计内容及各项技术要求，了解工程规模、结构形式、特点、工程量和质量要求；熟悉土层地质、水文勘察资料；审查地基处理和基础设计；会审图纸，搞清地下构筑物、基础平面与周围地下设施管线的关系；研究好开挖程序，明确各专业工序间的配合关系、施工工期要求；并向参加施工人员进行技术交底。

(2) 查勘施工现场

摸清工程场地情况，收集施工需求的各项资料，包括施工场地地形、地貌、地质水文、河流、气象、运输道路、临近建筑物、地下基础、管线、电缆、防空洞、地面上施工范围内的障碍物和堆积物状况，供水、供电、通讯情况，防洪排水系统等，以便为施工规划和准备提供可靠的资料和数据。

(3) 编制施工方案

研究制定现场场地整平、基坑开挖施工方案；绘制施工总平面布置图和基坑土方开挖图，确定开挖路线、顺序、范围、底板标高、边坡坡度、排水沟、集水井位置，以及挖去的土方堆放地点；提出需用施工机具、劳力计划，推广新技术。

(4) 平整施工场地

按设计或施工要求的范围和标高平整场地，将土方弃到规定弃土区；凡在施工区域内，影响工程质量的软弱土层、淤泥、腐殖土、大卵石、孤石、垃圾、树根、草皮以及不宜作回填的土料，应分情况采取全部挖除、抛填块石、砂砾等方法进行妥善处理，以免影响地基承载力。

(5) 清除现场障碍物

将施工区域内所有障碍物，如高压电线、电杆、塔架、地上和地下管道、电缆、坟墓、树木、沟渠以及旧有房屋、基础等进行拆除或进行搬迁、改建、改线；对附近原有建筑物、电杆、塔架等采取有效的防护加固措施，可利用的建筑物应充分利用。

(6) 进行地下墓探

在黄土地区或有古墓地区，应在工程基础部位，按设计要求位置，用洛阳铲进行铲探，发现墓穴、土洞、地道（地窖）、废井等，应进行局部处理。

(7) 作好排水降水设施

在施工区域内设置临时性或永久性排水沟，将地面水排走，或排到低洼处再设水泵排走；或疏通原有排水泄洪系统；排水沟纵向坡度一般不小于2‰，使场地不积水；山坡地区，在离边坡上沿5~6m处，设置截水沟、排洪沟，阻止坡顶雨水流入开挖基坑区域内，或在需要的地段修筑挡水堤坝阻水。地下水位高的基坑，在开挖前一周将水位降低到要求的深度。

(8) 设置测量控制网

根据给定的国家永久性控制坐标和水准点，按建筑物总平面要求，引测到现场。在工程施工区域设置测量控制网，包括控制基线、轴线和水平基准点；做好轴线控制的测量和校核。控制网要避开建筑物、构筑物、土方机械操作及运输路线，并有保护标志；场地整平应设方格网，在各方格点上做控制桩，并测出各标桩处的自然地形、标高，作为计算挖、填土方量和施工控制的依据。对建筑物应做定位轴线的控制测量和校核；进行土方工程的测量定位放线，设置龙门板、放出基坑（槽）挖土灰线、上部边线和底部边线和水准标志。灰线、标高、轴线应进行复核无误后，方可进行场地整平和基坑开挖。

(9) 修建临时设施及道路

根据土方和基础工程规模、工期长短、施工力量安排等修建简易的临时性生产和生活设施（如工具库、材料库、机具库、修理棚、休息棚等），同时敷设现场供水、供电、供压缩空气（爆破石方用）管线路，并进行试水、试电、试气。

（10）准备机具、物资及人员

做好设备调配，对进场挖土、运输车辆及各种辅助设备进行维修检查，试运转，并运至使用地点就位；准备好施工用料及工程用料，按施工平面图要求堆放。组织并配备土方工程施工所需各专业技术、管理人员及技术工人；组织安排好作业班次；制定较完善的技术岗位责任制和技术、质量、安全管理网络；建立技术责任制和质量保证体系；对拟采用的土方工程新机具、新工艺、新技术，组织力量进行研制和试验。

1.2.2 操作工艺

开挖基坑（槽）应按规定的尺寸，合理确定开挖顺序，连续进行施工。相邻基坑开挖时，应遵循先深后浅或同时进行的原则。挖土应自上而下水平分段分层进行，每层0.3m左右，边挖边检查坑底宽度和坡度，不够时及时修整，每3m左右修一次坡，至设计标高后，再统一进行一次修坡清底，检查坑底宽和标高，要求坑底凹凸不超过2.0cm。挖出的土除留一部分用作回填外，不得在场地内任意堆放，应把多余的土运到弃土地区，以免妨碍施工。在基坑边缘堆置土方和建筑材料时，一般距基坑上部边缘不少于2m，堆置高度不应超过1.5m。基坑开挖后若不能立即进行下一道工序，应预留15~30cm土层不挖，等到进行下道工序施工时再挖到设计标高。机械开挖时，为避免破坏基底土，应在基底标高以上预留一层土，待基础施工前用人工铲平修整。使用铲运机、推土机时，保留土层厚度为15~20cm，使用正铲、反铲或拉铲挖土时为20~30cm。挖土不得挖至基坑（槽）的设计标高以下，若个别处超挖，应用与基土相同的材料填补，并夯实到要求的密实度。若用原土填补不能达到要求的密实度时，应用碎石类土填补，并夯实。重要部位被超挖时，可用低强度等级的混凝土填补。在地下水位以下挖土，应在基坑（槽）四侧或两侧挖好临时排水沟和集水井，或采用井点降水，将水位降低至坑（槽）底以下500mm，以利挖方进行。降水工作应持续到基础（包括地下水位下回填土）施工完成。雨期施工时，基坑（槽）应分段开挖，挖好一段浇筑一段垫层，并在基槽两侧围以土堤或挖排水沟，以防地面雨水流入基坑（槽），同时应经常检查边坡和支撑情况，以防止坑壁受水浸泡造成塌方。

深基坑开挖必须遵循"开槽支撑，先撑后挖，分层开挖，严禁超挖"的原则。

深基坑的开挖方案，主要有放坡开挖、中心岛式（也叫墩式）开挖、盆式开挖和逆作法开挖，后三种方案均有支护结构。

（1）放坡开挖

这是最经济的挖土方案，当基坑开挖深度不大（软土地区挖深不超过4m；地下水位低的土质较好地区挖深亦可较大）、周围环境又允许或经验算能确保土坡的稳定性时，均可采用放坡开挖。开挖深度较大的基坑，宜设置多级平台分层开挖，每级平台的宽度不宜小于1.5m。

放坡开挖要验算边坡稳定，可采用圆弧滑动简单条分法进行验算。验算时，对土层性质变化较大的土坡，应分别采用各土层的重度和抗剪强度。当含有可能出现流砂的土层时，采用井点降水等措施。对土质较差且施工工期较长的基坑，对边坡宜采用钢丝网水泥喷浆或用高分子聚合材覆盖等措施进行护坡。坑顶不宜堆土或堆载（材料或设备），遇有不可避免的附加荷载，在进行边坡稳定性验算时，应计入附加荷载的影响。在地下水位较高的软土地区,应在降水达到要求后,再进行土方开挖,并采用分层开挖的方式。分层挖土厚度不宜超过2.5m。基坑采用机械挖土时,坑底应保留20~30cm厚基土用人工挖除,以免扰动地基土。待挖至设计标高后,应清除浮土,验槽合格后,及时进行垫层施工。

(2) 中心岛(墩)式挖土

这种开挖方式,宜用于大型基坑,支护结构的支撑形式为角撑、环梁式或边桁(框)架式,中间具有较大空间情况下。此时可利用中间的土墩作为支点搭设栈桥。挖土机可利用栈桥下到基坑挖土,运土的汽车也可利用栈桥进入基坑运土(图4-1)。

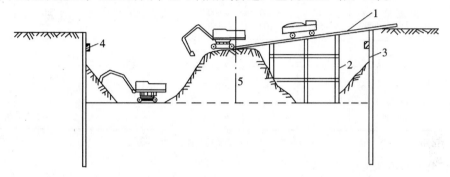

图4-1 中心岛(墩)式挖土示意图
1—栈桥;2—支架(尽可能利用工程桩);3—围护墙;4—腰梁;5—土墩

(3) 盆式挖土

这种开挖方式是先挖基坑中间部分的土,周围四边留土坡,土坡最后挖除。此方式的优点是周边的土坡对围护墙有支撑作用,有利于减少围护墙的变形。缺点是大量的土方不能直接外运,需集中提升后装车外运(图4-2)。

土方回填时,回填土一般选用含水量在10%左右的干净黏性土。若土过湿,要进行晾晒或掺入干土、白灰等处理;若土含水量偏低,可适当洒水湿润。深浅基坑(槽)相连时,应先填深坑(槽),填至与浅基坑标高一致时,再与浅基础一起填夯。分段填夯时,交错处做成阶梯形,上下接槎距离不小于1.0m。墙基及管道回填应在两侧用细土同时均匀回

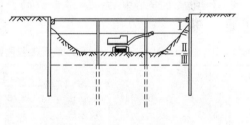

图4-2 盆式挖土

填、夯实,防止墙基及管道中心线位移。回填土要分层铺摊夯实,每层至少夯击三遍。回填房心及管沟时,人工先将管子周围填土夯实,直到管顶0.5m以上时,在不损坏管道的情况下,方可用蛙式打夯机夯实。雨期施工时,防止地面水流入坑内,导致边坡塌方或浸泡基土。冬期施工时,每层回填土厚度比常温时减少25%,其中冻土块体积不得超过总填土体积的15%,且应分散,冻土块粒径不大于15cm。

1.2.3 质量标准

(1) 土方开挖施工质量标准

1) 基坑(槽)地基土质必须符合设计要求。
2) 基坑(槽)内不得有积水、浮土和淤泥,基底面土质应保持原土结构状况。

3）土方开挖工程的质量检验标准应符合表4-1的规定。

土方开挖工程质量检验标准（mm） 表4-1

项序		项　目	允许偏差或允许值					检验方法
			柱基基坑基槽	挖方场地平整		管沟	地（路）面基层	
				人工	机械			
主控项目	1	标高	-50	±30	±50	-50	-50	水准仪
	2	长度、宽度（由设计中心线向两边量）	+200 -50	+300 -100	+500 -150	+100	—	经纬仪，用钢尺量
	3	边坡	设计要求					观察或用坡度尺检查
一般项目	1	表面平整度	20	20	50	20	20	用2m靠尺和楔形塞尺检查
	2	基底土性	设计要求					观察或土样分析

注：地（路）面基层的偏差只适用于直接在挖、填方上做地（路）面的基层。

（2）土方回填施工质量标准

1）土方回填前应清除基底的垃圾、树根等杂物，抽除坑（槽）内积水、淤泥，验收基底标高。如在耕植土或松土上填土，应在基底压实后再进行。

2）对填方土料应按设计要求验收合格后方可回填。

3）填方施工过程中应检查排水措施，每层铺土厚度，含水量及控制压实程度。回填厚度及压实遍数，应根据土质压实系数及所有机具经试验确定，无试验数据按《建筑地基基础工程施工质量验收规范》规定执行。

4）填方工程结束后，应检查标高、边坡坡度、压实程度。检验标准应符合表4-2规定。

填土工程质量检验标准（mm） 表4-2

项序		检查项目	允许偏差或允许值					检验方法
			柱基基坑基槽	场地平整		管沟	地（路）面基础层	
				人工	机械			
主控项目	1	标高	-50	±30	±50	-50	-50	水准仪
	2	分层压实系数	设计要求					按规定方法
一般项目	1	回填土料	设计要求					取样检查或直观鉴别
	2	分层厚度及含水量	设计要求					水准仪及抽样检查
	3	表面平整度	20	20	30	20	20	用靠尺或水准仪

1.2.4　安全技术

安全技术就是研究生产技术中的安全问题，针对生产劳动中的不安全因素，研究控制措施，制定对策，预防工伤事故的发生。

在土方工程的施工中，施工安全是一个很重要也很突出的问题，历年来发生的工伤事故不少。而其中大部分事故是因为土方塌方造成的。因此我们要在施工过程中,认真贯彻落实《中华人民共和国安全生产法》、《建设工程安全生产管理条例》以及安全生产的各项法规、规范、标准、条例、安全操作规程等,坚持不懈地执行"安全第一、预防为主"的方针。在土方工程施工前应编制专项安全施工方案或施工组织设计及技术交底,确保基坑(槽)施工的安全。

（1）在施工中必须派专人负责检查基坑（槽）边坡土质稳定情况，发现有裂缝、疏松、渗水或支撑走动，必须立即停止施工并采取加固措施。

（2）施工现场堆放的各种材料和施工机械与基坑（槽）边的安全距离，应根据土质、沟深、水位、机械设备重量等情况确定，往坑（槽）内运输材料应有信号联系。

（3）基坑开挖深度超过4m时，四周必须设置安全防护栏杆，并设有明显安全警示标志、信号，人员上下基坑必须用爬梯。夜间施工必须有足够的照明设施。

（4）人工挖土时，必须由上往下进行，禁止采用掏洞、挖空底角和挖"伸悬土"的方法，防止塌方事故。多人同时挖土时，应保持足够的安全距离，横向间距不得小于2m，纵向间距不得小于3m，禁止面对面进行施工。

（5）在挖方作业中，如遇有电缆、管道、地下埋藏物或辨认不清的物品，应立即停止工作，设专人看护并立即向施工负责人报告，严禁随意敲击、刨挖和玩弄。

（6）从基坑（槽）内挖出的土方应堆放在距坑（槽）边沿至少1m的距离外，堆土高度不得超过1.5m。按规定放坡或设支护结构防护。

（7）作业中作业人员不得在阶坡及深坑和陡坎下休息。随时观察边坡稳定情况，如发现边坡有裂缝、疏松、渗水或支撑断裂、移位等现象，应先撤离作业现场，并立即报告施工负责人及时采取有效措施，待险情排除后方可继续作业。

（8）在电杆附近挖土时，对于不能取消的拉线地垄及杆身，应留出土台，土台半径为：电杆1.0m～1.5m，拉线1.5m～2.5m，土台周围应设标杆示警。

（9）在公共场所如道路、城区、广场等处进行挖土时，应在作业区四周设围栏和护板，并设立警告标志牌，夜间设红灯警示。

（10）采用拉铲或反铲作业时，履带距基坑（槽）作业面边缘的距离应大于1.0m，轮胎距工作面边缘距离应大于1.5m，确保施工机械的施工安全和坑（槽）边坡的稳定。

（11）机械挖土时，如在多台阶同时开挖时，应验算边坡的稳定。根据规定和验算确定挖土机离边坡的安全距离。多台挖土机同时挖土时，挖土机之间的距离应大于10m，在挖土机工作范围内，不允许进行其他作业。挖土应由上而下，逐层进行，严禁先挖坡脚或逆坡挖土。

（12）运土道路的坡度、转弯半径要符合安全规定。

1.2.5 成品保护措施

（1）对建筑物的定位桩、水准点、龙门板等，应用混凝土浇筑保护，挖运土方时不得碰撞。要经常测量和校核其平面位置、水平标高和边坡坡度是否符合设计要求。定位标准桩和标准水准点也要定期复测和检查是否正确。

（2）土方开挖时，应防止邻近建筑物或构筑物、道路、管线等发生下沉和变形。必要时应与设计单位或建设单位协商，采取防护措施，并在施工中进行沉降或位移观察。

（3）施工中如发现有文物或古墓等，应配专人妥善保护，并及时报请当地有关部门处理，方可继续施工。如发现有测量用的永久性标桩或地质、地震部门设置的长期观察点等，应加以保护。

(4) 在设有地下管线、（管道、电缆、通讯）的地段进行施工时，事先取得相关部门的书面同意，施工中应采取措施，以防止损坏管线，造成严重事故。

(5) 基坑（槽）支撑宜选用质地坚实、无枯节、穿心裂折的松木或杉木，不宜使用杂木。

(6) 支撑应挖一层支一层，并严密顶紧、支撑牢固，严禁一次将土挖好后再支撑。

(7) 基坑边坡保护。在深基坑施工中，当基坑放坡高度较大，工期和暴露时间较长，或土质较差，易疏松或滑塌时，为防止基坑边坡因气温变化，或失水过多松散或防止坡面受雨水冲刷而产生溜坡现象，应根据土质情况和实际条件采取边坡保护措施，以保护基坑边坡的稳定，常用的基坑坡面保护方法有：

1) 塑料薄膜覆盖或水泥砂浆覆盖法（图4-3a）。

对基础施工工期较短的临时性基坑边坡，采取在边坡上铺塑料薄膜，在坡顶及坡脚用草袋或编织袋装土压住或用砖压住；或在边坡上抹水泥砂浆2~2.5cm厚保护层。为防止薄膜脱落，在上部及底部均应搭盖不少于80cm，同时土中插适当锚筋连接，在坡脚设排水沟。

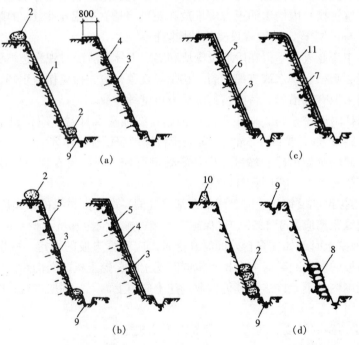

图4-3 基坑边坡护面方法
(a) 薄膜或砂浆覆盖；(b) 挂网或挂网抹面；(c) 喷射混凝土或混凝土护面；
(d) 土袋或砌石压坡

1—塑料薄膜；2—草袋或编织袋装土；3—插筋 $\phi 10 \sim 12$；4—抹M5水泥砂浆；5—20号钢丝网；6—C15喷射混凝土；7—C15细石混凝土；8—M5砂浆砌石；9—排水沟；10—土堤；11—$\phi 4 \sim 6$钢筋网片，纵横间距250~300mm

2）挂网或挂网抹面法（图4-3b）。

对基础施工工期短，土质较差的临时性基坑边坡，可在垂直坡面楔入直径10～12mm，长40～60mm插筋，纵横间距1m，上铺20号铁丝网，上、下用草袋或编织袋装土或砂压住，或在铁丝网上抹2.5～3.5cm厚的M5水泥砂浆，在坡顶或坡脚均应设排水沟。

3）喷射混凝土或混凝土护面法（图4-3c）。

对邻近有建筑物的深基坑边坡应加强保护。具体做法是在基坑坡面上打入长40～50cm，直径为10～12mm的插筋，纵横方向的间距均为1m，再铺20号铁丝网，然后喷射40～60mm厚的C15细石混凝土保护层。也可铺设直径为$\phi 4\sim 6$，间距为250～300mm的钢筋网片，然后浇筑50～60mm厚的细石混凝土，随浇随压光。

4）土袋或砌砖、石压坡法（图4-3d）。

对深度在5m以内的临时基坑边坡，在边坡下部用草袋或编织袋装土、砂堆砌或者采用砌砖或石压住坡脚。边坡高在3m以内采用单排顶砌法，在5m以内，采用二排顶砌法，保护坡脚稳定，在坡顶坡脚设排水沟。

1.2.6 应注意的质量问题

（1）土方开挖前，一定要按照设计总平面图复核建筑物的定位桩。按基坑平面图对基坑（槽）的灰线进行轴线和几何尺寸的复核，并检查方向是否符合设计图纸的朝向。工程轴线控制桩设置位置离开建筑物的距离一般应大于两倍挖土深度。水准点标高应引测到邻近的建筑物或构筑物上，如邻近没有建筑物，可引测到稍远的地方并妥善保护。挖土过程中要经常检查复核其位置。

（2）开挖过程中要严格控制开挖尺寸、标高、放坡和排水。基坑底部的开挖宽度要考虑工作面而增加的宽度。基坑（槽）底基土严禁超挖，如发生个别超挖，须经设计单位给出处理方案，用级配砂石或混凝土回填到设计标高并夯实，不得用松土回填，也不得私自处理。

（3）如用机械开挖时，5m深以内的基坑可一次开挖，在接近设计标高时为保证不扰动坑底基土应留20～30cm厚的一层土不挖，待基础施工时用人工挖至设计标高。

（4）雨期施工时，坑（槽）底应预留30cm土层不挖，待施工垫层或基础时再挖至设计标高，以免坑（槽）基层被水浸泡。

（5）按坑底"50线"严格基底抄平工作，保证基坑（槽）底面必须在同一设计标高的水平面上。

（6）当基础墙体达到一定强度后，才能进行回填土的施工，以免对基础结构造成损坏。

（7）基坑（槽）回填土必须注意清理完基坑的杂物后，才能逐层回填，并夯实。严禁浇水使土下沉的"水夯法"。

（8）虚铺土过厚，夯实不密实，冬期回填冻土块过多，粒径太大，都将造成回填土下沉，导致地面或散水空鼓，裂缝甚至下沉塌陷。

（9）回填时必须分层回填，分层夯实、分层测定密实度，符合设计要求的密实度后才能回填上一层，否则应进行处理或返工。

（10）回填土料应选择砂类土、原槽土料等，严禁使用建筑垃圾回填。

1.3 钎探与验槽

1.3.1 钎探

钎探是地质勘察的一种辅助手段，是指在基坑（槽）土方开挖之后，用锤将钎探工具打入基坑（槽）底下一定深度的土层内，通过锤击次数探查判断地下有无异常情况或不良地基现象。

(1) 钎探的目的

钎探是施工单位在开挖完基坑（槽）土方之后，必须进行的一项施工程序，其主要目的是：

1) 查明基坑（槽）底是否有局部古井、墓穴、空洞、菜窖、人防通道等地下埋藏物。
2) 查明地下是否有松土坑、古河、古湖、砂井等异常现象。
3) 探测基底土质是否有局部软弱或显著不均匀现象以及平面范围及深度。
4) 校核基坑（槽）底土质是否与勘察设计资料相一致。
5) 查明地下是否有局部坚硬物。
6) 为是否进行地基处理提供依据。

(2) 钎探的重要意义

"百年大计，质量第一"，"质量责任重于泰山"，这是历史赋与每一个工程技术管理人员的神圣职责，任何建筑物都要建造在安全稳定可靠的地基上面，这样才能保证建筑物的使用安全。如果建筑物建造在一个存在有质量问题或隐患的地基上，那将会产生什么样的后果？轻者使上部结构开裂、倾斜或影响建筑物的正常使用，或缩短建筑物的使用寿命；重者由于地基失稳造成基础破坏而导致建筑局部或全部倒塌，将直接威胁到人们的生命安全。

我们知道，一般地质勘察的布点间距比较大，再者由于地下情况十分复杂，不同的地区，地质生成条件不同，土层分布、土的物理力学性质也不同，有的相差悬殊，千差万别。即使是同一施工场地，往往土质分布也不尽相同。同时，地下土层中还存在地下埋藏物、不良地基、空洞等异常现象或隐患。所以如果对地质条件掌握不全、处理不当，将会引发重大的工程质量事故。由于忽视钎探工作而造成的质量事故也很多。由于篇幅所限，这里不再叙述。因此，把好钎探的最后一关，至关重要，对它的重要性要有一个充分的、清醒的认识。

(3) 钎探工具

施工现场目前采用的钎探工具主要有以下几种，由于各地区情况不同，因此应根据当地具体情况选用。

1) 钢钎钎探

钢钎采用规格为 $\phi22\sim25$ 的圆钢制成，钢筋下端呈60°锥状，从钢钎下端起向上每隔30cm刻一条横线，并刷红色漆以示醒目，钢钎构造见图4-4。

钎探时，采用10kg重大锤，由人工举锤离开钢钎顶50cm，将钢钎垂直打入土中，并记录钢钎每打入30cm的锤击数，钢钎的打入深度按设计规定执行。

2) 穿心锤钎探（轻便触探器）

穿心锤钎探的工具由穿心锤、钎探杆组成（图4-5）。穿心锤重10kg。钎探时，用双手提起穿心锤把，当提升至钎探杆顶部50cm高，松开双手，让锤自由落下打击钎探杆上的锤击板，将钎探杆打入土中。同时记录每打入30cm的锤击数。探杆上每30cm有刻度，打入深度按设计规定执行。

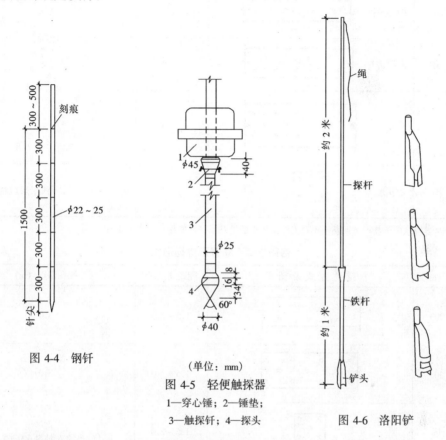

图 4-4 钢钎

图 4-5 轻便触探器
1—穿心锤；2—锤垫；
3—触探钎；4—探头

图 4-6 洛阳铲

3) 洛阳铲探孔

洛阳铲是由铲头、铁杆和探杆三部分组成（图4-6）。铲头的刃部呈月牙形，长约20cm，宽约6cm。铲头上部焊有一节铁杆，铁杆上部做圆管状，以便插入探杆，铁杆连接铲头，长约1m。探杆一般用白蜡杆制成，杆长2m，当探深孔时可接长木杆或在白蜡杆上端系上绳子。探孔时应根据不同的地质情况，采用不同的铲头形式，以解决探孔进度的困难问题。

4) 夯探

夯探较以上几种方法更为方便，不用复杂的设备，而是用铁碾或蛙式打夯机，对地基进行夯击，通过打夯的声响判断下卧层的强弱，是否有空洞、墓穴、土洞、古井等异常现象。

(4) 钎探方法及操作工艺

1) 钎探时，基坑（槽）土方已挖至设计标高，并清理基坑（槽），基底表面应平整，轴线及几何尺寸必须符合设计图纸的要求。

2) 根据基础设计图纸要求绘制钎探点的平面布置图，确定钎探点的位置及顺序编号。当设计无要求时，可参照表4-3、表4-4、表4-5执行。

钎探点布置及排列形式　　　　　　　　　表 4-3

槽宽（cm）	排列方式及图示	间距（m）	钎探深度（m）
小于 80	中心一排 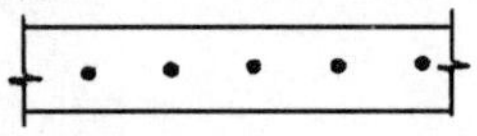	1～2	1.2
80～200	两排错开 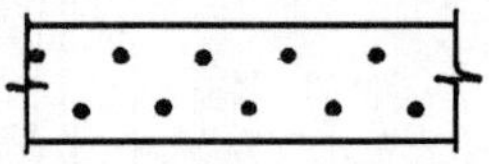	1～2	1.5
大于 200	梅花形 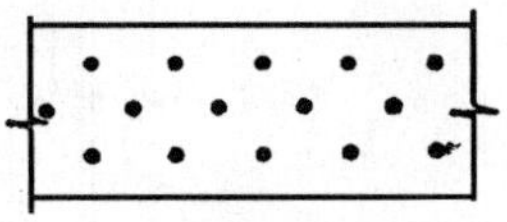	1～2	2.0
柱　基	梅花形 	1～2	≥1.5m 并不浅于短边宽度

注：对于较软弱的新近沉积黏性土和人工杂填土的地基，钎孔间距应不大于 1.5m。

洛阳铲探孔布置及排列形式　　　　　　　表 4-4

基槽宽（cm）	排列方式及图示	间距 L（m）	探孔深度（m）
小于 200	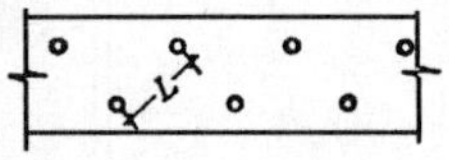	1.5～2.0	3.0
大于 200	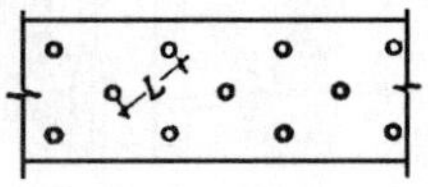	1.5～2.0	3.0
柱　基	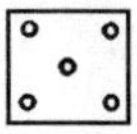	1.5～2.0	3.0（荷重较大时为 4.0～5.0）
加孔	房屋拐角处 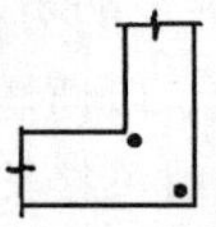　内外墙交接处 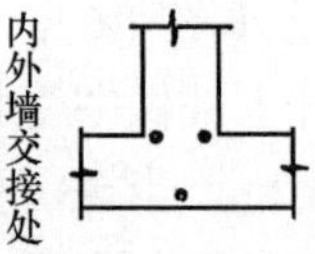	<2.0（如基础过宽时中间再加孔）	3.0

轻便触探检验深度及间距表　　　　　　　表 4-5

排列方式	基槽宽度	检验深度	检验间距
中心一排	<0.8	1.2	1.0～1.5m 视地层复杂情况定
两排错开	0.8～2.0	1.5	
梅花形	>2.0	2.1	

3）钎探工艺流程

放钎探点线→撒白灰点标志→就位打钎（分级记录锤击数）→拔钎→检查孔深（合格）→钎孔灌砂→移位打下一个孔

4）施工方法及技术要求

在正式打钎探前，应按钎探平面布置图放线，并在孔位上钉小木桩或撒白灰点，就位打钎锤的落距一般为50cm，钎探杆必须垂直打入土中。在打钎的过程中，钎探杆每打入30cm记录一次锤击数，一直到规定深度为止。然后将钎探杆拔出，移位到下一个孔位继续打钎。打完后的钎孔，要经过质检人员和有关施工员（工长）检查孔深与记录，无误后，进行灌砂，每灌30cm左右，用钢筋捣实一次。灌砂的方法有两种：一种是每孔打完或几个孔打完后及时灌一次；另一种是每天打完后，统一灌一次砂。冬、雨期施工要注意，当基坑（槽）受雨水浸泡后不得进行打钎。冬期打钎探时，每打完几个孔后，应及时用保温材料盖孔，不能大面积铺开，以免基土受冻。

钎探打完之后，要及时整理记录资料，按钎孔顺序编号，将锤击数统一填在规定的表格内，字迹要清楚，经项目技术负责人、工长、质检员、打钎人员签字认可后归档。对钎探中发现的异常情况填写在备注栏内。

钎探记录格式见表4-6。

钎 探 记 录 表　　　　　　　　　　　　表4-6

探孔号	打入长度(m)	每30cm锤击数							总锤击数	备　注
		1	2	3	4	5	6	7		
打钎者		施工员					质量检查员			

5）质量要求及注意事项

钎探深度和布孔间距必须符合规定要求，否则视为不合格钎探。锤击数记录必须准确，数据真实可靠，不得弄虚作假。钎探点的位置应基本准确，钎探孔不得遗漏。

钎探时应注意，防止记录和平面布置图探孔位置填错。应将钎探点平面图上的钎探孔与记录表上的钎探孔先行对照，发现问题及时修改或补打。在钎探点平面图上，注明过硬或过软的探点位置，并用彩色笔分开，以便勘察设计人员验槽时分析处理。

6）安全措施

要认真贯彻"安全第一，预防为主"的方针。进施工现场，必须遵守现场的安全管理制度，戴好安全帽，提高职业健康安全意识。专业工长（施工员）负责钎探工作的实施并做好详细记录。操作人员要专心施工，打钎人员与扶钎杆人员要密切配合。要配备好操作时的专用凳子，夜间施工时，应有足够的照明设施，并合理安排钎探顺序，防止错打或漏打。

1.3.2 验槽

验槽属于建筑工程隐蔽验收的重要内容之一，是指基坑（槽）土方挖完之后，为了确保建筑物的质量安全，由建设单位组织施工、设计、勘察、监理、质检等部门的项目技术负责人到施工现场对地基土进行联合检查验收。

具备验槽的条件是：基坑（槽）土方按设计要求全部完成，并钎探完毕，清理基坑（槽）后进行。

(1) 验槽的目的

《地基基础施工质量验收规范》规定："所有建（构）筑物均应进行施工验槽"。这是一种强制性规定，必须执行。地基土层经过开挖后，可以清楚地揭露出它的真实情况。通过进行现场实地核查检验，核对现场实际土层情况是否与勘察报告相符。如有出入，应进行补充修正，必要时应做进一步的施工勘察。所以，验槽的主要目的是：

1) 检验地质勘察报告及结论、建议是否正确，是否与实际情况相一致。

2) 可以及时发现问题及存在的隐患，解决勘察报告中未解决的遗留问题，防患于未然。必要时布置施工勘察项目，以便进一步完善设计方案，确保工程质量。

(2) 验槽的内容

基坑（槽）的验槽工作主要是以认真仔细的观察为主，并以钎探、夯探等手段配合，其主要内容包括：

1) 核对基坑（槽）的平面位置、尺寸、坑底标高是否符合设计图纸的要求。

2) 核对基坑（槽）土质和地下水情况是否与地质勘察报告相一致，是否挖到了持力层，且土质分布是否均匀一致。

3) 通过检查分析钎探记录，判断地下是否有局部空洞、古墓、古井、人防道、菜窖、松土坑以及地下埋藏物的位置、深度、性质及范围。

4) 查验在施工中有无破坏地基土的原土结构或发生较大的扰动现象。

5) 查验是否有严重的超挖现象。

经检查验收合格后，填写基坑（槽）隐蔽验收记录，各方签字盖章，并及时办理相关验收手续。如验收不合格或需做局部处理的，待处理和整改合格后，重新验收确认。

(3) 验槽应注意的事项

1) 验槽前必须完成合格的钎探，并有详细的钎探记录。不合格的钎探不能作为验槽的依据。必要时对钎探孔深及间距进行抽样检查，核实其真实性。

2) 基坑（槽）土方开挖完后，应立即组织验槽。一般应根据施工进度提前安排约定，否则要延误施工。

3) 在特殊情况下，如雨期，要做好排水措施，避免被雨水浸泡。冬期要防止基底土受冻，要及时用保温材料覆盖。也可组织分段验收，尽快进行下道工序的施工。确保地基土的安全，不可形成隐患。

4) 验槽时要认真仔细查看土质及其分布情况，是否有杂物、碎砖、瓦砾等杂填土质，是否有贝壳等杂物，是否已挖到老土等，从而判断是否需做加深处理。

总之，验槽是一项十分重要的工作，不可轻视。一旦隐患或不良地基没有查清，后果将不堪设想。

1.4 质量通病的防治

质量通病一般是指在施工过程经常发生的、普遍存在的一些质量问题或事故，也是一种常见病、多发病。所以在施工之前要针对本地区施工现场的具体情况制定一套行之有效、针对性较强的施工方案，要认真贯彻预防为主的方针，把质量通病消灭在萌芽状态。

1.4.1 基坑（槽）边坡塌方

(1) 现象

在基坑（槽）土方的开挖过程中或是土方挖完之后，边坡土方局部或大面积的塌陷或滑塌。不仅容易造成人身安全事故，而且往往使地基土受到严重的扰动，影响地基的承载力，严重的会影响邻近建筑物的安全和稳定。特别是在市区，新旧建筑物之间距离比较近，更要引起高度的重视。

(2) 原因分析

1) 基坑（槽）土方开挖较深，放坡坡度不够，或开挖土层时，没有根据土的特性分别放成不同的坡度，致使边坡失去稳定造成塌方。

2) 在有地表水（雨水、生产、生活用水）、地下水作用的情况下未采用有效的降水、排水措施，致使土体自重加重，土的内聚力降低，抗滑力下降，在重力作用下失去稳定而引起边坡塌方。

3) 边坡坡顶堆放荷载过大或受外力振动影响，使坡体内剪切应力增大，从而引起边坡失稳而塌方。

4) 土质疏松、开挖土方的施工方法不当而造成塌方。

(3) 预防措施

1) 应根据土层的物理性能确定适当的边坡坡度。挖方经过不同的土层时应选不同的坡度，其边坡可做成折线形，分上陡下缓或是上缓下陡等多种形式。

2) 做好地面排水措施，避免在影响边坡稳定的范围内积水。

3) 坡顶堆放弃土时应保持距坡顶 1m 以上的距离，高度不要超 1.5m，减少坡顶的堆放荷载。

(4) 治理方法

1) 对基坑（槽）边坡塌方，可将坡脚塌方清除后做临时性支护措施（如用编制袋、草袋装土或砂堆放护坡，也可设支撑，用砖砌墙）。

2) 对永久性边坡局部塌方，将塌土清除，用砖或片石砌筑护坡，也可修改成平缓护坡，防止滑动。

1.4.2 基坑（槽）泡水（浸水）

(1) 现象

基坑（槽）土方开挖过程中或是开挖后，坑（槽）底地基土被水浸泡。

(2) 原因分析

1) 在雨期施工时，没有设置排水措施，特别遇到大暴雨时降水量很大，大量地面水流入基坑（槽）内。

2) 在采用机械开挖时，由于事先对施工区内的地下管网布置情况不了解，盲目施工，将上、下水管道挖断造成坑（槽）被水淹没。

3) 由于对地下水位线的情况掌握不准，在地下水位线以下或接近地下水位线挖土时，没有采用降排水措施或措施不当，造成地下水渗流到坑槽内，产生泡槽。如遇到停电或降水系统出现故障等也将导致泡水。

(3) 预防措施

1) 基坑（槽）土方开挖时应尽量避开雨期，如避不开，一定要在坑（槽）四周设置排水沟或挡水坝。排水沟、坝应距坑（槽）坡顶必须保持在 1m 以上的距离，防止地面雨水流入基坑（槽）内。

2) 在施工前一定向当地市政管理部门了解施工区域内的地下管网的布置情况，包括管网的位置走向及埋设深度等，应撒出白灰线以示注意。当开挖至离管网一定深度时，应采用人工辅助开挖，并做好管网的保护，以免将管网挖断，造成泡水事故。

3) 在开挖地下水位以下或接近地下水位的土方时，应预先制定降水方案，将地下水位降至坑底标高以下 500mm 时再开挖。

(4) 治理方法

1) 已被水泡的基坑（槽）要立即排水，并将水排净。

2) 立即检查排水降水设施，尽快抢修排除故障。

3) 对被水泡过的基土，可根据泡水的轻重程度及土质的具体情况，采取相应处理措施，如排水晾晒后夯实，换土夯实或挖去淤泥加深基础等措施。

1.4.3 回填土密实度达不到要求

(1) 现象

回填土经碾压或夯实后，达不到设计要求的密实度，将使填土场地、地基在荷载作用下变形增大，承载能力和稳定性降低，从而导致填土不均匀下沉并发生质量事故。

(2) 原因分析

1) 填土料不符合要求，如采用了碎块草皮，有机杂物含量大于 8% 的土及淤泥、杂填土作回填土料。

2) 土的含水率过大或过小，因而达不到最优含水率下的密实度要求。

3) 压实机具的能量不够，达不到影响深度的要求，使密实度达不到要求。

4) 回填土厚度过大，没有按照规定的填土厚度施工，压实遍数不够或机械碾压过程中行驶速度过快。

(3) 预防措施

1) 应选择合格的回填土料进行回填。

2) 填土的密实度应根据土的工程性质来确定。通常按设计要求的压实系数换算为干密度来控制，当设计无要求时，压实系数可参考表 4-7 执行。

填土压实系数 λ_c（密实度）　　　　　　表 4-7

结构类型	填土部位	压实系数 λ_c	结构类型	填土部位	压实系数 λ_c
砌体或框架结构	在地基的持力层范围内	>0.96	一般工程	基础四周或两侧一般回填土	0.9
	在地基的持力层范围以下	0.93~0.96		室内地坪、管道沟回填土	0.9
简支式排架结构	在地基的持力层范围内	0.94~0.97		一般堆放场地回填土	0.85
	在地基的持力层范围以下	0.91~0.93			

3) 对有密实度要求的填方，应按所选用的土料、压实机械性能、通过试验确定含水量控制范围、每层铺土厚度、压实遍数、机械的行驶速度（振动碾压为 2km/h，羊足碾 3km/h），严格执行分层回填，分层压实，必须达到设计规定的质量要求。

4) 必须加强对回填土料、含水量、施工操作工艺、回填土的干密度的现场检验，按规定取样，严格把好每道工序的质量关。

(4) 治理方法

1) 经检验回填土料不合格时必须返工重做，或掺入石灰、碎石等夯实加固。

2) 对由于回填土含水量过大，达不到密实度要求的土层，可采取翻松、晾晒、风干或均匀掺入干土及其他吸水性材料，重新夯实。

3) 当含水量小时，夯实前，应预先洒水润湿；当碾压机具能量过小时，可采取增加压实遍数，或使用大功率压实机械碾压等措施补救。

1.4.4 回填土沉陷现象

(1) 现象

在基坑（槽）回填土施工中，由于施工不当造成基坑（槽）回填土局部或大片出现沉陷，从而造成室外道路，散水等空鼓、下沉、开裂，有的甚至引起建筑物的不均匀沉降和开裂。在房心回填土时，引起房心回填土局部或大片下沉，造成地面空鼓、开裂、塌陷，导致围护墙体倒塌等。

(2) 原因分析

1) 回填土质量不符合规定要求，如干土块过多，遇水浸泡产生沉陷；回填土中含有大量的有机杂物、草皮；大量采用淤泥或淤泥质土等含水量较大的土质作为回填土。

2) 回填土未按规定的铺土厚度分层回填、夯实；由于回填土厚度过大，造成下部松填，仅表面夯实，密实度达不到要求。

3) 回填土时，对基坑（槽）中的积水、淤泥杂物未做清除就回填；对室内回填处局部有软弱土层的，施工时未经处理或未发现，使用后，荷载增加，造成局部塌陷。

4) 回填时，采用人工夯实，或采用灌水法沉实，致使回填土的密实度达不到要求而发生沉陷。

5) 冬期回填时，冻土块含量过多和粒径过大，致使夯填不密实。

(3) 预防措施

1) 回填土前必须将坑（槽）中的积水、杂物、松土、淤泥清理干净，如在耕植土或松土上填方应在基底压实后再进行，对填方土料应验收合格后再填。

2) 回填土时要严格按照规范规定的分层填土厚度，分层夯实，土的含水率要符合要求。

3) 填土不得用直径大于5cm的土块，也不应有较多的干土块进行回填。

4) 严禁采用水夯（即灌水沉实）。

5) 回填土应分层检验夯实质量，必须达到规定的标准。

(4) 治理方法

1) 由回填土沉陷的散水空鼓，如果面层尚未破坏，可采用高压泵入水泥砂浆填充；如面层已有沉陷裂缝，则应视情况进行局部或全部返工，返工时可用切割机切开，填粗砂或灰土夯实，再做面层。

2) 引起建筑物下沉时应会同设计等有关部门针对情况采取加固措施。

3) 如造成地面空鼓、开裂，根据轻重程度，可采取灌浆补缝切割返工。

课题2 土壁支护结构

基坑（槽）开挖过程中，基坑土体的稳定，主要依靠土体内颗粒间存在的内摩擦力和黏聚力来保持平衡。一旦土体在外力作用下失去平衡，坑壁就会坍塌。为了防止土壁坍塌，确保施工安全，在基坑（槽）开挖深度超过一定限度时，土壁应做成有斜率的边坡。当场地受限制不能做成斜坡或为减少挖方量不采用斜坡时，应加以临时支撑以保持土壁的稳定。

2.1 土方边坡

土方边坡的坡度是以土方挖方深度 H 与底宽 B 之比表示,如图 4-7 所示。即

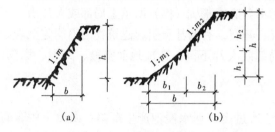

图 4-7 基坑边坡
(a) 直线形边坡;(b) 折线形边坡

$$\text{土方边坡坡度} = \frac{H}{B} = \frac{1}{\frac{B}{H}} = 1 : m$$

$m = \frac{B}{H}$,称为边坡的坡度系数。

土方边坡大小,应根据土质条件、开挖深度、地下水位、施工方法及开挖后边坡留置时间的长短、坡顶有无荷载以及相邻建筑物情况等因素而定。当地质条件良好、土质均匀且地下水位低于基坑(槽)或管沟底面标高时,挖方边坡可做成直立壁不加支撑,但深度不宜超过表4-8的规定。

直立壁不加支撑挖方深度　　　　　　　　　　　　　表 4-8

土 的 类 别	挖方深度(m)	土 的 类 别	挖方深度(m)
密实、中密的砂土和碎石类土(填充物为砂土)	1.00	硬塑、可塑的黏土和碎石类土(填充物为黏性土)	1.50
硬塑、可塑的粉土及粉质黏土	1.25	坚硬的黏土	2.00

当地质条件良好、土质均匀且地下水位低于基坑(槽)或管沟底面标高时,挖方深度在 5m 以内不加支撑的边坡最陡坡度应符合表4-9规定。

永久性挖方边坡应按设计要求放坡。临时性挖方边坡值应符合表4-10规定。

深度在 5m 内的基坑(槽)、管沟边坡的最陡坡度(不加支撑)　　　表 4-9

土 的 类 别	边 坡 坡 度 (1:m)		
	坡顶无荷载	坡顶有静载	坡顶有动载
中密的砂土	1:1.00	1:1.25	1:1.50
中密的碎石类土(填充物为砂土)	1:0.75	1:1.00	1:1.25
硬塑的粉土	1:0.67	1:0.75	1:1.00
中密的碎石类土(填充物为黏性土)	1:0.50	1:0.67	1:0.75
硬塑的粉质黏土、黏土	1:0.33	1:0.50	1:0.67
老黄土	1:0.10	1:0.25	1:0.33
软土(经过井点降水后)	1:1.00	—	—

注:静载指堆土或材料等,动载指机械挖土或汽车运输作业等。

临时性挖方边坡值　　　　　　　　　　　　　　　表 4-10

土 的 类 别		边坡值(高:宽)	土 的 类 别	边坡值(高:宽)
砂土(不包括细砂、粉砂)		1:1.25~1:1.50	一般性黏土　　软	1:1.5 或更缓
一般性黏土	硬	1:0.75~1:1.00	碎石类土　充填坚硬、硬塑黏性土	1:0.5~1:1.0
	硬塑	1:1~1:1.25	充填砂土	1:1~1:1.5

注:1. 有成熟施工经验,可不受本表限制,设计有要求时,应符合设计标准;
2. 如采用降水或其他加固措施,也不受本表限制;
3. 开挖深度对软土不超过 4m,对硬土不超过 8m。

2.2 支护结构

建筑基坑工程的土方开挖,当受到场地限制不允许按规定坡度放坡开挖,或深基坑放坡开挖所增加的工程量过大不经济,而采用坑壁竖直开挖时,必须设置基坑支护结构,以防止坑壁坍塌,确保基坑内施工作业安全,避免对邻近建筑物和市政设施等的正常使用造成危害。

基坑支护结构主要承受基坑土方开挖卸荷时所产生的土压力、水压力和附加荷载产生的侧压力,起到挡土和止水作用,是稳定基坑的一种施工临时挡墙结构。

2.2.1 支护结构的类型与构造

支护结构按其受力状况可分为重力式支护结构和非重力式(或称桩墙式)支护结构两类。深层搅拌水泥土桩、水泥旋喷桩和土钉墙等皆属于重力式支护结构,钢板桩、H型钢桩、混凝土灌注桩和地下连续墙等皆属于非重力式支护结构。

非重力式支护结构根据不同的开挖深度和不同的工程地质与水文地质等条件,可选用悬臂式支护结构或设有撑锚体系的支护结构。悬臂式支护结构由挡墙和冠梁组成,设有撑锚体系的支护结构由挡墙、冠梁和撑锚体系三部分组成。

(1) 挡墙的类型与构造

挡墙主要起挡土和止水作用,其种类很多,下面主要介绍常用几种:

1) 钢板桩

钢板桩是由带锁口的热轧型钢制成,常用的截面形式有平板形、波浪形(亦称拉森式)板桩等(图4-8)。钢板桩通过锁口连接、相互咬合而形成连续的钢板桩挡墙,除可起挡土作用外,还有一定的止水作用。

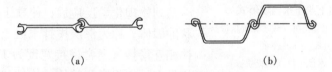

图 4-8 常用的钢板桩截面形式
(a) 平板桩;(b) 波浪形板桩("拉森"板桩)

钢板桩施工时,由于一次性投资较大,目前多以租赁方式租用,施工完后拔出归还,故成本较低。在软土层施工速度快,且打设后可立即组织土方开挖和基础施工,有利于加快施工进度;但在砂砾层及密实砂土中则打设施工困难。钢板桩的刚度较低,一般当基坑开挖深度为4~6m时就需设置支撑(或拉锚)体系。它适用于基坑深度不太大的软土地层的基坑支护。

2) 混凝土灌注桩挡墙

混凝土灌注桩作为支护结构的挡墙,其布置方式,视有无挡水要求,通常可采用连续式排列、间隔式排列和交错相接排列等形式(图4-9)。连续式排桩在目前施工中桩与桩之间仍会有间隙,挡水效果差。因此,连续式和间隔式排桩挡墙只能挡土,不能挡水,仅用于无挡水要求或已采取降水措施的基坑支护。

当有挡水要求,又没有采取降水措施时,除可采用交错式排桩挡墙外,通常多采用在连续式或间隔式排桩外面加深层搅拌水泥土桩(或水泥旋喷桩)组成止水帷幕(图4-

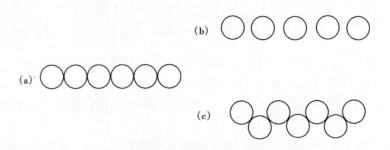

图 4-9 混凝土灌注桩挡墙平面布置形式
(a) 连续式排列；(b) 间隔式排列；(c) 交错式排列

10a)，也可采用排桩间加压密注浆止水（图 4-10b）等组合支护结构，既挡土又止水。

排桩式挡墙具有平面布置灵活、施工工艺简单、成本低、无噪声、无挤土、对周围环境不会造成危害等优点。但挡墙是由单桩排列而成，所以整体性较差。因此，使用时需在单桩顶部设置一道钢筋混凝土圈梁（亦称冠梁）将单桩连成整体，以提高排桩挡墙的整体性和刚度。排桩式挡墙多用于较弱土层中两层地下室及其以下的深基坑支护。

3) 深层搅拌水泥土桩

深层搅拌水泥土桩，采用水泥作为固化剂，通过深层搅拌机械，在地基土中就地将原状土和固化剂强制拌和，经过土和固化剂之间所产生的一系列物理化学反应后，使软土硬化成水泥土柱状加固体，称为深层搅拌水泥土桩，施工时将桩体相互搭接（通常搭接宽度为 150~200mm），形成具有一定强度和整体结构性的深层搅拌水泥土挡墙，简称水泥土墙。

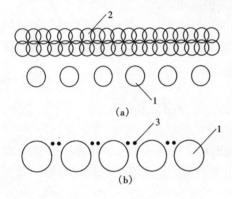

图 4-10 挡土兼止水挡墙形式
(a) 灌注桩加搅拌水泥土桩（或水泥旋喷桩）；
(b) 灌注桩加压密注浆
1—灌注桩；2—水泥土桩（或旋喷桩）；
3—压密注浆

水泥土墙属于重力式支护结构（图 4-11），它利用其自身重力挡土，维持支护结构在重力和水压力等作用下的整体稳定。同时由于桩体相互搭接形成连续整体，可兼作止水结构。

根据土质条件和支护要求，搅拌桩的平面布置可灵活采用壁式、块式或格栅式等（图 4-12）。用格栅式布置时，水泥土与其包围的天然土共同形成重力式挡墙，维持坑壁稳定。在深度方面，桩长可采用长短结合的布置形式，以增加挡墙底部抗滑性能和抗渗性，是目前最常用的一种形式。

水泥土墙既可挡土，又能形成隔水帷幕，施工时振动小，噪声低，对周围环境影响不大，施工速度快，造价低。但水泥土墙抗拉强度低，重力式水泥土墙宽度往往比较大，尤其是采用格栅式时墙宽可达 4~5m，实际

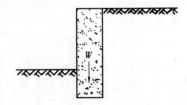

图 4-11 水泥土重力式支护结构示意图

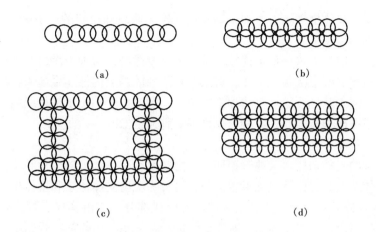

图 4-12 深层搅拌桩平面布置方式
(a)、(b) 壁式；(c) 格栅式；(d) 实体式

施工时，要求周边有较宽的施工场地。

水泥土墙特别适用于软土地基，开挖深度不大于 6m 的基坑支护。

4）地下连续墙

地下连续墙系沿拟建工程基坑周边，利用专门的挖槽设备，在泥浆护壁的条件下，每次开挖一定长度（一个单元槽段）的沟槽，在槽内放置钢筋笼，利用导管法浇筑水下混凝土，即完成一个单元槽段施工（图 4-13）。施工时，每个单元槽段之间，通过接头管等方法处理后，形成一道连续的地下钢筋混凝土墙，简称地下连续墙。基坑土方开挖时，地下连续墙既可挡土，又可挡水，也可以作为建筑物的承重结构。

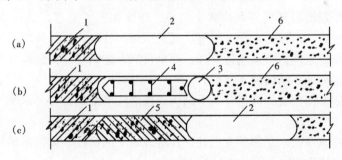

图 4-13 地下连续墙施工过程示意图
(a) 单元槽段开挖沟槽；(b) 在槽内放入接头管和钢筋笼；(c) 浇筑槽内混凝土
1—已浇好混凝土的槽段；2—开挖的槽段；3—接头管；
4—钢筋笼；5—新浇筑的混凝土槽段；6—待开挖的槽段

地下连续墙整体性好，刚度大，变形小，施工时噪声低，振动小，无挤土，对周围环境影响小，比其他类型挡墙具有更多优点，但成槽需专用设备，施工难度较大，工程造价高。适用于地下水位高的软土地基，或基坑开挖深度大，且与邻近的建筑物、道路等市政设施相距较近时的深基坑支护。

(2) 冠梁

在钢筋混凝土灌注桩挡墙、水泥土墙和地下连续墙顶部设置的一道钢筋混凝土圈梁，称为冠梁，也称为压顶梁。

冠梁施工前，应将桩顶与地下连续墙顶上的浮浆凿除，清理干净，并将外露的钢筋伸入冠梁内，与冠梁混凝土浇筑成一体，有效地将单独的挡土构件连系起来，以提高挡墙的整体性和刚度，减少基坑开挖后挡墙顶部的位移。冠梁宽度不小于桩径或墙厚，高度不小于400mm，冠梁可按构造配筋，混凝土强度等级宜大于C20。

(3) 撑锚体系

对较深基坑的支护结构，为改善挡墙的受力状况，减少挡墙的变形和位移，应设置撑锚体系，撑锚体系按其工作特点和设置部位，可分为坑内支撑体系和坑外拉锚体系。

1) 坑内支撑体系是内撑式支护结构的重要组成部分。它由支撑、腰梁和立柱等构件组成，是承受挡墙所传递的土压力、水压力等的结构体系。内撑体系根据不同的基坑宽度和开挖深度，可采用无中间立柱的对撑（图4-14a）或有中间立柱的单层或多层水平支撑（图4-14b）；当基坑平面尺寸很大而开挖深度不太大时，可采用斜撑（图4-14c）。

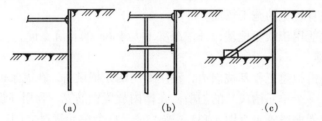

图4-14 内支撑形式
(a) 对撑；(b) 两层水平撑；(c) 斜撑

水平支撑的布置根据基坑平面形状、大小、深度和施工要求，还可以设计成多种形式。常用的有井字形、角撑形和圆环形等。无论采用何种形式，支撑结构体系必须具有足够的强度、刚度和稳定性，节点构造合理，安全可靠，能满足支护结构变形控制要求，同时要方便土方开挖和地下结构施工。

水平支撑轴线平面位置，应避开地下结构的柱网或墙轴线，相邻水平支撑净距一般不小于4m。

立柱应布置在纵横向水平撑的交点处，并避开地下结构柱、梁与墙的位置。立柱间距一般不大于15m，其下端应支撑在较好的土层中。

斜撑宜对称布置，水平间距不宜大于6m，斜撑与基坑底面之间的夹角，一般不宜大于35°，在地下水位较高的软土地区不宜大于26°，并与基坑内预留土坡的稳定坡度相一致。斜撑的基础与挡墙之间的水平距离应大于基坑的深度。当斜撑长度大于15m时，宜在斜撑中部设置立柱。

斜撑底部的基础应具备可靠的水平力传递条件，一般有以下几种做法：

①利用工程桩承台作为斜撑基础。基坑两侧对应的斜撑基础之间填筑毛石混凝土或另设置压杆，以抵抗斜撑底的水平分力。

②允许利用地下室的钢筋混凝土底板或基坑底整体铺设的混凝土垫层作为斜撑基础。

支撑体系按其材料分，主要有钢支撑（钢管、型钢等）和钢筋混凝土支撑。钢支撑安装拆除方便，施工速度快，可周转使用。可以施加预压力，有效控制挡墙变形。但钢支撑的整体刚度较弱，钢材价格较高。

钢筋混凝土支撑可设计成任意形状和断面，这种支撑体系整体性好、刚度大、变形小、可靠度高、节点处理容易、价格比较便宜，但施工制作时间较长，混凝土浇筑后还要有养护期，不像钢支撑，施工完毕就可以使用。因此，其工期长，拆除较难，采用爆破方法拆除时，会对周围环境有所影响，工程完成后，支撑材料不能回收。

这里必须指出：土质越差，基坑越深，则支撑结构的质量、安全保证体系越显得重要。因此，在进行坑内支撑体系设计与施工时，必须慎重从事，特别注意防止因支撑结构的局部失效，而导致整个支护结构的破坏，给工程带来损失。

2）坑外拉锚体系。坑外拉锚体系由杆件与锚固体组成。据拉锚体系的设置方式及位置不同，常可分为两类：

①水平拉杆锚碇是沿基坑外地表水平设置的（图4-15），水平拉杆一端与挡墙顶部连接，另一端锚固在锚碇上，用于承受挡墙所传递的土压力、水压力和附加荷载产生的侧压力。拉杆通过开沟浅埋于地表下，以免影响地面交通，锚碇位置应处于地层滑动面之外，以防止坑壁土体整体滑动时，引起支护结构整体失稳。

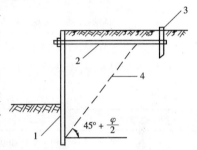

图 4-15 锚碇式支护结构
1—挡墙；2—拉杆；
3—锚碇桩；4—主动滑动面

拉杆通常采用粗钢筋或钢绞线。根据使用时间长短和周围环境情况，事先应对拉杆采取相应的防腐措施，拉杆中间设有紧固器，将挡墙拉紧之后即可进行土方开挖作业。

此法施工简便，经济可行，适用于土质条件较好，开挖深度不大，基坑周边有较开阔施工场地时的基坑支护。

② 土层锚杆是由坑外地层设置的（图4-16），锚杆的一端与挡墙连结，另一端挡墙所承受的荷载通过锚固体传递给周围土层，从而发挥地层的自承能力。

对于深基坑支护采用锚杆代替支撑，施工时使坑内没有支撑的障碍，从而改善坑内工程的施工条件，大大提高土方开挖和地下结构工程施工的效率和质量。

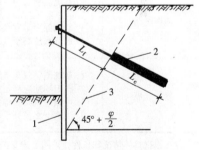

图 4-16 锚杆式支护结构
1—挡墙；2—土层锚杆；3—主动滑动面；L_f—非锚固段长度；L_e—锚固段长度

土层锚杆适用于基坑开挖深度大，而地质条件为砂土或黏性土地层的深基坑支护。当地质太差或环境不允许时（建筑红线外的地下空间不允许侵占或锚杆范围内存在着深基础、沟管等障碍物）不宜采用。

2.2.2 支护结构的选型原则

支护结构的选型原则应满足下列基本要求：
①符合基坑侧壁安全等级要求，确保坑壁稳定，施工安全；
②确保邻近建筑物、道路、地下管线等的正常使用；
③要方便土方开挖和地下结构工程施工；
④应做到经济合理、工期短、效益好。

基坑支护结构选择，应根据上述基本要求，并综合考虑基坑实际开挖深度、基坑平面形状和尺寸、地基土层的工程地质和水文地质条件、施工作业设备和挖土方案、邻近建筑物的重要程度、地下管线的限制要求、工期及造价等因素，经技术经济比较后优选确定。基坑支护结构设计应根据表4-11选用相应的侧壁安全等级及重要性系数。

基坑侧壁安全等级及重要性系数 表 4-11

安全等级	破 坏 后 果	r_0
一级	支护结构破坏、土体失稳或过大变形对基坑周边环境及地下结构施工影响很严重	1.10
二级	支护结构破坏、土体失稳或过大变形对基坑周边环境及地下结构施工影响一般	1.00
三级	支护结构破坏、土体失稳或过大变形对基坑周边环境及地下结构施工影响不严重	0.90

注：有特殊要求的建筑基坑侧壁安全等级可根据具体情况另行确定。

基坑支护结构形式及其适用条件见表4-12。

基坑支护结构选型表 表 4-12

支护结构型式	适 用 条 件
排桩或地下连续墙	1. 适用于基坑侧壁安全等级为一、二、三级； 2. 悬臂式结构在软土场地中不宜大于5m； 3. 当地下水位高于基坑底面时，宜采用降水、排桩加截水帷幕或地下连续墙
水泥土墙	1. 基坑侧壁安全等级为二、三级； 2. 水泥土桩施工范围内地基承载力不宜大于150kPa； 3. 开挖深度不宜大于6m
土钉墙	1. 基坑侧壁安全等级为二、三级； 2. 基坑深度不宜大于12m； 3. 当地下水位高于基坑底面时，宜采取降水或截（止）水措施
逆作拱墙	1. 基坑侧壁安全等级为二、三级，淤泥和淤泥质土场地不宜采用； 2. 施工场地应满足拱墙矢跨比大于1/8； 3. 基坑深度不宜大于12m； 4. 地下水位高于基坑底面时，宜采取降水或截水措施
放坡	1. 基坑侧壁安全等级宜为三级； 2. 施工场地应满足放坡条件； 3. 可独立或与其他结构形式结合使用； 4. 当地下水位高于坡脚时，宜采取降水措施

注：根据具体情况和条件，采用上述支护结构形式的组合。

2.2.3 支护结构的破坏形式

（1）支护结构的破坏形式

1）挡墙平面变形过大或弯曲破坏

挡墙的截面过小，在过大的侧向压力作用下，产生的最大弯矩超过墙体抗弯承载力，产生强度破坏（图4-17）。

挡墙平面变形过大，引起墙后地面过大沉降，对邻近的建筑物、道路和地下管线等会造成损害，尤其在城市内建筑物和市政设施密集地区施工，更要注意这方面的问题。

2）支撑压曲或拉锚破坏（图4-18）

3）挡墙底端向坑内移动

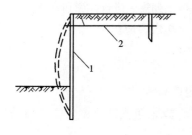
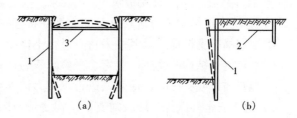

图 4-17 平面变形过大或弯曲破坏
1—挡墙；2—拉锚

图 4-18 支撑压曲或拉锚破坏
(a) 支撑压曲；(b) 拉锚破坏
1—挡墙；2—拉锚；3—支撑

当挡墙入土深度不够，或由于挖土超深，或坑底土过于软弱等原因都可能发生这种破坏（图 4-19）。

4）土体整体滑动失稳

在松软地层中，由于挡墙入土深度不够，或支撑位置不当，软黏土发生圆弧形滑动，导致支护结构整体失稳破坏（图 4-20）。

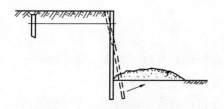
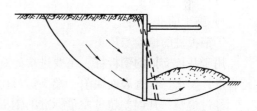

图 4-19 挡墙底端移动

图 4-20 土体整体滑动失稳

5）基坑底隆起

在软弱的黏性土中，若基坑挖土深度大，会由于坑内缺土过多，在坑外土重及地面荷载作用下，引起基坑底隆起，造成坑壁坍塌和基底破坏（图 4-21）。

6）管涌

在粉土和沙性土中，若地下水位较高，基坑深度大，由于坑内降水，挖土后在坑内外水头差产生的动水压力作用下，地下水绕过挡墙，连同细沙土一起涌入坑内，导致挡墙位移，坑底破坏（图 4-22）。

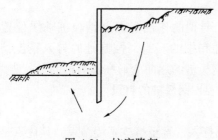
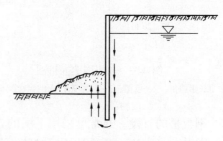

图 4-21 坑底隆起

图 4-22 管涌

(2) 支护结构的设计要求

在设计支护结构时，为保证基坑侧壁的稳定和邻近建筑物与市政设施等的正常使用，根据承载能力极限状态和正常使用极限状态的要求，基坑支护应按下列规定进行计算和验算：

1）基坑支护结构均应进行承载能力极限状态的计算，其内容应包括：

①根据基坑支护形式及其受力特点进行土体稳定性计算；

②基坑支护结构的受压、受弯、受剪承载力计算；

③当有锚杆或支撑时，应对其进行承载力计算和稳定性验算。

2）对于安全等级为一级及对支护结构变形有限定的二级建筑基坑侧壁，尚应对基坑周围环境及支护结构变形进行验算。

3）地下水控制验算。

①抗渗透稳定验算；

②基坑底管涌稳定性；

③根据支护结构设计要求进行地下水位控制计算。

2.2.4 支护结构的施工要点

本节仅介绍钢板桩施工、深层搅拌水泥土桩施工、土层锚杆施工、土钉墙施工。有关混凝土灌注桩的施工见课题4。

(1) 钢板桩施工

1) 施工前准备工作

①钢板桩的检验与矫正。

用于基坑支护的钢板桩，主要进行外观检验，包括桩的长度、宽度、厚度和高度是否符合设计要求，检查表面缺陷，端头矩形比、平直度和锁口形状等。

经过检验，凡误差超过质量标准的钢板桩，则在打设前应予以矫正，方可使用。

②钢板桩的布置。

钢板桩的设置位置应在基础边缘之外并留有装拆模板的余地。其平面布置应尽量平直整齐，避免不规则的转角，以便标准钢板桩的利用和支撑设置。

③导架的安装。

导架由围檩和围檩桩组成，其形式在平面上有单面和双面之分，在高度上有单层和双层之分。一般常用的是单层双面导架（图4-23）。围檩桩的间距为2.5～3.5m，双面围檩之间的净距一般比板桩墙厚度大8～15mm。

导架的作用是保证钢板桩轴线位置的正确和桩的竖直，控制桩的打入精度，防止钢板桩的屈曲变形和提高桩的贯入能力。

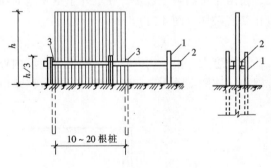

图 4-23 单层围檩插桩法
1—围檩桩；2—围檩；3—两端先打入的定位钢板桩

2) 钢板桩的打设

钢板桩的打设，通常可采用下面的方法：

①单独打入法，此法是从板桩墙一角开始逐根打入，直至打桩工程结束。其优点是桩打设时不需要辅助支架，施工简便，打设速度快；缺点是易使桩向一侧倾斜，且误差积累后不容易纠正。因此，这种打桩方法只适用于对板桩墙的质量要求一般、且板桩长度较小（如小于10m）的情况。

②围檩插桩法，亦称屏风式打入法，此法是打桩前先在地面上沿板桩墙的两侧每隔一定距离打入围檩桩，并在其上面安装单层围檩或双层围檩，然后根据钢围檩上的画线，将钢板桩逐根插入导架内，并以10~20根桩为一组，每组桩打设时，先将屏风墙两端的钢板桩打入地下，作为定位板桩，而后再按阶梯状打设其余钢板桩，这样一组一组地进行打设。

这种打桩方法的优点是可以减少桩倾斜误差积累，防止钢板桩过大的倾斜和扭转，且易于实现封闭合拢，板桩墙施工质量较好。其缺点是插桩的自立高度较大，要注意插桩的稳定和施工安全。一般情况下多采用此法打设板桩墙。当对板桩墙质量要求很高时，可以采用双层围檩插桩法。

钢板桩在打设过程中，为保证桩插入的垂直度，应用两台经纬仪在两个方向加以控制。

(2) 深层搅拌水泥土桩施工

1) 施工机具

深层搅拌水泥土桩施工所用机具有深层搅拌机、灰浆搅拌机、贮浆桶、灰浆泵等。

深层搅拌机按搅拌轴数分为单轴（亦称单头）和双轴（双头）两种。

单轴深层搅拌机的特点是采用了叶片喷浆方式，即水泥浆由中空搅拌轴经搅拌头的叶片沿旋转方向喷入土中，使水泥浆与土体混合较均匀。但因喷浆孔小，只能使用纯水泥浆作为固化剂。

双轴深层搅拌机目前常用的是SJB系列深层搅拌机（图4-24）。其特点是采用中心管供浆方式，即水泥浆是从两根搅拌轴之间的另一根输浆管输出，喷入土中，可适用多种固化剂，除了用水泥浆外，还可用水泥砂浆等。

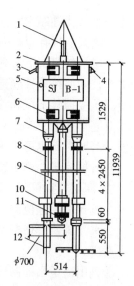

图 4-24　SJB-1型深层搅拌机

1—输浆管；2—外壳；3—出水口；4—进水口；5—电动机；6—导向滑块；7—减速器；8—搅拌轴；9—中心管；10—横向系板；11—球形阀；12—搅拌头

2) 施工工艺

深层搅拌水泥土桩施工工艺流程如图4-25所示。

①定位。

深层搅拌机移到指定桩位，对中，并使导向架与地面垂直。

②预搅下沉。

启动搅拌机，放松起重机钢丝绳，使搅拌机头沿导向架边下沉（下沉速度一般为0.7~1m/min），搅拌切土，直至设计桩长的底标高。

③制备水泥浆。

深层搅拌桩的水泥掺入量宜为被加固土重度的15%~18%，可加入适量外加剂，浆液水灰比一般为0.4~0.6，在预搅下沉的同时，开始按设计确定的配

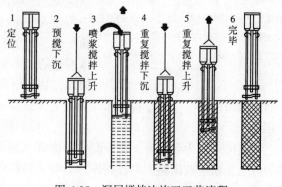

图 4-25　深层搅拌法施工工艺流程

合比和水灰比拌制水泥浆，并将制备好的水泥浆经筛选过滤后，倒入贮浆桶中备用。

④喷浆、搅拌、提升。

深层搅拌机头下沉到设计深度后，开启灰浆泵，将水泥浆压入地层中边喷浆边旋转搅拌机头，同时按设计确定的提升速度（一般为 0.6~0.7m/min）提升至桩顶标高。

⑤重复搅拌下沉和喷浆搅拌提升。

重复上述②、④步骤后完成的深层搅拌水泥土桩工艺，通常称为"四搅二喷"工艺。当设计需要时，也可采用"六搅三喷"工艺。

⑥成桩完毕，桩机移至下一个桩位施工。

3) 深层搅拌桩施工质量检查与控制

①搅拌桩的桩位偏差不应大于 50mm，垂直度偏差不宜大于 0.5%。

②水泥浆要严格按设计的配合比拌制，应搅拌均匀，停置时间不得过长（小于 2h），不得离析。

③宜用流量泵控制输浆速度，使注浆泵出口压力保持在 0.4~0.6MPa。

④施工时必须按施工要求严格控制深搅机的下沉与提升速度，使土充分搅碎，喷浆均匀。施工过程中如因故停浆，宜将深搅机下沉至停浆点以下 500mm，待恢复供浆时再喷浆提升。

⑤相邻桩要搭接施工和连续施工，如因故施工间歇时间超过 24h，应将待搭接的一根桩先进行空钻，留出空间，以待下一根桩搭接，或采取局部补桩措施，以消除搭接沟缝。施工开始和结束时的头尾桩搭接处，亦可按上述方法处理。

(3) 土层锚杆施工

如前所述，在锚杆式支护结构中，土层锚杆的作用是将支护结构所承受的荷载传递到稳定的地基土上，从而维护支护结构的稳定。在深基坑支护工程中，采用单层或多层锚杆，可防止支护结构变形过大，并为基坑土方开挖和基础工程的施工带来极大的方便。

1) 土层锚杆的构造

土层锚杆通常由锚头（包括台座、承压板和锚具等）、套管、钢拉杆和锚固体等组成（图4-26）。

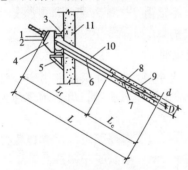

图 4-26 土层锚杆构造图
1—锚具；2—承压板；3—横梁；4—台座；5—承托支架；6—套管；7—钢拉杆；8—砂浆；9—锚固体；10—钻孔；11—挡墙；L_f—非锚固段（自由段）长度；L_c—锚固段长度；L—锚杆全长；D—锚固体直径；d—拉杆直径

锚杆全长以土的主动滑动面为界，分为自由段（非锚固段）与锚固段。从构造上要求，自由段长度不宜小于 5m；锚固段长度不宜小于 4m。自由段在土的主动滑动面内，处于不稳定土层中，该段锚杆的拉杆与周围土体不粘结（可套入套管），一旦土层有滑动时，可自由伸缩，其作用是将锚头所承受的荷载传递到处于主动滑动面外的锚固段去。该段锚固体与周围土体结合牢固，能将锚杆所承受的荷载分布到周围土层中。

锚固体一般为圆柱形，称为圆柱形锚杆（图4-26）。这种锚杆工艺简单，适用于较密实的砂土、粉土和硬黏土中。此外，为增大锚杆的抗拔力，也可将锚固体设计成端部扩大头形或连续球体形（图4-27）等。

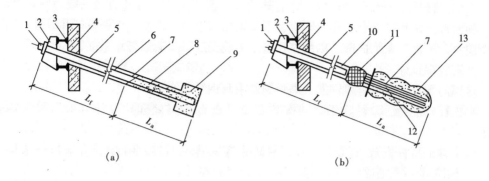

图 4-27 扩大头型与球体型锚杆
(a) 端部扩大头形锚杆；(b) 连续球体形锚杆
1—锚具；2—台座；3—横梁；4—支挡结构；5—钻孔；6—二次灌浆防腐处理；7—预应力筋；
8—圆柱形锚固体；9—端部扩大头体；10—塑料套管；11—止浆密封装置；12—注浆套管；
13—连续球体形锚固体；L_f—自由段长度；L_a—锚固段长度

2) 土层锚杆的布置

锚杆布置内容包括：确定锚杆层数、锚杆的水平和垂直间距、锚杆的倾角等。

在锚杆式支护结构中，锚杆的层数可根据支护结构的截面和其所承受的荷载，通过计算确定。显然，锚杆层数少，则使挡墙弯矩增大，从而使挡墙截面积加大，影响支护结构造价。相反，锚杆层数多，则锚杆用量多，工期长，使锚杆造价增加。因此，锚杆层数应与支护结构综合考虑确定。

锚杆布置时，最上层锚杆上面要有足够的覆土厚度。使覆土重量大于锚杆的向上垂直分力，以免发生地面隆起事故。一般锚杆锚固体上覆土层厚度不宜小于 4m。

锚杆上下层垂直间距不宜小于 2m，水平间距不宜小于 1.5m，以免产生群锚效应而降低抗拔力。

锚杆的倾角宜为 15°~25°且不应大于 45°。倾角愈大，则锚杆抵抗侧压力的有效水平分力愈小，而无效的垂直分力便愈大，并增加支护结构底部的压力，当支护结构底部土质不好时会造成不利影响。倾角太小时，则使钻孔和注浆等施工难度增大且影响成孔质量。在允许的倾角范围内，锚杆倾角主要根据地层情况，优化选取，尽量使锚固体位于土质较好的土层内，以提高锚杆的抗拔力。

如果锚杆布置的范围超出了本工程的建筑红线，则应取得有关方面的同意。

3) 土层锚杆施工

土层锚杆的施工过程包括钻孔、安放钢拉杆、灌浆和张拉锚固等。

①钻孔。

土层锚杆施工用的钻孔机械按工作原理可分为：旋转式钻机、冲击式钻机和旋转冲击式钻机。旋转式钻机适用于一般黏性土及砂土土层；冲击式钻机适用于岩层中使用；旋转冲击式钻机适用于各类土层。

成孔方法常用的有：螺旋钻孔干作业法、清水循环钻进法和潜水成孔法。

成孔方法中，清水循环钻进法是应用较多的一种成孔工艺。其特点是把钻孔过程中的钻进、出渣、固壁和清孔工序一次完成，可防止塌孔，不留残土，软硬土层都能适用。

土层锚杆长度一般在10m以上，有的达30m甚至更长。钻孔直径一般为90～130mm，孔道细而长。钻孔时要求：孔壁顺直，不得坍塌和松动，以便安设钢拉杆和灌浆；钻孔应使用清水，不得用泥浆护壁，以免在孔壁上形成泥皮，降低锚杆承载能力。

②安放钢拉杆。

常用的钢拉杆材料有粗钢筋、高强钢丝束和钢绞线。

钢拉杆应平直，除锈除油，并按防腐要求进行防腐处理。拉杆自由段用塑料套管包裹。

为了将钢拉杆安放在孔道中心，并防止穿入孔道时搅动孔壁，沿钢拉杆全长每隔1.5～2.5m安设一个定位器。

安放钢拉杆时速度要均匀，要防止扭曲，防止扰动孔壁。灌浆管宜与钢拉杆绑在一起放入孔内，灌浆管距孔底一般为150mm。

③灌浆。

灌浆是土层锚杆施工的一个重要工序。灌浆方法有一次灌浆法和二次灌浆法两种。灌浆材料一般用水泥浆或水泥砂浆。浆体应按设计配制，一次灌浆宜选用水灰比为0.45～0.5的水泥浆，或灰砂比为1:1～1:2，水灰比为0.38～0.45的水泥砂浆。二次高压注浆宜使用水灰比为0.45～0.55的水泥浆。

一次灌浆法时只用一根灌浆管，利用灌浆泵进行灌浆，待水泥浆流出孔口时，将孔口封堵，再以0.4～0.6MPa压力进行补灌，稳压数分钟后灌浆结束。

二次灌浆法时要用两根灌浆管，分别用于一次灌浆和二次灌浆。随一次浆灌入，一次灌浆管可逐步拔出，待一次灌浆量完后即可收回。在第一次灌浆的浆体强度达到5MPa后，再以2.5～5.0MPa之间的压力进行二次高压灌浆，使浆液冲破第一次的浆体，向锚固体与土的接触面之间扩散，增大锚固体的锚固强度，使锚杆的承载力得到明显提高。

④张拉与锚固。

土层锚杆灌浆后，当锚固体强度大于15MPa并达到设计强度等级的75%后，方可进行张拉。张拉顺序应采用"跳张法"，即隔二拉一，以减少邻近锚杆间的相互影响。

张拉前应取设计拉力值的0.1～0.2倍预拉1～2次，使各部位接触紧密，杆体完全平直。锚杆张拉控制应力不应超过锚杆杆体强度标准值的0.75倍。正式张拉时，宜分级加载，张拉至设计荷载的0.9～1.0倍后，再按设计要求锚固锁定。

(4) 土钉墙施工

土钉墙是近几年发展起来的一种新型挡土结构。它是在土体内设置一定长度的钢筋（称为土钉），并与坡面的钢筋网喷射混凝土面板相结合，形成加筋土重力式挡墙，起到挡土作用（图4-28）。

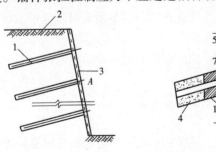

图4-28 土钉墙构造示意图

1—土钉（钢筋）；2—被加固土体；3—喷射混凝土面板；4—水泥砂浆；5—第一层喷射混凝土；6—第二层喷射混凝土；7—4φ12增强筋；8—钢筋（土钉）；9—200mm×200mm×12mm钢垫板；10—150mm×150mmφ8钢筋网；11—塞入填土（约100mm长）

由许多土钉组成的土钉群与土体共同工作，形成了能大大提高原土体强度和刚度的复合土体，土钉在复合土体中具有制约土体变形并使复合土体构成一个整体的作用。而土钉之间土的变形则通过钢筋网喷射混凝土面板进行约束。土钉与土的相互作用还能改变土坡的变形与破坏形态，显著提高土坡整体稳定性。

1）土钉墙设计及构造要求

①土钉墙高度由基坑开挖深度决定，土钉墙坡度不宜大于1:0.1，一般为700~800；

②土钉必须和面层有效连接成整体，应设置承压板（钢垫板）或加强钢筋等构造措施，一般在土钉与钢筋网交接面上加一块承压板，用螺母加以固定（图4-28节点详图）或是承压板与土钉钢筋焊接连接；

③土钉长度宜为开挖深度的0.5~1.2倍，间距为1~2m，与水平面夹角一般为5°~20°；

④土钉钢筋宜采用HPB235、HRB335级钢筋，钢筋直径为16~32mm（常用Φ25），钻孔直径宜为70~120mm；

⑤注浆材料采用水泥浆或水泥砂浆，其强度不宜低于M10。水泥浆的水灰比为0.5；水泥砂浆配合比为1:1~1:2，水灰比为0.38~0.45；

⑥喷射混凝土面层中宜配置钢筋网，钢筋直径为6~10mm，间距为150~300mm；喷射混凝土强度等级不低于C20，面层厚度不小于80mm，常用100mm；

⑦坡面上下段钢筋网搭接长度应大于300mm。

此外，土钉墙墙顶应采用砂浆或混凝土护面，在坡顶和坡脚应采取排水措施，在坡面上可根据具体情况设置泄水孔。

2）土钉墙施工

土钉墙施工工艺流程如下：

开挖工作面后修整坡面→埋设喷射混凝土厚度控制标志→喷射第一层混凝土→钻孔、安设土钉、注浆→绑扎钢筋网、安设连接件→喷射第二层混凝土→设置坡顶、坡面和坡脚排水系统

基坑开挖和土钉墙施工应按设计要求自上而下分段分层进行。在机械开挖后，应辅以人工修整坡面。基坑开挖时，每层开挖的最大高度取决于该土体可以直立而不坍塌的能力，一般取与土钉竖向间距相同，以便土钉施工。纵向开挖长度主要取决于施工流程的相互衔接，一般为10m左右。

土钉墙施工是随着工作面开挖而分层施工的，上层土钉砂浆及喷射混凝土面层达到设计强度的70%后，方可开挖下层土方，进行下层土钉施工。土钉施工工序：定位、成孔、插钢筋及注浆等。

成孔方法通常采用螺旋钻、冲击钻等钻机钻孔，其孔径为100~120mm；人工成孔时，孔径为70~100mm。成孔完毕应尽快插入钢筋并注浆，以防塌孔。

注浆是采用注浆泵将水泥浆或水泥砂浆注入孔内，使之形成与周围土体粘结密实的土钉。注浆时，注浆管应插至距孔底250~500mm处，孔口部位宜设置止浆塞及排气管，以保证注浆密实。

土钉墙也有采用将钢筋直接打入（不钻孔）、不注浆的土钉。

在坡面上喷射第一层混凝土支护前，土坡面层必须干燥，坡面虚土应予以清除，以保证面层质量。

钢筋网应在喷射第一层混凝土后铺设，钢筋与第一层喷射混凝土的间隙不小于20mm。

喷射混凝土作业应分段进行。同一分段内喷射顺序应自下而上，一次喷射厚度不小于40mm。施工时，喷头与受喷面应保持垂直，距离为0.6～1m。混凝土终凝2h后，应喷水养护。

土钉墙施工完毕后应按下列要求进行质量检测：

①土钉采用抗拉试验检测承载力，同一条件下，试验数量不宜少于土钉总数的1%，且不少于3根；

②墙面喷射混凝土厚度采用钻孔检测，钻孔数宜每100m² 墙面取一组，每组不少于3点。

土钉墙支护具有下列优点：

①合理利用土体的自承能力，将土体作为支护结构不可分割的部分；

②施工简便，又不需单独占用场地，当施工场地狭小时更显出其优越性；

③工程造价低。

土钉墙支护结构适用于地下水位以上或降水后的人工填土、黏性土和弱胶结砂土的基坑支护或边坡加固。基坑深度不大于12m。不宜用于含水量丰富的细砂、淤泥质土和砂砾卵石层。不得用于没有自稳能力的淤泥和饱和软弱土层。

2.2.5 基坑支护工程的现场监测

基坑支护工程施工前，尽管对基坑支护结构方案进行了设计，但在地下工程中，由于地质条件、荷载条件与施工条件等影响因素比较复杂，设计计算值与支护结构的实际工作状况往往不很一致，因此，在基坑开挖与支护期间，为了保证基坑工程施工及邻近建筑物与地下管网设施的安全，做到信息化施工，对基坑支护工程现场监测是十分必要的。

在基坑支护工程设计阶段，设计人员根据工程的具体情况，对现场监测提出具体要求，监测人员根据设计提出的要求，在基坑开挖前制定出现场监测方案。其方案的主要内容应包括：监测目的与内容、测点布置、使用的仪器、监测精度、观测方法、观测周期、监测项目报警值、监测结果处理要求和监测结果反馈制度等。

(1) 监测的主要内容

1) 支护结构顶部的水平位移；

2) 支护结构倾斜度；

3) 支护结构内力的测量（包括支撑与锚杆内力）；

4) 支护结构内、外土压力与孔隙水压力；

5) 基坑周围地表的沉降；

6) 基坑底部的回弹和隆起；

7) 地下水位及基坑渗漏水状况；

8) 基坑邻近建筑物、道路与地下管网设施的变位及沉降；

9) 对支护结构的裂缝、基坑周围地表的裂缝、邻近建筑物的裂缝进行巡视观测。

在上述各项监测项目中，水平位移监测、沉降监测、裂缝监测及漏水情况的监测等是必不可少的，其余项目可根据工程的重要程度及设计要求等有选择地进行。

(2) 监测的基本要求

1) 现场监测工作必须严格按照监测方案执行；

观测必须及时,因为基坑开挖是一个动态的施工过程,只有保证及时观测才能有利于发现隐患,及时采取措施;

2) 监测数据必须可靠,监测仪器的精度必须符合要求;

3) 对被观测的项目,当发现超过预警值的异常情况时,要及时发出险情预报,立即采取应急补救措施,以确保工程安全;

4) 每个基坑支护工程的监测,必须有完整的观测记录、形象的图表曲线和观测报告。

必须指出:任何没有符合基本要求和进行深入分析的监测工作,充其量只是施工动态的客观描述,绝不能起到指导工程进程和实现信息化施工的作用。

课题3 基 坑 降 水

在土方开挖过程中,当开挖的基坑(槽)底面标高低于地下水位时,土的含水层会被切断,地下水会不断地渗入坑内,若不采取措施将坑内的水及时排走或将地下水位降低,不但会使施工条件恶化,而且地基土被水泡软后,容易造成边坡塌方并使地基承载力下降。因此,为保证工程质量和施工安全,在基坑开挖前或开挖过程中,必须采取措施,降低地下水位。

降低地下水位的方法常用的有集水井降水和井点降水两类。

3.1 集水井降水

这种方法是在基坑或沟槽开挖时,在基坑两侧或四周设置排水沟,在基坑四角或每隔20~40m设置集水井,使基坑渗出的地下水通过排水沟汇入集水井内,然后用水泵抽出坑外(图4-29)。

集水井的直径或宽度,一般为0.6~0.8m。深度随挖土的加深而加深,要始终低于挖土面0.7~1.0m。井壁可用竹木或砌干砖、水泥管、挡土板等作临时简易加固。当基坑挖至设计标高后,井底应低于基坑底1~2m,并铺设0.3m厚碎石滤水层,以免在抽水时将泥砂抽出,并可防止井底的土被搅动。

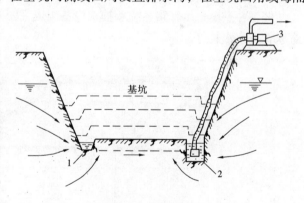

图 4-29 集水井降水
1—排水沟;2—集水坑;3—水泵

集水井降水法设备简单且排水方便,应用比较广泛,但土质为细砂或粉砂,地下水渗流时会产生流砂现象,使边坡塌方,从而增加施工困难,此时可采用井点降水法施工。

3.2 井 点 降 水

3.2.1 井点降水的作用及井点的适用范围

(1) 井点降水作用

井点降水是在基坑开挖前,预先在基坑四周埋设一定数量的井点管,在基坑开挖前和开挖过程中，利用抽水设备不断抽水，使地下水位降低到坑底以下。采用井点降水法可以解决地下水涌入坑内的问题；同时，降低地下水位后，由于土体固结，还能使土层密实，增加地基的承载能力；另外还可以防止由于受地下水流冲刷而发生的边坡塌方；最主要的是由于没有地下水的渗流，因而也就从根本上消除了流砂现象。

(2) 井点的适用范围

井点降水一般有：轻型井点、喷射井点、管井井点、电渗井井点和深井井点等。各种方法可根据土的渗透系数、要求降低水位深度、设备条件以及工程特点等，按表4-13选用。

各种井点的适用范围　　　　表 4-13

降水方法	降水深度(m)	土体渗透系数(m/d)	土 体 种 类
轻型井点	3~6	0.1~80	粉质黏土、砂质粉土、粉砂、细砂、中砂、粗砂、砾砂、砾石、卵石（含砂粒）
多级轻型井点	6~12	0.1~80	同上
电渗井点	6~7	<0.1	淤泥质土
喷射井点	8~20	0.1~50	粉质黏土、砂质粉土、粉砂、细砂、中砂、粗砂
管井井点	3~5	20~200	粗砂、砾砂、砾石
深井井点	>10	10~80	中砂、粗砂、砾砂、砾石

3.2.2 轻型井点降水

(1) 轻型井点设备

轻型井点设备由管路系统和抽水设备组成（图4-30）。管路系统包括：滤管、井点管、弯联管及集水总管。

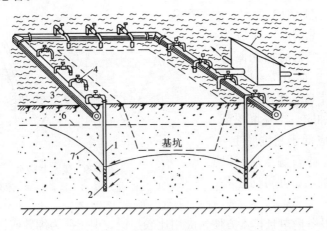

图 4-30 轻型井点降低地下水位图
1—井点管；2—滤管；3—总管；4—弯联管；5—水泵房；
6—原有地下水位线；7—降低后地下水位线

滤管（图4-31）为进水设备，滤管直径常与井点管直径相同，长度为1.0~1.5m的无缝钢管，管壁上钻有直径12~18mm的呈梅花形分布的滤孔，滤孔面积为滤管面积的20%~25%。管壁外包两层滤网，内层为细滤网，采用30~50孔/cm的黄铜丝布或生丝布;外层为粗滤网,采用 8~10 孔/cm 的铁丝布或尼龙丝布。为避免滤孔淤塞,在管壁与滤网间用铁丝绕成螺旋形隔开,滤网外面再围一层 8 号粗铁丝保护网。滤管下端放一锥形铸铁头,滤管上端与井点管连接。

井点管采用直径为 38~55mm 钢管,长度为 5~7m。井点管上端用弯联管与总管相连。弯联管用胶皮管、透明塑料管制成,直径为 38~55mm。

集水总管采用直径为 100~127mm 无缝钢管,每节长 4m,上有与井点管连接的短接头,间距为 0.8m 或 1.2m、1.6m。

轻型井点的抽水设备有:干式真空泵井点、射流泵井点设备、隔膜泵井点设备。干式真空泵井点设备由真空泵、离心式水泵和水气分离器组成(图 4-32)。

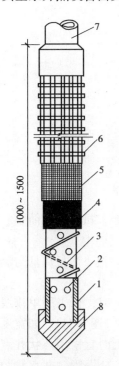
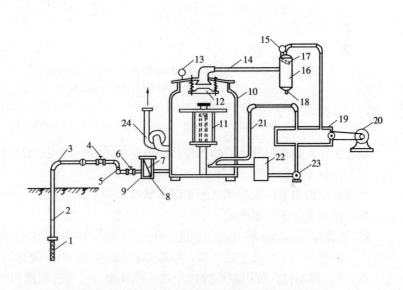

图 4-31 滤管构造
1—钢管;2—管壁上的小孔;3—缠绕的塑料管;4—细滤网;5—粗滤网;6—粗钢丝保护网;7—井点管;8—铸铁头

图 4-32 轻型井点设备工作原理
1—滤管;2—井点管;3—弯管;4—阀门;5—集水总管;6—闸门;7—滤管;8—过滤箱;9—掏沙孔;10—水气分离器;11—浮筒;12—阀门;13—真空计;14—进水管;15—真空计;16—副水气分离器;17—挡水板;18—放水口;19—真空泵;20—电动机;21—冷却水管;22—冷却水箱;23—循环水泵;24—离心水泵

抽水时先开动真空泵,将水气分离器内部抽成一定程度的真空,使土中的水分和空气受真空吸力作用而被吸出,经管路系统,再经过滤箱(防止水流中的细沙进入离心泵引起磨损)进入水气分离器。水气分离器内有一浮筒,能沿中间导杆升降。

当进入水气分离器内的水多起来时,浮筒即上升,此时即可开动离心泵,将水气分离器内水经离心泵排出,空气集中在上部由真空泵排出。为防止水进入真空泵,水气分离器顶装有阀门,并在真空泵与进气管之间装有一副水气分离器。为对真空泵进行冷却,特设一个冷却循环水泵。

一套抽水设备的负荷长度(即集水总管长度),采用 W5 型真空泵时,不大于 100m;

采用 W6 型真空泵时，不大于 200m。

射流泵井点设备由离心泵、射流泵、水箱等组成（图 4-33）。射流泵轻型井点是采用离心泵驱动工作水运转，当水流通过喷嘴时，由于流速突然增大而在周围产生真空，吸出地下水。

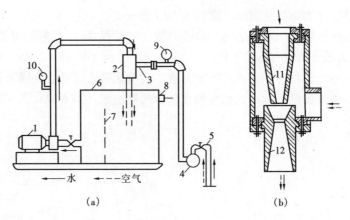

图 4-33 射流泵井点设备工作简图
(a) 总图；(b) 射流器剖面图
1—离心泵；2—射流器；3—进水管；4—总管；5—井点管；6—循环水箱；
7—隔板；8—泄水口；9—真空表；10—压力表；11—喷嘴；12—喉管

隔膜泵井点是单根井点平均消耗功率最少的井点，均用双缸隔膜泵，机组构造简单。

(2) 轻型井点的布置

轻型井点的布置应根据基坑的平面形状及尺寸、基坑深度、土质、地下水位高低与流向、降水深度要求等因素确定。

1) 平面布置：当基坑（槽）宽度小于 6m，且降水深度不超过 5m 时，可采用单排线状井点，布置在地下水流上游一侧，两端延伸长度以不小于槽宽为宜（图 4-34）。如宽度大于 6m 或土质不良，可用双排线状井点（图 4-35）。当基坑面积较大时宜采用环状井点（图 4-36）。考虑到便于挖土机和运土车辆出入基坑，有时亦可布置成"U"形。井点管距离基坑壁一般可取 0.7～1.0m，以防局部漏气。井点管间距一般为 0.8～1.6m，由计算或经验确定。在确定井点管数量时应考虑在基坑四角部分适当加密。

2) 高程布置：轻型井点的降水深度，在管壁处一般可达 6～7m。井点管的埋设深度 H（不包括滤管长），按下式计算（图 4-34）：

$$H \geqslant H_1 + h + IL \tag{4-1}$$

式中 H_1——井点管埋设面至基坑底的距离（m）；

　　　h——降低后地下水位至基坑中心底的距离，一般不应小于 0.5m；

　　　I——地下水降落坡度，双排和环状井点为 1/10，单排井点为 1/5～1/4。

　　　L——井点管至基坑中心的水平距离，单排井点为井点管至基坑另一边的距离（m）。

此外，确定井点管埋设深度时，应注意计算所得 H 应小于水泵的最大抽吸高度，还要考虑井点管一般要露出地面 0.2m 左右。

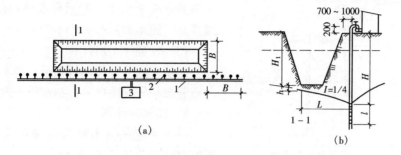

图 4-34 单排线状井点的布置图
(a) 平面布置；(b) 高程布置
1—总管；2—井点管；3—抽水设备

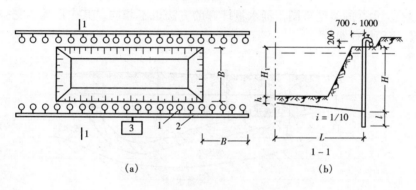

图 4-35 双排线状井点布置图
(a) 平面布置；(b) 高程布置
1—井点管；2—总管；3—抽水设备

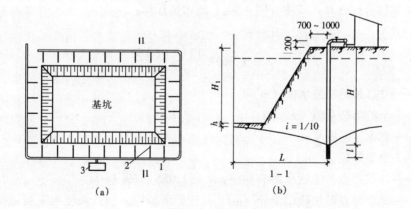

图 4-36 环状井点
(a) 平面布置；(b) 高程布置
1—总管；2—井管；3—泵站

根据上述算出的 H 值，如果小于降水深度 6m 时，可用一级轻型井点；H 值大于 6m 时，应降低井点管的埋设面，以适应降水深度要求，若能满足降水要求，仍可采用一级井

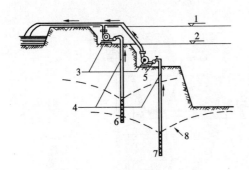

图 4-37 二级轻型井点降水
1—原地面线；2—原地下水位线；3—抽水设备；4—井点管；5—总管；6—第一级井点；7—第二级井点；8—降低水位线

点。不能满足时，可采用二级井点，即先挖去一级井点疏干的土，然后再在其底部装设第二级井点（图 4-37）。

(3) 轻型井点的计算

轻型井点的计算内容包括：涌水量的计算、井点管数量与间距确定、抽水设备选择等。

1) 涌水量计算

井点系统的涌水量按水井理论进行计算。根据井底是否达到不透水层，水井可分为完整井与非完整井。凡井底到达含水层下面的不透水层顶面的井称为完整井，否则为非完整井。根据地下水有无压力，水井分为承压井与无压井（图 4-38）。水井的类型不同，涌水量计算的方法也不相同，其中以无压完整井的理论较为完善，应用较普遍。

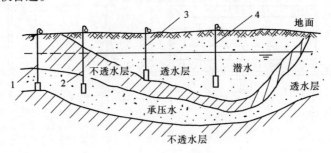

图 4-38 水井的分类
1—承压完整井；2—承压非完整井；3—无压完整井；4—无压非完整井

①无压完整井环状井点系统（图 4-39a）涌水量计算：

计算公式为：

$$Q = 1.366K\frac{(2H-S)S}{\lg R - \lg x_0} \tag{4-2}$$

式中 Q——井点系统总涌水量（m^3/d）；

K——土的渗透系数（m/d）；

H——含水层厚度（m）；

S——水位降低值（m）；

R——环状井点系统抽水影响半径，$R = 1.95S\sqrt{HK}$（m）； (4-3)

x_0——环状井点系统假想半径（m）；对于矩形基坑，当其长度与宽度之比不大于 5 时，可按下式计算：

$$x_0 = \sqrt{\frac{F}{\pi}}(m) \tag{4-4}$$

F——环状井点系统包围的面积（m^2）。

②无压非完整井环状井点系统涌水量计算：（图 4-39b）

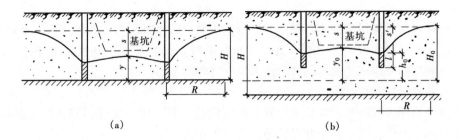

图 4-39 环状井点涌水量计算简图
(a) 无压完整井；(b) 无压不完整井

实际工程中常会遇到无压非完整井的井点系统。此时地下水不仅从井的侧面流入，还从井底渗入，因此涌水量比完整井大。要想精确计算出比较复杂，为简化计算，仍可采用无压完整井涌水量计算公式，即公式（4-2）。但此时公式中的含水层厚度 H 应换成有效深度 H_0，H_0 为经验数值，可查表 4-14 确定，当算得 H_0 大于实际含水层厚度时，仍取 H 值。

承压完整井环状井点系统涌水量计算：

计算公式为：
$$Q = 2.73 \frac{KMs}{\lg R - \lg x_0} \tag{4-5}$$

式中 M——承压含水层厚度（m）；
K、R、x_0、s——与公式（4-32）中相同。

2）井点管数量与井距的确定

井点管数量 n 可按下式确定：
$$n = 1.1 \frac{Q}{q} \tag{4-6}$$

式中 q——单根井点管的最大出水量（m³/d）；
$$q = 65\pi d l^3 \sqrt{k} \tag{4-7}$$

d——滤管直径（m）；
l——滤管长度（m）；
k——土的渗透系数（m/d）；
1.1——井点管备用系数（考虑井点管堵塞等因素）。

井点管间距 D 按下式计算：
$$D = \frac{L}{n} \tag{4-8}$$

式中 L——总管长度（m）。

实际采用的井点管间距应大于 15 倍的滤管直径，以防由于井管太密而影响抽水效果，同时，还应与总管上接头间距相适应（即采用 0.8、1.2、1.6m 等）。

(4) 抽水设备的选择

轻型井点抽水设备一般多采用干式真空泵井点设备。干式真空泵的型号有 W5 型或 W6 型，根据所带动的总管长度、井点管根数进行选用。当采用 W5 型泵时，总管长度不大于 100m，井点管数量约 80 根；采用 W6 型泵时，总管长度不大于 120m，井点管数量约

100根。

轻型井点一般选用单级离心泵,型号根据流量、吸水扬程和总扬程而定。水泵的流量应比井点系统的涌水量增大10%~20%;水泵的吸水扬程要大于降水深度加各项水头损失;水泵的总扬程应满足吸水扬程与出水扬程之和。

(5) 井点管的安装与使用

井点管的埋设程序为:先排放总管,再沉设井点管,用弯联管和井点管与总管接通,然后安装抽水设备。其中沉设井点管是关键性工序之一。

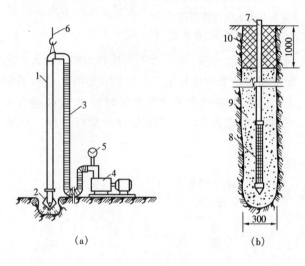

图4-40 水冲法井点管的埋设
(a) 冲孔;(b) 埋管
1—冲管;2—冲嘴;3—胶皮管;4—高压水泵;5—压力表;
6—起重机吊钩;7—井点管;8—滤管;9—填砂;10—黏土封口

井点管沉设一般用水冲法进行,并分为冲孔与埋管填料两个过程(图4-40)。冲孔时先用起重设备将冲管吊起并插在井点的位置上,然后开动高压水泵将土冲松。冲孔时冲管应垂直插入土中,并作上下左右摆动,加速土体松动,边冲边沉。冲孔直径一般为300mm,以保证井管周围有一定厚度的砂滤层。冲孔深度宜比滤管底深0.5~1.0m,以防冲管拔出时,部分土颗粒沉淀于孔底面触及滤管底部。冲孔时冲水压力不宜过大或过小。井孔冲成后,应立即拔出冲管,插入井点管,并在井点管与孔壁之间迅速填灌砂滤层,以防孔壁塌土(图4-40b)。一般宜选用干净粗砂,填灌均匀,并填至滤管顶上1~1.5m,以保证水流畅通。井点填好砂滤料后,须用黏土封好井点管与孔壁上部空隙,以防漏气。

井点系统全部安装完毕后,应进行抽水试验,检查有无漏水、漏气现象,若有异常,应检修好后方可使用。如发现井点管不出水,表明滤管已被泥沙堵塞,属于"死井",在同一范围内有连续几根"死井"时,应逐根用高压水反向冲洗或拔出重新沉设。

轻型井点使用时,一般应连续抽水。时抽时停滤网容易堵塞,也易抽出土颗粒,使水浑浊,并引起附近建筑物由于土颗粒流失而沉降开裂。正常的出水规律是"先大后小,先浑后清",否则应立即查出原因,采取相应措施。真空泵的真空度是判断井点系统工作情况是否良好的尺度,应通过真空表经常观测,一般真空度应不低于55.3~66.7kPa。若真空度不够,通常是由于管路漏气,应及时修复。井点降水工作结束后所留的井孔,必须用砂砾或黏土填实。

(6) 轻型井点系统降水设计实例

【例4-1】 某厂房设备基础施工,基坑底宽8m,长15m,基坑深4.5m,挖土边坡1:0.5,基坑平、剖面图见图4-41所示。由地质资料表明,在天然地面以下为1.0m厚的亚黏土,其下有8m厚的砂砾层,$K=12m/d$,再往下为不透水的黏土层。地下水位在地面以下 1.5m。采用轻型井点降低地下水位,试进行井点系统设计。

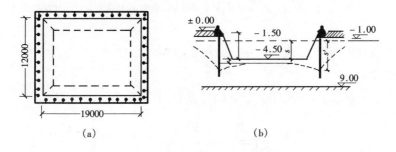

图 4-41 基坑平,剖面示意图
(a) 井点系统平面布置;(b) 井点系统的高程布置

【解】

1) 井点系统布置:

为使总管接近地下水位和不影响地面交通,将总管埋设在地面下 0.5m 处,即先挖 0.5m 的沟槽,然后在槽底铺设总管,此时基坑上口平面尺寸为 12m×19m,井点系统布置成环状。总管距基坑边缘 1.0m,总管长度为:

$$L = [(12+2)+(12+2)] \times 2 = 70\text{m}$$

基坑中心要求降水深度:

$$s = 4.5 - 1.5 + 0.5 = 3.5\text{m}$$

采用一级轻型井点,井点管的埋设深度 H(不包括滤管):

$$H \geq H_1 + h + IL = 4.0 + 0.5 + \frac{1}{10} \times \frac{14}{2} = 5.2\text{m}$$

井点管长 6m,直径 51mm,滤管长 1.0m,井点管露出地面 0.2m,以便与总管相连接。实际埋入土中 5.8m(不包括滤管),大于 5.2m,符合埋深要求。此时基坑中心降水深度 $s = 4.1$m。

井点管及滤管总长 $6+1=7$m,滤管底部距不透水层为 1.7m,基坑长宽比小于 5,可按无压非完整井环形井点系统计算。

2) 基坑涌水量计算:

井点系统涌水量计算公式为:

$$Q = 1.366k \frac{(2H_0 - S)S}{\lg R - \lg x_0}$$

抽水有效深度 H_0,按表 4-14 求出。

有效抽水影响深度 H_0 值 表 4-14

$s'/(s'+l)$	0.2	0.3	0.5	0.8
H_0	$1.3(s'+l)$	$1.5(s'+l)$	$1.7(s'+l)$	$1.85(s'+l)$

注: s' 为井点管中水位降落值, l 为滤管长度。

基坑假想圆半径 x_0:

由
$$\frac{s'}{s'+l} = \frac{4.8}{4.8+1.0} = 0.83$$

得

$$H_0 = 1.85 \times (s' + l) = 1.85 \times (4.8 + 1.0) = 10.73 \text{m}$$

由于

$H_0 > H$(含水层厚度)，取 $H_0 = H = 7.5\text{m}$

抽水影响半径 R：

$$R = 1.95 S \sqrt{HK} = 1.95 \times 4.1 \times \sqrt{7.5 \times 12} = 75.85 \text{m}$$

$$x_0 = \sqrt{\frac{F}{\pi}} = \sqrt{\frac{14 \times 21}{3.14}} = 9.68 \text{m}$$

将以上各值代入公式：

$$Q = 1.366 \times 12 \times \frac{(2 \times 7.5 - 4.1) \times 4.1}{\lg 75.85 - \lg 9.68} = 823.10 (\text{m}^3/\text{d})$$

3) 计算井点管数量及井距：

单根井点管出水量：

$$q = 65 \pi d l^3 \sqrt{k} = 65 \times 3.14 \times 0.051 \times 1.0 \times \sqrt[3]{12} = 23.83 \text{m}^3/\text{d}$$

井点管数量：
$$n = 1.1 \frac{Q}{q} = 1.1 \times \frac{823.10}{23.83} = 38 \text{ 根}$$

井距：$D = \dfrac{L}{n} = \dfrac{70}{38} = 1.84\text{m}$

取井距为 1.6m，实际总根数为 44 根。

4) 抽水设备选择：

抽水设备所带动的总管长度为 70m，可选用 W5 型干式真空泵。

水泵流量：$Q_1 = 1.1 Q = 1.1 \times 823.10 = 905.41 \text{m}^3/\text{d} = 37.71 \text{m}^3/\text{h}$

水泵吸水扬程：$H_s \geqslant 6.0 + 1.0 = 7.0\text{m}$

根据 Q_1 及 H_s 得，选用 3B33 型离心泵。

3.3 流砂产生的原因及防治

基坑开挖时地表以下的土层受到向上的渗透力的作用。对砂性土层而言，当渗透的水力坡度增大到某一种程度时，砂性土会呈流土破坏形式，即呈流态状涌出坡面，通常称为流砂。

3.3.1 流砂产生的原因

流砂是水在土中渗流所产生的动水压力对土体作用的结果。图 4-42 说明水由高水位（水头为 h_1）经过长度 L，截面积 F 的土体，流向低水位（水头为 h_2）时的力学现象。

水在土中渗流时，作用在土体上的力有：

$\gamma_w \cdot h_1 \cdot F$——作用在土体左端 a-a 截面处的静水压力，方向与水流方向一致（γ_{ww} 为水的重度）；

$\gamma_w \cdot h_2 \cdot F$——作用在土体右端 b-b 截面处的静水压力，方向与水流方向相反（γ_w 为水的重度）；

$T \cdot L \cdot F$——水渗流时受到土颗粒的阻力（T 为单位土体阻力）。

由静力平衡条件得：

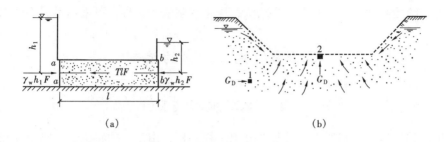

图 4-42 动水压力原理图
(a) 水在土中渗流时作用在土体上的力；(b) 动水压力对土的影响
1、2—土粒

$$\gamma_w \cdot h_1 \cdot F - \gamma_w \cdot h_2 \cdot F - T \cdot L \cdot F = 0$$

化简得：

$$T = \frac{h_1 - h_2}{l} \cdot \gamma_w \tag{4-9}$$

式中，$\frac{h_1 - h_2}{l}$ 为水头差与渗透路程长度之比，称为水力坡度，以 I 表示，则上式可写成：$T = I \cdot \gamma_w$

由于单位土体阻力 T 与水在土中渗透时对单位土体的压力 G_D（动水压力）大小相等，方向相反，即 $G_D = -T$，所以可得到下式：

$$G_D = -\frac{h_1 - h_2}{l} \cdot \gamma_w = -I \cdot \gamma_w$$

由上式可知：动水压力的大小 G_D 与水力坡度成正比，即水位差 $h_1 - h_2$ 越大 G_D 越大；而渗透路程 L 越长，G_D 越小；动水压力的作用方向与水流方向相同。当水流在水位差的作用下对土颗粒产生向上压力时，动水压力不但使土粒受到了水的浮力，而且还使土粒受到向上推动的压力。如果动水压力等于或大于土的浸水重度 γ，即 $G_D \geq \gamma$ 则此时土粒失去自重，处于悬浮状态，土粒能随着渗透的水一起流动，这种现象就叫"流砂现象"。

3.3.2 流砂的防治

在基坑（槽）开挖中，防治流砂的途径有两个方面：一是减小或平衡动水压力；二是设法使动水压力方向向下。具体防治流砂的方法有：

（1）抢挖法：组织分段抢挖，使挖土速度超过冒砂速度，挖到标高后立即铺竹筏或芦席，并抛大石块，增加土的压重，平衡动水压力，以此解决局部的或轻微的流砂现象。

（2）打板桩法：将板桩打入基坑底下面一定深度，增加地下水从坑外流入坑内的渗流路线，从而减少水力坡度，降低动水压力，防止流砂发生。

（3）水下挖土法：采用不排水施工，使坑内水压与坑外地下水压相平衡，以阻止流砂。

（4）井点降低地下水位：如采用轻型井点等降水方法，使地下水的渗流向下，动水压力的方向也朝下，坑底土面保持无水状态，从而可有效地防止流砂现象。

（5）地下连续墙法：此法是在基坑周围先浇筑一道混凝土或钢筋混凝土的连续墙，以支撑土壁、截水并防止流砂产生。

此外，防治流砂方法还有土壤冻结法、压密注浆法等多种，可根据不同条件选用。

课题 4　施工方案的编制

4.1　编写的基本要求

基坑工程的施工与其他重要的分部分项工程一样，由于它的特殊性、复杂性和施工难度大的特点，所以在施工之前，除了在单位工程施工组织设计中有总体的布署安排以外，还应单独编制更加详细的施工方案，以指导施工的顺利进行。

施工方案编制的内容要求：

(1) 施工依据。
(2) 施工概况。
(3) 基坑土方开挖方式、方法，挖土机械的选择及挖土的顺序，土方外运方法及机械设备。
(4) 基坑工程的工程、水文地质勘察方案。
(5) 基坑支护结构的选型、计算以及施工方法的选择。
(6) 基坑降低地下水位的方案。
(7) 基坑工程在开挖过程中的工程监测方案。
(8) 各种技术、质量、安全、环保等措施。
(9) 施工平面图布置。
(10) 施工进度计划安排。
(11) 动力、各种材料、机具设备、施工准备、技术资料等工作计划。

4.2　案　例

4.2.1　工程概况

本工程为某宾馆地下建筑的基坑开挖工程。该建筑由主楼和裙楼组成，主楼东西长约 12m，南北宽约 42m。开挖深度 12.m（电梯井 14.00m），裙房东西长约 71m。南北宽 26m，开挖深度约 5.80m。

施工深度范围内地层土质分布情况如下：地面（标高 36.50m）以下 0 ~ -3.50m 为杂填土，局部有旧建筑基础；-3.50 ~ 8.10m 主要为粉质黏土，其中在 -4.50m 左右有一层厚度 0.50 ~ 1.00m 的重粉质黏土层；-8.10 ~ -14.00m 为细砂；-14.00 ~ 20.20m 为卵石，卵石最大粒径 5 ~ 7cm；-20.20 ~ -27.6m 为粉质黏土。

地下水有二层，第一层为滞水，在地面下 -4.50m（标高 32.00m）处，第二层为潜水，在地面下 -10.30m（标高 26.20m）处。

由于基坑设计标高在地下水位以下，基坑东面、北面有建筑物，西面、南面临大街，因此采用管井井点降水，钢筋混凝土灌注桩加锚杆护坡。

本工程的施工特点是：地处繁华市区，交通与环保管制严格，施工场地窄小，工序多，工期要求紧急，施工中必须采取措施减少振动和噪声，安排好作业班次和工作面，白天打井、打桩，夜间挖运土方，各分项工程互创施工条件，抓好工序搭接和流水作业，确保60天完成任务。

4.2.2 施工准备工作

(1) 全面调查施工现场和锚杆深度范围内的地上、地下障碍物,制定排障计划和处理方案,并加以实施。

(2) 根据建设单位提供的建筑红线、控制桩、水准点和施工图纸,进行测量放线工作。基坑开挖范围内所有轴线桩、水准点都要引出机械施工活动区以外,并设置涂红白漆的钢筋支架加以保护。

(3) 根据轴线桩、施工图纸,测放井位、桩位和基坑开挖线,并加以保护。

(4) 施工用电和施工照明:

1) 根据机械配备型号和数量及钢筋加工、混凝土浇筑用电,经计算本工程高峰用电量为200kW,建设单位提供的316kVA变压器,符合施工用电容量要求。

2) 临时供电线路采用90mm^{2}橡皮电缆,并设置8个电闸箱供护坡和降水施工用电。

3) 在现场搭设4个高4~6m的照明灯架,每个灯架安装镝灯2000W。工作面、坡道口安装碘钨灯活动灯架1~2个,供夜间施工照明用。

(5) 施工用水:在现场东西两侧,各设置1个50mm的水源,供打井和护坡工程施工用水。

(6) 在基坑南侧搭建临时办公、休息用房约150m^2,工具棚20m^2,水泥棚20m^2。

(7) 根据施工方案和施工图纸进行机械设备和钢筋、水泥、砂石、钢绞线等材料的准备。

(8) 办理交通、城建、市政、市容、环卫等有关手续,办理降水工程向市政雨水或污水管道的排放手续,准备弃土场,办理运土及渣土的相关手续。

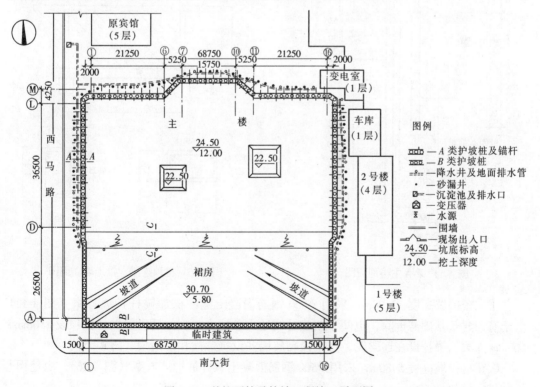

图4-43 基坑开挖及护坡工程施工平面图

4.2.3 施工平面布置

图 4-43 为基坑开挖及护坡工程施工平面图。

(1) 出入口分别设在现场东南侧和西南角，运料、运土汽车可走循环路。

(2) 混凝土搅拌机及砂石料场设在裙房基坑范围内，但要避开护坡桩桩位线。由于场地窄小，砂石、水泥、钢筋、钢绞线等原材料须按计划分期、分批进场。

(3) 钢筋加工场设在主楼基坑北侧，钢筋笼要分批加工，码放高度不得超过 2 层。

4.2.4 分项工程施工方法

(1) 降水工程

本工程主要降水目的是兼顾基坑开挖和护坡桩施工，降低水位标高要求降至护坡桩底标高（21.50m），降水深度大，潜水存在于细砂和卵石层内，渗透系数和出水量也较大，又由于上层粉质黏土有滞水，因此，主楼采用管井加砂漏井点降水方案。管井主要降低潜水水位，砂井主要将上层潜水渗漏至细砂层，再用管井抽走。计算略。

(2) 护坡工程

1) 护坡方案

根据护坡高度、周围环境、土质分布情况、施工能力和经验，本着安全、经济、合理的原则，本工程选择振动小、噪声低和变形小的钢筋混凝土灌注桩护坡方案，不同部位其构造和做法也不相同。

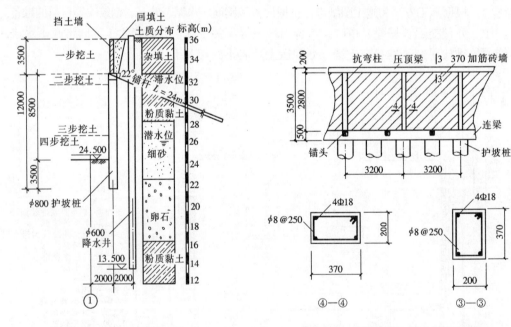

图 4-44 A-A 主楼剖面图　　　　图 4-45 桩顶连梁、挡土墙立面图

①主楼护坡高度 12.00m，采用 φ800 钢筋混凝土灌注桩加锚杆护坡方案（图 4-44）。由于有旧建筑基础需拆除，也便于新建管线通入，挖土 3.50m 后再做桩，桩顶设 850mm × 500mm 连梁，锚杆设在连梁上，连梁顶砌砖墙并设抗弯柱和压顶梁（图 4-45）。

②裙房护坡高度 5.80m，采用 φ500 钢筋混凝土悬臂桩护坡方案（图 4-46），由地面开始做桩，桩顶设 500mm × 300mm 连梁。

③楼与裙房结合部，高差6.20m，考虑到地基处理问题，采用1:0.75放坡，坡面采用钢板网抹灰加固（图4-47）。主楼、裙房的桩间土也采用钢板网抹灰处理。

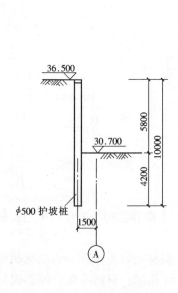
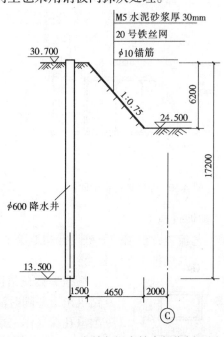

图 4-46 B-B 裙房剖面图　　　　　图 4-47 C-C 主楼与裙房结合部位剖面图

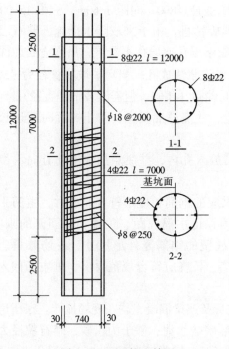
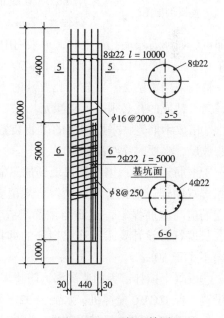

图 4-48 A 型桩配筋图　　　　　　图 4-49 B 型桩配筋图

2）护坡工程设计与计算

根据《高层建筑施工手册》（中国建筑工业出版社）介绍的计算方法、有关规范和实践经验，编制了护坡工程设计计算机程序。本工程的电算输入参数和计算设计结果略。

3) 护坡桩及锚杆的布置、构造及做法

护坡桩及锚杆的布置、构造及做法见图 4-44 ~ 图 4-52。

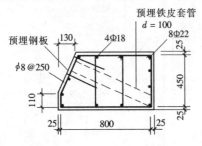
图 4-50 A 型桩连梁剖面图

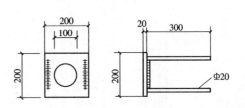
图 4-51 预埋钢板大样图

4) 护坡桩施工

①工艺流程：根据护坡桩设计和地层土质分布情况，主楼和裙房护坡桩均采用长螺旋钻机施工。其成桩工艺流程为：

场地平整→钻机对准桩位→调整大臂垂直度→启动钻机钻孔→钻机出土并随时清理→钻至设计孔深、空钻清底→停钻提钻杆→测量孔深（作记录）→吊放钢筋笼→灌注桩身混凝土，振捣→养护

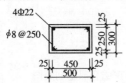
图 4-52 B 型桩连梁剖面图

②钻孔：主楼护坡桩桩径 $\phi800$，间距 1.60m，桩长 12.00m，采用 ZKL-800 履带式长螺旋钻机，由于采取降水措施，卵石层最大粒径 5~7cm，初步判断不塌孔或塌孔不严重，只须适当加深钻探即可。如卵石层塌孔严重时，可采用中心压灌水泥浆法成孔。裙房护坡桩桩径为 $\phi500$，间距 1.20m，桩长 10.00m，采用 BQZ500 钻孔（同砂漏井相同，但需改装钻杆直径）。

钻孔采用跳钻法，钻成的孔要及时下钢筋笼，并浇灌混凝土，防止搁置时间过长塌孔，当天钻成的孔必须当天浇灌完。

③吊放钢筋笼：采用钻机的吊装装置垂直吊放入孔内，并注意加强主筋方向不得下错、放反，必要时涂红漆标识。

④钢筋笼制作：钢筋笼在现场加工制作，供应的钢筋长度不符合要求时，主筋采用电弧焊双面焊，搭接长度必须符合规范要求。为保证主筋间距、位置和钢筋笼的刚度，架立筋应与主筋焊牢，箍筋与主筋绑扎牢固，成型的钢筋笼外形尺寸、主筋数量、位置、长度符合设计要求。连梁钢筋的绑扎、搭接、长度应符合规范要求，桩主筋伸入连梁内不小于 50cm。

⑤混凝土搅拌：为加速浇灌，防止塌孔，桩身及连梁混凝土均在现场搅拌。在裙房中部设置 2 台 JZC350 搅拌机，水泥为 32.5 级普通硅酸盐水泥；砂子为粗砂，碎石粒径大于 40mm，因现场窄小，要随用随进；混凝土等级为 C25，坍落度为 12~14cm，配合比如下：

水	水泥	砂	石子
200kg	320kg	769kg	1114kg

以上配合比应根据砂石含水量及粒径进行调整，搅拌时砂石每车必须过磅。

混凝土运输采用小翻斗车，浇灌时孔口放一漏斗，要用长振捣棒分层浇灌、分层振捣。

裙房护坡桩连梁采用土模。主楼连梁梁底用土模，两侧用钢模，打完锚杆并预埋铁皮筒锚孔后，再进行浇筑混凝土。

5）锚杆施工

①工艺流程：根据设计要求在地面下 3.50m 的连梁上打一排锚杆，间距 2.40m，孔径 $\phi150$，孔深 24.50m，倾角 22°，采用 MZ-Ⅱ型锚杆机干作业成孔，其工艺流程为：锚杆机就位→稳钻杆调整孔位及角度→钻孔→接螺旋钻杆（1.5m 一节）继续钻孔到设计孔深→退出螺旋钻杆→插放锚体和注浆管→常压注浆→预埋锚索套筒→浇灌连梁→养护→安装锚头、锚具→预应力张拉→顶紧楔片锁定。

②杆体制作设计拉拔力 643kN，杆体采用 4 束 1860 级钢绞线，锚头为四孔锚盘，锚固段每 1.50m 用塑料隔离架将钢绞线分开，非锚固段用塑料管包好。注浆管为 $\phi25mm$ 塑料管，绑在杆体上放入距孔底 100mm 处。

③锚体注浆：锚体水泥浆浆体强度为 20MPa，采用 32.5 级普通硅酸盐水泥，水灰比 0.45。采用一次常压注浆，用 BW250/50 泥浆泵注浆，注浆压力不低于 0.5MPa，孔口溢出灰浆后拔出注浆管，在水泥浆初凝之前及时补浆。每孔注浆量约为计算注浆量的 1.2 倍。

④张拉锚固：锚体和连梁强度达到设计强度的 75% 时，可进行张拉，张拉机具主要为 ZB4-500 油泵、YC1200×320 穿心式千斤顶、计时表、钢板尺等，宜采用跳张法，即隔二拉一。张拉时锚盘的重心、锚具的中心、千斤顶的中心应在同一轴线上。正式张拉前应取设计拉力的 20% 对锚杆预张拉。正式张拉应分级进行，张拉至设计拉力的 1.05 倍，稳定 5~10min，并记录伸长值，用楔片锚固锁定。

6）钢板网抹灰施工

主要材料和机具为 20 号铁丝网、$\phi10$ 长 50cm 锚筋、M5 水泥砂浆、射钉枪等。将锚筋楔入土壁，固定铁丝网，外抹 30mm 厚 M5 水泥砂浆，锚筋间距纵向 100cm，横向 30~50cm，可蛇行楔锚。遇砂层、滞水层要加粗铁丝网型号，加长、加密锚筋，桩间土处理时，将铁丝网用射钉枪固定在护坡桩上。滞水层要埋设 20~38mm 塑料管或钢管，将水引出。

7）连梁顶砌砖墙

连梁施工时，要预埋抗弯柱钢筋。砌 370 砖墙时，每砌高 50cm，水平放置 $\phi6.5$ 加强筋二排，与抗弯柱连接。先砌砖墙再支钢模板进行抗弯柱、压顶梁施工。

（3）土方工程

1）机械选择

本工程采用分步（层）开挖和接力挖土法，但场地窄小，故选择体积小、效率高的 PC-400 反铲挖土机挖土，配备 T-815 大脱拉自卸汽车运土。另外主楼因有旧建筑基础，另配备 W-160 液压锤 1 台，边挖土、边破碎拆除旧基础。

2）施工分步（层）

为配合护坡桩及锚杆施工，主楼分三次进场，四步挖土。

第一次进场，第一步挖土，由地面挖至 -4.00m，实际挖深 4.00m，主要是清理泥浆，拆除旧建筑基础，为护坡桩施工创造条件。

第二次进场，第二步挖土，挖至连梁底标高下 1.00m，即 -5.00m，主要是清理护坡桩钻孔土方，为锚杆机就位创造条件，实际挖深约 2.00m。

第三次进场，采用接力挖土法，分二步挖土，一台反铲挖土机由-5.00m挖至-10.00m（第三步挖土），实际挖深5.00m，直接装汽车运走。另一台反铲挖土机由-10.00m挖至-12.00m（电梯井-14.00m）（第四步挖土），实际挖深2.00~4.00m，将土挖甩至上边挖土机工作面内，装汽车运走。这样下、上层传递直至将主楼土方挖完。

裙房分两步挖土，第一步由地面挖至-1.50m，第二步由-1.50m挖至-5.80m，在第三次进场期间挖完。

3) 坡道开设和开挖顺序

主楼开挖的坡道以内坡道为主，设在裙房基坑范围内，分别由现场东南侧和西南侧地面放至主楼基坑-5.00m处，宽度5.00m，坡度1:5~1:6，每次（步）挖土的顺序均由北向南，最后在裙房西南角收尾。

4) 清槽修坡

机械挖土过程中，要配备人工清槽修坡，插入桩间土挂网抹灰，挖至坑底标高时，配备人工将机械挖土的余土清至挖土机开挖半径内，这种方法既可一次交成品，又可节省劳动力。

4.2.5 工程进度

主要分项工程施工进度计划见表4-15。

主要分项工程施工进度计划表　　　　表 4-15

分项工程	项目及部位	单位	工程量	主要施工机械 名称及型号	台数	日产量	工作天	进度计划
降水工程	降水井	座	24	CZ22冲击钻	2	3	8	
	砂漏井	座	54	BQZ长螺旋	1	18	3	
	抽水							
土方工程	主楼一步挖土	m³	12400	PC-400反铲	2	1500	9	
	主楼二步挖土	m³	4500	T-815汽车	20	1500	3	
	主楼三、四步挖土	m³	20300	W-160液压锤	1	2000	11	
	裙房一步挖土	m³	5310			1500	4	
	裙房二步挖土	m³	6000			1500	5	
护坡工程	裙房护坡桩	根	98	BQZ长螺旋	1	14	7	
	主楼护坡桩	根	108	ZKL长螺旋	1	10	11	
	主楼锚杆	根	65	MZ-2型锚杆机	2	10	10	

注：1. 总工期安排60d，不包括施工准备天数；
　　2. 降水井包括打井、浇井；抽水包括排水管铺设、装泵；挖土包括坡面及桩间土挂网抹灰；护坡桩包括连梁；锚杆包括张拉、紧固。

4.2.6 质量要求和措施

(1) 基本要求

1) 遵守国家施工及验收规范以及有关季节施工的规定。

2) 按照工程监理要求的检验程序、项目,进行质量过程控制,做好自检、预检和隐蔽工程验收,并交验各种资料,填报各种报表。

3) 原材料、半成品、成品要有出厂质量证明和试(检)验报告。

4) 建立工程质量保证体系和质量管理体制,做好各级质量交底。

(2) 降水工程

1) 井位允许偏差±100mm,井径不大于600mm,井深不小于设计深度。

2) 打井采用自造泥浆,不再投入黏土料。

3) 洗井要洗澈,洗井后水质清澈井底无泥砂,井内水位接近自然水位。

4) 抽水水泵保持连续运转,排水管道无涌水、渗水现象。

(3) 护坡工程

1) 钢筋主筋、钢绞线要有材质试验报告,钢筋焊接接头也要有焊接试验报告。

2) 护坡桩直径、长度应符合设计要求,桩位允许偏差±100mm,垂直度不允许大于$H/100$,其中H为桩长。

3) 钢筋笼制作允许偏差:

钢筋笼长度±100mm,钢筋笼直径±20mm;

主筋间距±10mm,锚筋间距±20mm。

4) 吊放钢筋笼时四周要绑扎垫块,以保证保护层厚度。

5) 护身、连梁混凝土,每100m³,做标准养护试块一组,锚杆水泥浆每10根养护试块一组,作为评定混凝土和水泥浆体强度的依据。

6) 锚杆直径、孔位、孔深、倾角应符合设计要求,孔位允许偏差±100mm,倾角允许偏差1°,孔深不得偏浅,要大于设计孔深150mm。

(4) 土方工程

1) 机械挖土标高,步(层)间允许偏差±150mm,坑底允许偏差+300mm,不得扰动老土。

2) 桩间余土不得大于200mm。

4.2.7 安全要求和措施

(1) 开工前全面调查地上、地下障碍物和管线情况,进行具体位置交底,对暂未处理的要树立明显标志。

(2) 根据本工程场地窄小、机械施工、配合工种多的特点,制定安全措施,建立安全责任制并定期开展安全活动。

(3) 各分项工程,各种机械,各工种要遵守各自的安全操作规程,注意相互间的安全距离,施工机械不得撞击护坡桩、锚头、桩间土护壁,也不得碰压井管、排水管、测量桩点等。

(4) 要执行现场施工用电规定,非专业人员禁止动用机电设备,要经常检查供电线路、闸箱、机电设备的完好和绝缘情况,供电线路要架空或埋入地下,防止机械碰压。

(5) 基坑四周要搭设防护栏,上下基坑时要搭设马道或设置专用上下梯子。

(6) 机械挖土现场出入口要设安全岗,配备专人指挥车辆,汽车司机要遵守交通法规和有关规定,按指定路线行驶,按指定地点卸土。

(7) 要遵守本地区、本工地安全、保卫、场容、消防、市容、环卫、交通等管理规定。要加强对农民工的管理教育,农民工要有"三证",做到合法用工,上岗前要进行安全交底和安全教育。

4.2.8 环保要求和措施

(1) 选择噪声低、振动小、公害小的施工机械和施工方法,减小对现场周围居民的干扰,同时做好周围居民的安抚工作,取得谅解,相互配合。

(2) 空压机、混凝土搅拌机要搭设隔声棚,各种机械作业时尽量减少噪声,禁止在现场鸣笛轰油门。

(3) 要控制运土汽车容载量,汽车驶出现场前要配专人拍实车槽,盖好苫布。为防止汽车轮胎夹带土污染道路,在现场出口设排水沟,用高压水枪冲洗轮胎。

(4) 搞好门前卫生"三包",加大清扫人力,随时检查运土沿途汽车遗撒情况,及时清扫清理。

实 训 课 题 一

实训题目:编制某综合楼工程基坑土方开挖施工方案。

实训内容:该工程主体为框架-剪力墙结构,地上12层,地下1层。建筑总高度为42.5m,建筑总面积为18600m²。基坑形状呈一字形,东西长60m,南北宽45m,基坑底面开挖标高为-7.20m,自然地面标高为-0.90m,地下水位线标高为-2.8m。渗透系数为4m/d。边坡采用1:0.33。

该基坑土层情况是:从自然地面以下至-1.8m为杂填土,-1.8~-8.5m为粉质砂土,-8.5m以下为黏性土。该工程位于市区内,场地东、西、北三侧均有建筑物,南侧面临市区主干道。

1. 该基坑土方开挖施工方案,主要内容应包括:

(1) 编制本施工方案的依据。

(2) 工程概况的介绍。

(3) 基坑的测量放线及抄平。

(4) 施工总体部署(本工程采用放坡开挖方式,不考虑支护)。

(5) 施工方法(操作工艺)。

(6) 质量控制及标准。

(7) 施工机械选择。

(8) 主要技术、安全、管理措施。

2. 制定基坑降水方案,主要内容应包括:

(1) 降水方法及设备选择。

(2) 降水系统的设计(平面布置图,高程布置图)计算。

(3) 降水系统的施工方法。

3. 进度计划、劳动力、材料计划安排以及施工平面图布置,由于所给条件限制,可以省略不做,也可以给出补充条件完成此项任务。

实训要求：制定施工方案一定要有针对性，结合本地区的常规做法和规定，一切从实战出发。制定出一个切实可行的施工方案，从中积累施工经验，为毕业后尽快上岗打下一个坚实的基础。

实训方式：以实训教学专用周的形式进行，时间为0.5周，也可根据各校具体情况安排。

实训成果：实训结束后，每位学生提供一份实训资料，按照施工企业技术资料归档要求装订成册。

实训课题二

将实训题一改为支护开挖方式，其他条件不变，制定基坑支护结构的专项施工方案。

实训题目：制定基坑支护结构施工方案

实训内容：

1. 编制依据。
2. 支护结构选型。
3. 支护结构设计。
4. 支护结构的施工程序。
5. 支护结构的施工方法（操作工艺）。
6. 质量控制。
7. 技术、安全、管理措施。

实训要求：基坑支护结构是一个技术要求高、施工难度大且复杂的系统工程，特别是一些大型基坑工程更是如此。它已发展成为一门独立的学科。今后还需专门的学习和研究。所以我们这里指的是一般工程的支护结构。通过实际训练，掌握和了解支护工程的一般知识，重点是支护结构的施工操作工艺，达到能够施工的目的。

实训方式：以实训教学专用周的形式进行，时间为0.5周，也可根据各校具体情况安排。

实训成果：实训结束后，每位学生提供一份实训资料，按照施工企业技术资料归档要求装订成册。

复习思考题

1. 基坑（槽）施工时应做好哪些准备工作？
2. 常见的基坑坡面保护方法有哪些？
3. 钎探的目的是什么？钎探的施工工艺是怎样的？
4. 试述验槽的目的及重要意义。
5. 试述基坑（槽）施工质量通病的防治。
6. 试述常用的支护结构类型。
7. 降低地下水位的方法有哪些？
8. 轻型井点降水的设备组成？
9. 轻型井点的计算内容有哪些？
10. 什么叫"流砂"？产生的原因有哪些？如何防治？

单元 5　地 基 处 理 技 术

知识点：常见地基处理方法及质量检验方法与标准。
教学目标：能陈述常见地基处理方法及质量检验方法与标准；能编写一般地基处理工程施工方案。

凡是基础直接建造在未经加固的天然土层上时，这种地基称之为天然地基；若天然地基不能满足强度和变形等要求，则必须事先经过人工处理后再建造基础，这种地基加固称之为地基处理。地基处理的对象是软弱地基或特殊土地基。地基处理的目的就是对地基进行必要的加固或改良，提高地基的强度，保证地基的稳定，降低其压缩性，减少基础的沉降或不均匀沉降。在选择地基处理方案时，应考虑上部结构、基础和地基的共同作用，并经过技术经济比较。

地基虽不是建筑物本身的一部分，但它在建筑中占有十分重要的地位。地基问题处理的恰当与否，不仅直接影响建筑物的造价，而且直接影响建筑物的安危，即关系到整个工程的质量、投资和进度，其重要性已愈来愈多地被人们所认识。

课题 1　地基的局部处理

根据勘察报告，局部存在异常的地基或经基槽检验查明的局部异常地基，均需根据实际情况、工程要求和施工条件，妥善进行局部处理。处理方法可根据具体情况有所不同，但均应遵循减小地基不均匀沉降的原则，使建筑物各部位的沉降尽量趋于一致。

1.1　局部松土坑（填土、墓穴、淤泥等）处理

当松土坑的范围较小（在基槽范围内）时，可将坑中松软土挖除，使坑底及坑壁均见天然土为止，然后采用与天然土压缩性相近的材料回填。例如：当天然土为砂土时，用砂或级配砂石分层夯实回填；当天然土为较密实的黏性土时，用 3∶7 灰土分层夯实回填；如为中密可塑的黏性土或新近沉积黏性土时，可用 1∶9 或 2∶8 灰土分层夯实回填。每层回填厚度不大于 200mm。

当松土坑的范围较大（超过基槽边沿）或因各种条件限制，槽壁挖不到天然土层时，则应将该范围内的基槽适当加宽，采用与天然土压缩性相近的材料回填。如用砂土或砂石回填时，基槽每边均应按 1∶1 坡度放宽；如用 1∶9 或 2∶8 灰土回填时，基槽每边均应按 0.5∶1 坡度放宽；用 3∶7 灰土回填时，如坑的长度不大于 2m，基槽可不放宽，但灰土与槽壁接触处应夯实。

松土坑在基槽内所占的长度超过 5m 时，将坑内软弱土挖去，如坑底土质与一般槽底土质相同，也可将此部分基础落深，做 1∶2 踏步与两端相接（图 5-1），每步高不大于 0.5m，

长度不小于 1.0m。如深度较大时,用灰土分层回填至基槽底标高。

对于较深的松土坑(如深度大于槽宽或大于 1.5m 时),槽底处理后,还应适当考虑加强上部结构的强度和刚度,以抵抗由于可能发生的不均匀沉降而引起的应力。常用的加强方法是:在灰土基础上 1~2 皮砖处(或混凝土基础内)、防潮层下 1~2 皮砖处及首层顶板处各配置 3~4 根,直径为 8~12mm 的钢筋,跨过该松土坑两端各 1m。

松土坑埋藏深度很大时,也可部分挖除松土(一般深度不小于槽宽的 2 倍),分层夯实回填,并加强上部结构的强度和刚度;或改变基础形式,如采用梁板式跨越松土坑、桩基础穿透松土坑等方法。

当地下水位较高时,可将坑中软弱的松土挖去后,用砂土、碎石或混凝土分层回填。

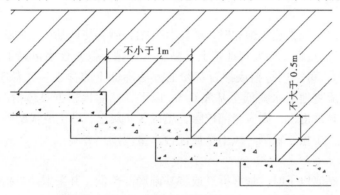

图 5-1 局部基础落深示意图

1.2 砖井或土井的处理

当井内有水并且在基础附近时,可将水位降低到可能程度,用中、粗砂及块石、卵石等夯填至地下水位以上 500mm。如有砖砌井圈时,应将砖井圈拆除至坑(槽)底以下 1m 或更多些,然后用素土或灰土分层夯实回填至基底(或地坪底)。

当枯井在室外,距基础边沿 5m 以内时,先用素土分层夯实回填至室外地坪下 1.5m 处,将井壁四周砖圈拆除或松软部分挖去,然后用素土或灰土分层夯实回填。

当枯井在基础下(条形基础 3 倍宽度或柱基 2 倍宽度范围内),先用素土分层夯实回填至基础底面下 2m 处,将井壁四周松软部分挖去,有砖井圈时,将砖井圈拆除至槽底以下 1~1.5m,然后用素土或灰土分层夯实回填至基底。当井内有水时按上述方法处理。

当井在基础转角处,若基础压在井上部分不多时,除用以上方法回填处理外,还应对基础加强处理,如在上部设钢筋混凝土板跨越或采用从基础中挑梁的办法解决;若基础压在井上部分较多时,用挑梁的办法较困难或不经济时,可将基础沿墙长方向向外延长出去,使延长部分落在天然土上,并使落在天然土上的基础总面积不小于井圈范围内原有基础的面积,同时在墙内适当配筋或用钢筋混凝土梁加强。

当井已淤填,但不密实时,可用大块石将下面软土挤密,再用上述方法回填处理。若井内不能夯填密实时,可在井内设灰土挤密桩或在砖井圈上加钢筋混凝土盖封口,上部再回填处理。

1.3 局部软硬土的处理

当基础下局部遇基岩、旧墙基、老灰土、大块石、大树根或构筑物等,均应尽可能挖除，采用与其他部分压缩性相近的材料分层夯实回填，以防建筑物由于局部落于较硬物上造成不均匀沉降而使建筑物开裂；或将坚硬物凿去300~500mm深，再回填土砂混合物夯实。

当基础一部分落于基岩或硬土层上，一部分落于软弱土层上时，应将基础以下基岩或硬土层挖去300~500mm深，填以中、粗砂或土砂混合物做垫层，使之能调整岩土交界处地基的相对变形，避免应力集中出现裂缝；或采取加强基础和上部结构的刚度来克服地基的不均匀变形。

1.4 其他情况的处理

(1) 橡皮土

当黏性土含水量很大趋于饱和时，碾压（夯拍）后会使地基土变成踩上去有一种颤动感觉的"橡皮土"。所以，当发现地基土（黏土、亚黏土等）含水量趋于饱和时，要避免直接碾压（夯拍），可采用晾槽或掺石灰粉的办法降低土的含水量，有地表水时应排水，地下水位较高时应将地下水降低至基底0.5m以下，然后再根据具体情况选择施工方法。如果地基土已出现橡皮土，则应全部挖除，填以3:7灰土、砂土或级配砂石，或插片石夯实；也可将橡皮土翻松、晾晒、风干至最优含水量范围再夯实。

(2) 管道

当管道位于基底以下时，最好拆迁或将基础局部落低，并采取防护措施，避免管道被基础压坏。当管道穿过基础墙，而基础又不允许切断时，必须在基础墙上管道周围，特别是上部留出足够尺寸的空隙（大于房屋预估的沉降量），使建筑物产生沉降后不致引起管道的变形或损坏（见图5-2）。

另外，管道应该采取防漏的措施，以免漏水浸湿地基造成不均匀沉降。特别当地基为填土、湿陷性黄土或膨胀土时，尤其应引起重视。

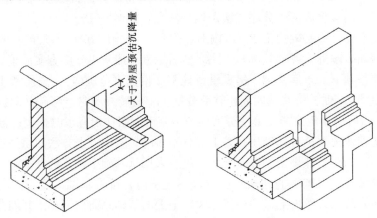

图5-2 管道穿过基础墙处理示意图

(3) 其他

如遇人防通道，一般均不应将拟建建筑物设在人防工程或人防通道上。若必须跨越人防通道，基础部分可采取跨越措施；如在地基中遇有文物、古墓、战争遗弃物等，应及时与有关部门联系，并采取适当保护和处理措施；如在地基中发现事先未标明的电缆、管道等，不应自行处理，应与主管部门共同协商解决。

课题2 换填垫层法

2.1 换填垫层法的适用范围及设计要点

2.1.1 换填垫层法的适用范围

当建筑物的地基土为软弱土、不均匀土、湿陷性土、膨胀土、冻胀土等，不能满足上部结构对地基强度和变形的要求，而软弱土层的厚度又不是很大时，常采用换填垫层法（也称为换土垫层法）处理。即将基础下一定范围内的土层挖去，然后换填密度大、强度高的砂、碎石、灰土、素土，以及粉煤灰、矿渣等性能稳定、无侵蚀性的材料，并分层夯（振、压）实至设计要求的密实度。换填法的处理深度通常控制在3m以内时较为经济合理。

换填法适用于处理淤泥、淤泥质土、湿陷性土、膨胀土、冻胀土、素填土、杂填土以及暗沟、暗塘、古井、古墓或拆除旧基础后的坑穴等浅层地基处理。对于承受振动荷载的地基，不应选择换填垫层法进行处理。

根据换填材料的不同，可将垫层分为砂石（砂砾、碎卵石）垫层、土垫层（素土、灰土）、粉煤灰垫层、矿渣垫层等，其适用范围见表5-1。

垫层的适用范围 表5-1

垫层种类		适用范围
砂石（砂砾、碎卵石）垫层		多用于中小型建筑工程的浜、塘、沟等的局部处理；适用于一般饱和、非饱和的软弱土和水下黄土地基处理；不宜用于湿陷性黄土地基，也不适宜用于大面积堆载、密集基础和动力基础的软土地基处理；可有条件地用于膨胀土地基；砂垫层不宜用于有地下水且流速快、流量大的地基处理；不宜采用粉细砂作垫层
土垫层	素土垫层	适用于中小型工程及大面积回填、湿陷性黄土地基的处理
	灰土垫层	适用于中小型工程，尤其适用于湿陷性黄土地基的处理，也可用于膨胀土地基处理
粉煤灰垫层		用于厂房、机场、港区陆域和堆场等大、中、小型工程的大面积填筑，粉煤灰垫层在地下水位以下时，其强度降低幅度在30%左右
矿渣垫层		用于中小型建筑工程，尤其适用于地坪、堆场等工程大面积的地基处理和场地平整、铁路、道路地基等；但不得用于受酸性或碱性废水影响的地基处理

2.1.2 设计要点

换填垫层的设计，应根据建筑体形、结构特点、荷载性质和地质条件并结合机械设备与当地材料来源等综合分析。既要满足建筑物地基强度和变形的要求，又要符合经济合理的原则；既要求换土垫层有足够的厚度来置换可能被剪切破坏的软弱土层，还要有足够的宽度以防止垫层向两侧挤出。

（1）垫层厚度的设计

垫层的厚度 z 一般是根据垫层底面处软弱土层的承载力确定的，要求作用在垫层底面软弱土层处的附加压力与自重压力之和不大于同一标高处软弱土层的承载力特征值，即：

$$p_z + p_{cz} \leq f_{az} \tag{5-1}$$

式中 p_z——相应于荷载效应标准组合时,垫层底面处的附加压力值(kPa);
p_{cz}——垫层底面处土的自重压力值(kPa);
f_{az}——垫层底层处经深度修正后的地基承载力特征值(kPa)。

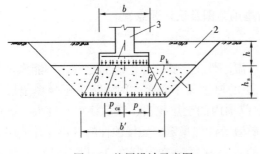

图 5-3 垫层设计示意图
1—垫层;2—回填土;3—基础

垫层底面处的附加压力值 p_z 可按应力扩散角 θ 简化计算。假定基底压力 p_k 按 θ 角向下扩散到软弱下卧层顶面,并假定均匀分布,如图 5-3 所示。

条形基础

$$p_z = \frac{b(p_k - p_c)}{b + 2z\tan\theta} \tag{5-2}$$

矩形基础

$$p_z = \frac{bl(p_k - p_c)}{(b + 2z\tan\theta)(l + 2z\tan\theta)} \tag{5-3}$$

式中 b——矩形基础或条形基础底面的宽度(m);
l——矩形基础底面的长度(m);
p_k——相应于荷载效应标准组合时,基础底面处的平均压力值(kPa);
p_c——基础底面处土的自重压力值(kPa);
z——基础底面下垫层的厚度(m);
θ——垫层的压力扩散角(°),宜通过试验确定,当无试验资料时,可按表 5-2 采用。

压力扩散角 θ (°)   表 5-2

z/b	换填材料	中砂、粗砂、砾砂、圆砾、角砾、石屑、卵石、碎石、矿渣	粉质黏土粉煤灰	灰土
0.25		20	6	30
≥0.5		30	23	

注:1. 当 $z/b < 0.25$ 时,除灰土取 $\theta = 28°$ 外,其余材料均取 $\theta = 0°$,必要时,宜由试验确定;
2. 当 $0.25 < z/b < 0.50$ 时,θ 值可内插求得。

换填垫层的厚度不宜小于 0.5m,也不宜大于 3m。太厚施工困难,太薄则作用不明显。

(2) 垫层宽度的设计

垫层底面的宽度应满足基础底面应力扩散的要求,可按下式确定:

$$b' \geq b + 2z\tan\theta \tag{5-4}$$

式中 b'——垫层底面宽度(m);
θ——压力扩散角,可按表 5-2 采用;当 $z/b < 0.25$ 时,仍按表中 $z/b = 0.25$ 取值。

整片垫层底面的宽度可根据施工的要求适当加宽。

垫层顶面宽度可从垫层底面两侧向上，按基坑开挖期间保持边坡稳定的当地经验放坡确定。垫层顶面每边超出基础底边不宜小于300mm。

垫层的承载力宜通过现场载荷试验确定，并应进行下卧层承载力的验算。

(3) 垫层的设计步骤

①按垫层的承载力确定基础宽度；

②初步确定（估算）垫层厚度，一般初设垫层厚度为1~2m；

③按公式（5-1）验算软弱土层的承载力，若不满足要求，则改变垫层厚度重新验算，直至满足要求；

④按公式（5-4）确定垫层底面宽度。

【例5-1】 某墙下条形基础，上部结构传至基础顶面的荷载设计值 $F=180 \text{kN/m}$，基础宽度 $b=1.5\text{m}$，基础埋深 $d=1.2\text{m}$，基础和上覆土的平均重度 $\gamma_G=20\text{kN/m}^3$。采用换填垫层法进行处理，换填材料为中、粗砂，重度 $\gamma=18\text{kN/m}^3$。建筑场地是很厚的淤泥质土，其承载力特征值 $f_{ak}=70\text{kPa}$，重度 $\gamma_m=17.5\text{kN/m}^3$。试确定砂垫层的厚度和宽度。

【解】 初设砂垫层厚度 $z=1.5\text{m}$，查表已知 $\theta=30°$，$\eta_d=1.0$。

$$p_k = \frac{F+G}{b} = \frac{180+20\times1.5\times1.2}{1.5} = 144\text{kPa}$$

$$p_c = \gamma_m d = 17.5\times1.2 = 21\text{kPa}$$

$$p_z = \frac{b(p_k-p_c)}{b+2z\tan\vartheta} = \frac{1.5\times(144-21)}{1.5+2\times1.5\times0.577} = 57.1\text{kPa}$$

$$p_{cz} = \Sigma\gamma_i h_i = 17.5\times1.2+18\times1.5 = 48\text{kPa}$$

$$f_{az} = f_{ak}+\eta_d\gamma_m(d+z-0.5) = 70+1.0\times17.5\times(1.2+1.5-0.5) = 108.5\text{kPa}$$

$$p_z+p_{cz} = 57.1+48 = 105.1\text{kPa} < f_{az} = 108.5\text{kPa}$$

取砂垫层厚度为1.5m，满足要求。

砂垫层底面宽度 $b' = b+2z\tan\theta = 1.5+2\times1.5\times0.577 = 3.231\text{m}$

取砂垫层底面宽度为3.3m，满足要求。

2.2 灰土垫层的施工

2.2.1 施工准备

(1) 作业条件

基坑（槽）要事先进行钎探，当垫层底部存在古井、古墓、洞穴、旧基础、暗塘等软硬不均的部位时，应根据建筑对不均匀沉降的要求予以处理，经检验合格并及时办好隐蔽验槽手续后，方可铺填垫层。

基坑（槽）要事先进行测量放线，保证基坑（槽）尺寸、位置准确。要制定灰土工程施工工艺，并做好水平标高量度点。基坑开挖时应避免坑底土层受扰动，可保留约200mm厚的土层暂不挖去，待铺填垫层前再挖至设计标高。

铺填垫层施工前应注意基坑（槽）排水，不得在浸水条件下施工，当地下水位高于基坑（槽）时，应先行降水至施工面下500mm。

(2) 材料要求

灰土垫层的灰料宜用新鲜的消石灰，用前充分熟化，不得夹有未熟化的生石灰块，也不得含有过量的水。灰料应过筛，粒径不得大于 5mm。

灰土垫层的土料宜优先利用基槽挖出的土，但不得含有有机杂质。应尽可能使用不含松软杂质的粉质黏土，黏粒含量越高其灰土强度也越高。不宜使用块状黏土、砂质粉土、淤泥、耕土、冻土、膨胀土及有机质含量超过 5% 的土。土料应过筛，粒径不得大于 15mm。

2.2.2 施工要点

灰土体积配合比宜按 2:8 或 3:7 配置，必须用斗量并拌合均匀后在当日铺填压实。含水量宜控制在最优含水量 $w_{op} \pm 2\%$ 的范围内，最优含水量可通过击实试验确定，也可按当地经验取用。如水分过多或不足时，应晾干或洒水湿润，一般可按经验在现场直接判断，判断方法为：手握成团，落地开花。

灰土垫层施工应选用平碾、振动碾或羊足碾，也可采用轻型夯实机或压路机等。垫层的施工方法、分层铺填厚度、每层压实遍数等宜按所使用的夯实机具及设计的压实系数通过现场试验确定。当无实测资料时，除接触下卧软土层的垫层底部应根据施工机械设备及下卧层土质条件确定厚度外，一般情况下，垫层的分层铺填厚度可取 200～300mm（可参考表 5-3）。

灰土最大虚铺厚度　　　　　　　　　　　　表 5-3

夯实机具种类	夯具质量（t）	虚铺厚度（mm）	备　注
石夯、木夯	0.04～0.08	200～250	人力送夯，落高 400～500mm
轻型夯实机械		200～250	蛙式打夯机
压路机	6～10	200～300	双轮

垫层底面宜设在同一标高上，如深度不同时，基坑底土面应挖成阶梯或斜坡搭接，并按先深后浅的顺序进行垫层施工，搭接处应夯压密实。

垫层分段施工时，不得在墙角、柱基及承重窗间墙下接缝。上下两层的接缝距离不得小于 500mm，接缝处应夯压密实。

雨期施工应连续进行，并应尽快完成，防止受水浸泡和边坡塌方，通常要求灰土夯压密实后 3d 内不得受水浸泡。已遭雨淋浸泡灰土要挖去补填夯实或晾干后再夯打密实。

冬期施工不准有冻块，做到随筛、随拌、随打、随盖。对松散土允许洒盐水防冻，已冻灰土要清除重打。气温在 -10℃ 以下不宜施工。

垫层竣工验收合格后，应及时进行基础施工与基坑回填，或做临时遮盖，防止日晒雨淋。

2.2.3 质量检验

(1) 灰土土料、石灰或水泥（当水泥替代灰土中的石灰时）等材料及配合比应符合设计要求，灰土应搅拌均匀。

(2) 施工过程中应检查分层铺设的厚度、分段施工时上下两层的搭接长度、夯实时加水量、夯压遍数、压实系数。

(3) 垫层的施工质量检验必须分层进行，应在每层的压实系数（通常可取压实系数为 0.95）符合设计要求后铺填上层土。垫层的施工质量检验可采用环刀法、贯入仪、静力触探、轻型动力触探或标准贯入试验检验。并均应通过现场试验以设计压实系数所对应的贯入度为标准检验垫层的施工质量。压实系数也可采用环刀法、灌砂法、灌水法或其他方法检验。

（4）当采用环刀法检验垫层的施工质量时，取样点应位于每层厚度的2/3深度处。检验点数量：对大基坑每50～100m²不应少于1个点；对基槽每10～20m不应少于1个点；每个独立柱基不应少于1个点。采用贯入仪或动力触探检验垫层的施工质量时，每分层检验点的间距应小于4m。

（5）垫层施工完成后，还应对地基强度或承载力进行检验。检验方法和标准按设计要求。检验数量：每单位工程不应少于3点；1000m²以上工程，每100m²至少应有1个点；3000m²以上工程，每300m²至少应有1个点；每一独立基础下至少应有1个点；基槽每20延米应有1点。

（6）竣工验收采用载荷试验检验垫层承载力时，每个单体工程不宜少于3点，对于大型工程则应按单体工程的数量或工程的面积确定检验点数。

（7）灰土地基质量验收标准应符合表5-4的规定。

灰土地基质量检验标准　　　　　　　表5-4

项目	序号	检查项目	允许偏差或允许值		检查方法
			单位	数值	
主控项目	1	地基承载力	设计要求		按规定方法
	2	配合比	设计要求		按拌和时的体积比
	3	压实系数	设计要求		现场实测
一般项目	1	石灰粒径	mm	≤5	筛分法
	2	土料有机质含量	%	≤5	试验室焙烧法
	3	土颗粒粒径	mm	≤15	筛分法
	4	含水量（与要求的最优含水量比较）	%	±2	烘干法
	5	分层厚度偏差（与设计要求比较）	mm	±50	水准仪

2.3 砂和砂石垫层的施工

2.3.1 施工准备

（1）作业条件

砂和砂石等渗水材料的垫层不适合用于湿陷性黄土地基。其余作业条件同灰土垫层。

（2）材料要求

砂石垫层宜采用级配良好、质地坚硬的石屑、中砂、粗砂、砾砂、圆砾、角砾、卵石、碎石等材料，其颗粒的不均匀系数 $\frac{d_{60}}{d_{10}} \geq 5$ （最好为 $\frac{d_{60}}{d_{10}} \geq 10$ ），不含植物残体、垃圾等杂质，且含泥量不应超过5%（若用作排水固结的垫层，其含泥量不应超过3%）。

若用粉细砂或石粉作为换填材料时，不容易压实，而且强度也不高，使用时宜掺入一定量的碎石或卵石，其掺量应符合设计要求。若设计无要求时，通常可掺入不少于总重30%的碎石或卵石，最大粒径不超过5cm或垫层厚度的2/3，并拌合均匀，使其颗粒的不

均匀系数 $\frac{d_{60}}{d_{10}} \geqslant 5$。

石屑的性质接近于砂，作换填材料时应控制含泥量及含粉量，才能保证垫层质量。

2.3.2 施工要点

级配砂石原材料应现场取样，进行技术鉴定，符合规范及设计要求。并进行室内击实试验确定最大干密度和最优含水量，然后再根据设计要求的压实系数确定设计要求的干密度，以此作为检验砂石垫层质量控制的技术指标。无击实试验数据时，砂石垫层的中密状态可作为设计要求的干密度：中砂 $1.6t/m^3$，粗砂 $1.7t/m^3$，碎石或卵石 $2.0\sim2.2t/m^3$ 即可。

砂和砂石垫层采用的施工机具和方法对垫层的施工质量至关重要。下卧层是高灵敏度的软土时，在铺设第一层时要注意不能采用振动能量大的机具扰动下卧层，除此之外，一般情况下砂和砂石垫层首选振动法，因为振动法能更有效地使砂和砂石密实。我国目前常用的方法有：振动压实法、夯实法、碾压法、水撼法等；常用的机具有：振捣器、振动压实机、平板式振动器、蛙式打夯机、压路机等。

砂和砂石垫层的压实效果、分层铺填厚度、最优含水量等应根据施工方法及施工机械现场试验确定。无试验资料时可参考表5-5。分层厚度可用样桩控制。施工时，下层的密实度应经检验合格后，方可进行上层施工。

砂和砂石垫层每层铺筑厚度及最优含水量　　　　　表5-5

振捣方法	每层铺筑厚度（mm）	施工时最优含水量（%）	施工说明	备注
平振法	200～250	15～20	用平板式振捣往复器振捣	
插振法	振捣器插入深度	饱和	①用插入式振捣器；②插入间距根据机械振幅大小决定；③不应插入下卧粘性土层；④插入式振捣器所留的孔洞，应用砂填实	不宜用于细砂或含泥量较大的砂所铺筑的砂垫层
水撼法	250	饱和	①注水高度应超过每次铺筑面；②钢叉摇撼捣实，插入点间距为100mm	湿陷性黄土、膨胀土地区不得使用
夯实法	150～200	8～12	①用木夯或机械夯；②木夯重400N，落距400～500mm；③一夯压半夯，全面夯实	
碾压法	250～350	8～12	60～100kN压路机往复碾压	①适用于大面积砂垫层；②不宜用于地下水位以下的砂垫层

砂和砂石垫层铺筑前，应先验槽，清除浮土，且边坡须稳定，防止塌方。开挖基坑铺设垫层时，必须避免扰动下卧的软弱土层，防止被践踏、浸泡或暴晒过久。在卵石或碎石

垫层底部应铺设 150~300mm 厚的砂层,并用木夯夯实(不得使用振捣器)或铺一层土工织物,以防止下卧的淤泥土层表面的局部破坏。如下卧的软弱土层不厚,在碾压荷载下抛石能挤入该土层底部时,可堆填块石、片石等,将其压入以置换或挤出软土。

砂和砂石垫层应铺设在同一标高上,如深度不同时,应挖成阶梯形或斜坡搭接,并按先深后浅的顺序施工。分段施工时接槎作成斜坡,每层错开 0.5~1.0m,并应充分捣实。

振(碾)前应根据干湿程度、气候条件适当洒水,以保持砂石最佳含水量。

碾压遍数由现场试验确定。通常用机夯或平板振捣器时不少于三遍,一夯压半夯全面夯实;用压路机往复碾压不少于四遍,轮迹搭接不小于 50cm;边缘和转角处用人工补夯密实。

水撼法施工时,应在基槽两侧设置样桩控制铺砂厚度,每层 25cm。铺砂后灌水与砂面齐平,然后用钢叉插入砂中摇撼十几次。如砂已沉实,将钢叉拔出,在相距 10cm 处重新插入摇撼,直到这一层全部结束,经检验合格后再铺设第二层。所用钢叉如图 5-4 所示。

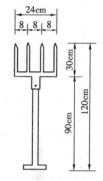

图 5-4 钢叉示意图

2.3.3 质量检验

(1) 砂、石等原材料质量、配合比应符合设计要求,砂、石应搅拌均匀。

(2) 施工过程中必须检查分层厚度、分段施工时搭接部分的压实情况、加水量、压实遍数、压实系数。

(3) 垫层的施工质量检验必须分层进行,应在每层的压实系数符合设计要求后铺填上一层。垫层的压实标准可参考表 5-6。

各种垫层的压实标准　　　　表 5-6

施工方法	换填材料类别	压实系数	承载力特征值(kPa)
碾压、振密或夯实	碎石、卵石	0.94~0.97	200~300
	砂夹石(其中碎石、卵石占全重的 30%~50%)		200~250
	土夹石(其中碎石、卵石占全重的 30%~50%)		150~200
	中砂、粗砂、砾砂、角砾、圆砾		150~200
	石屑		120~150

(4) 垫层的施工质量检验主要有环刀法和贯入法(检验点数量同灰土垫层)。在粗粒土(如碎石、卵石)垫层中也可设置纯砂检测点,在相同的试验条件下,用环刀测其干密度。或用灌砂法、灌水法进行检验。灌砂法、灌水法的试坑尺寸如表 5-7 所示。

试 坑 尺 寸　　　　表 5-7

试样最大粒径(mm)	试 坑 尺 寸	
	直径(mm)	深度(mm)
5~20	150	200
40	200	250
60	250	300

(5) 垫层施工完成后,还应对地基强度或承载力进行检验。检验方法和标准按设计要求。检验数量同灰土垫层。

(6) 砂和砂石地基的质量验收标准应符合表 5-8 的规定。

砂及砂石地基质量检验标准　　　　　　　　　　表 5-8

项目	序号	检查项目	允许偏差或允许值		检查方法
			单位	数值	
主控项目	1	地基承载力	设计要求		按规定方法
	2	配合比	设计要求		检查拌和时的体积比或重量比
	3	压实系数	设计要求		现场实测
一般项目	1	砂石料有机质含量	%	≤5	焙烧法
	2	砂石料含泥量	%	≤5	水洗法
	3	石料粒径	mm	≤100	筛分法
	4	含水量（与最优含水量比较）	%	±2	烘干法
	5	分层厚度（与设计要求比较）	mm	±50	水准仪

课题 3　挤密桩复合地基

3.1　土和灰土挤密桩复合地基

土挤密桩和灰土挤密桩复合地基是利用沉管、冲击或爆扩等方法成孔时的侧向挤土作用，使桩间一定范围内的土得以挤密、扰动和重塑，然后将桩孔用素土或灰土分层夯填密实。前者称为土挤密桩，后者称为灰土挤密桩，属于深层挤密加固地基处理的一种方法，是一种人工复合地基。其机理均为将桩孔部位原有土体强制侧向挤压，从而使桩间土得到挤密；另一方面，对土挤密桩而言，桩孔内夯填的素土与桩间土均属机械挤密的重塑土，当土桩与桩间土的挤密质量基本一致时，其力学性质指标也趋于一致，因此可以把土挤密桩地基视为一个厚度较大、基本均匀的素土垫层；对灰土挤密桩而言，桩体材料石灰和土之间产生一系列物理和化学反应，凝结成一定强度的桩体，形成桩体和桩间挤密土共同组成的人工复合地基。

土挤密桩法和灰土挤密桩法适用于处理地下水位以上的湿陷性黄土、素填土和杂填土等地基，可处理的深度为 5～15m（应根据建筑场地的土质情况、工程要求和成孔及夯实设备等综合因素确定）。当以消除地基土的湿陷性为主要目的时，宜选用土挤密桩法；当以提高地基土的承载力为主要目的时，宜选用灰土挤密桩法；当地基土的含水量大于24%、饱和度大于65%时，不宜选用土挤密桩法和灰土挤密桩法。

土挤密桩和灰土挤密桩处理地基的面积，一般应大于基础或建筑物底层平面的面积。当采用局部处理时，超出基础底面的宽度：对非自重湿陷性黄土、素填土和杂填土等地基，每边不应小于基底宽度的 0.25 倍，并不应小于 0.5m；对自重湿陷性黄土地基，每边不应小于基底宽度的 0.75 倍，并不应小于 1.0m。当采用整片处理时，超出建筑物外墙基础底面外缘的宽度，每边不宜小于处理土层厚度的 1/2，并不应小于 2.0m。

桩孔直径宜为 300～450mm，并可根据所选用的成孔设备或成孔方法确定。桩孔宜按等边三角形布置，桩孔之间的中心距离可为桩孔直径的 2～2.5 倍。

3.1.1 施工准备

(1) 作业条件

要切实了解建筑场地的工程地质条件和环境情况,需要收集的资料有:建筑场地的岩土工程勘察报告,施工钻探资料,地基土和桩孔填料的击实试验资料;建筑物的平面定位图,基础和桩施工布孔图;建筑场地内外、地面上下有无影响施工的障碍物;主要施工机械及配套设备的技术性能情况和目前的状态;工程的施工技术要求等。避免盲目进场后无法施工或施工难度大。

编制施工技术方案及相应的技术措施;做好场地平整工作;复测基线、水准点和基础轴线,定出控制桩和各基桩的中心点。

进行成孔试验(一般不宜少于两组),当普遍出现缩孔、回淤或沉管贯入反常等情况,应及时会同设计单位、建设单位、监理单位解决(提出切实可行的施工技术措施或拟定补救措施,甚至重新考虑地基处理方案)。

(2) 材料要求

土料应采用一般黏性土或粉土,使用前要过筛,土粒粒径不得大于15mm,有机质含量不得超过5%,严禁使用耕土、杂填土、淤泥质土等,不得夹有砖块、瓦砾、生活垃圾、杂土、冻土和膨胀土。当含有碎石时,其粒径不得大于50mm。含水量应接近最优含水量w_{op},一般可控制在$w_{op} \pm 3\%$之内。

石灰宜用新鲜的消石灰,一般是生石灰消解(闷透)3~4d后过筛的熟石灰粉,其粒径不得大于5mm。石灰储存时间不得超过3个月。石灰质量应符合三级以上标准,活性氧化物含量越高,灰土的强度越大。

灰土的配合比应符合设计要求(常用体积配合比为2:8或3:7),在接近最优含水量(一般为14%~18%)的情况下拌和而成。在配制灰土过程中,一般需均匀加水浸湿、搅拌均匀、颜色一致,并应随拌随填孔,不得隔日使用。

3.1.2 施工要点

土挤密桩和灰土挤密桩的施工工艺包括成孔和孔内回填夯实两部分。常用的成孔方法有锤击沉管成孔、振动沉管成孔、冲击成孔、爆扩成孔及人工挖孔等方法,通常应按设计要求、成孔设备、现场土质和周围环境等因素确定。夯实机械种类较多,按提锤方法有偏心轮夹杆式和卷扬机提升式两种。

成孔和孔内回填夯实应符合下列要求:①成孔和孔内回填夯实的施工顺序,当整片处理时,宜从里(或中间)向外间隔1~2孔进行;对大型工程,可采取分段施工;当局部处理时,宜从外向里间隔1~2孔进行;②向孔内填料前,孔底应夯实,并应抽样检查桩孔的直径、深度和垂直度;③桩孔的垂直度偏差不宜大于1.5%;④桩孔中心点的偏差不宜超过桩距设计值的5%;⑤经检验合格后,按设计要求向孔内分层填入筛好的素土、灰土或其他填料,并应分层夯实至设计标高。

填夯施工前应进行填夯试验,以确定每次合理的填料数量和夯填次数,桩体的夯实质量用平均压实系数$\overline{\lambda}_c$控制(对素土或灰土$\overline{\lambda}_c$均不应小于0.96)。

桩顶标高以上应设置300~500mm厚的2:8灰土垫层,其压实系数不应小于0.95。由于在成孔和拔管的过程中,对桩孔上部土层有一定的松动作用,因此在桩顶设计标高以上应预留覆盖层,当沉管(锤击、振动)成孔时,宜为0.5~0.7m;当冲击成孔时,宜为

1.2~1.5m。在铺设灰土垫层前将其挖除或按设计规定处理。

雨期或冬期施工应采取防雨或防冻措施，防止灰土和土料受雨水淋湿或冻结。

为保证施工质量，对填料量、填入次数、填料的拌合质量、含水量、夯击次数、夯击时间等均应有专人操作、记录和管理。对施工完毕的桩号、排号、桩数应逐个与施工图对照检查，发现问题应立即返工或补填、补打。

施工过程中可能出现的问题及相应的处理方法见表5-9。

施工中常见问题及措施　　　　　表 5-9

施工过程	现　象	原　因	措　施
沉管	①桩锤突然回跳过高，桩管进入很慢； ②桩孔斜移，桩靴、桩头、活瓣损坏； ③桩管贯入度很大，桩锤不回弹或沉入速度过快	①遇地下障碍物； ②桩机就位不平稳，架设不牢固，遇地下障碍物； ③土质疏松，有空洞	①查明其埋深、分布范围，并予以清除或在周围增加桩数； ②使桩机牢固平稳，或从结构上采取适当弥补措施，增加桩数； ③填入无粘性土料反复沉管挤压，增大桩管直径
桩孔	①孔内积水； ②桩管起拔困难； ③缩颈或堵塞，孔壁坍塌，孔底有虚土； ④挤密困难	①土层渗水、涌水、积水； ②桩管在土中搁置时间过久等； ③土层含水量过大； ④挤密顺序有误	①将水排出地表或将水下部分改为混凝土桩、碎石桩； ②用水浸润桩管周围土层或将桩管旋转后再拔出； ③向孔内填干砂、生石灰块、干水泥、粉煤灰，稍后重新成孔； ④成孔挤密由外向里间隔进行（硬土由里向外）
夯填	①回填不均匀； ②夯实不密实； ③桩身疏松，夹有生土或断裂，出现孔洞或孔隙； ④孔壁塌方； ⑤桩身强度不够	①锤击数不够； ②锤击静压力、能量比、夯击能不够； ③填料不均匀，含水量不佳	①增加锤击数； ②更换夯锤或夯实机； ③填料拌和不均匀，控制含水量接近最优含水量； ④清除塌方土，用C10混凝土灌注，回填夯实； ⑤掺入水泥、石膏、粉煤灰等增强材料

3.1.3　质量检验

(1) 施工前应检查土及灰土的质量、桩孔放样位置及高程是否与施工图相符等；

(2) 施工中应检查桩孔直径、桩孔间距、桩孔深度、垂直度、夯击次数、填料的含水量等；

(3) 成桩后应及时抽样检验处理地基的质量，对一般工程，主要应检验施工记录、检验全部处理深度内桩体和桩间土的干密度；对重要工程，除检验上述内容外，还应测定全部处理深度内桩间土的压缩性和湿陷性；抽样检验的数量，对一般工程不应少于桩总数的1%，对重要工程不应少于桩总数的1.5%；

(4) 灰土挤密桩和土挤密桩地基竣工验收时，承载力检验应采用复合地基载荷试验；检验数量不应少于桩总数的0.5%，且每项单体工程不应少于3点；

(5) 土和灰土挤密桩地基质量检验标准应符合表5-10的规定。

土和灰土挤密桩地基质量检验标准　　　　　表 5-10

项目	序号	检查项目	允许偏差或允许值		检查方法
			单位	数值	
主控项目	1	桩体及桩间土干密度	设计要求		现场取样检查
	2	桩长	mm	+500	测桩管长度或垂球测孔深
	3	地基承载力	设计要求		按规定的方法
	4	桩径	mm	-20	用钢尺量
一般项目	1	土料有机质含量	mm	≤5	试验室焙烧法
	2	石灰粒径	%	≤5	筛分法
	3	桩位偏差		满堂布桩≤0.40D 条基布桩≤0.25D	用钢尺量，D 为桩径
	4	垂直度	%	≤1.5	用经纬仪测桩管
	5	桩径	mm	-20	用钢尺量

注：桩径允许偏差负值是指个别断面。

3.2 水泥粉煤灰碎石桩复合地基

水泥粉煤灰碎石桩是由碎石、石屑、砂、粉煤灰掺适量水泥加水拌合，用各种成桩机械在地基中制成的强度等级为 C5～C25 的桩，亦称为 CFG 桩。这种处理方法是在碎石桩体中添加以水泥为主的胶结材料，同时还添加粉煤灰以增加混合料的和易性并有低强度等级水泥的作用，添加适量的石屑以改善级配。使桩体从散体材料桩转化为具有某些柔性桩特点的粘结强度桩。CFG 桩与桩间土、褥垫层一起构成复合地基。

与一般的碎石桩相比，碎石桩是散体材料桩，桩本身没有粘结强度，主要靠周围土的约束形成桩体强度，并和桩间土组成复合地基共同承担上部建筑的垂直荷载。土越软对桩的约束作用越差，桩体强度越小，传递垂直荷载的能力就越差。CFG 桩则不同于碎石桩，它具有一定粘结强度，在外荷载作用下，桩身不会像碎石桩那样出现鼓胀破坏，可全桩长发挥侧摩阻力，桩落在硬土层上具有明显端承力。荷载通过桩周的摩阻力和桩端阻力传到深层地基中，其复合地基承载力可大幅度提高。

CFG 桩复合地基既适用于条形基础、独立基础，也适用于筏基和箱形基础。对土性而言，适用于处理黏性土、粉土、砂土和已自重固结的素填土等地基。对淤泥质土应按地区经验或通过现场试验确定其适用性。CFG 桩即可用于挤密效果好的土，又可用于挤密效果差的土。当用于挤密效果好的土时，承载力的提高既有挤密作用，又有置换作用；当用于挤密效果差的土时，承载力的提高只与置换作用有关。对一般黏性土、粉土或砂土，桩端具有好的持力层，经 CFG 桩处理后可作为高层或超高层建筑地基。

CFG 桩处理软弱地基应以提高地基承载力和减少地基沉降为主要加固目的。布桩时要考虑桩受力的合理性，通常情况下，桩可只在基础范围内布置。桩径宜取 350～600mm，桩径过小，施工质量不容易控制；桩径过大，需加大褥垫层厚度才能保证桩土共同承担上部结构传来的荷载。桩距的大小取决于设计要求的复合地基承载力和变形量、土性及施工工艺。试验表明：其他条件相同时，桩距越小复合地基承载力越大，但当桩距小于 3 倍桩径后，复合地基承载力的增长明显下降，从桩、土作用的发挥考虑，桩距取 3～5 倍桩径为宜。

褥垫层是指桩顶和基础垫层（常做 10cm 厚素混凝土垫层）之间的散体材料垫层，是

CFG桩复合地基的一个重要部分。设置一定厚度的褥垫层，可以保证桩和桩间土共同承担外荷载，调整桩和桩间土的荷载分担比，减小桩顶对基础底面的应力集中现象。褥垫层厚度宜取150～300mm，当桩径大或桩距大时取高值。褥垫层的加固范围应比基底面积大，一般其四周宽出基底的部分不宜小于褥垫层的厚度。

3.2.1　施工准备

（1）作业条件

施工前应具备的资料和条件有：建筑场地工程地质勘察报告；CFG桩布桩图，并应注明桩位编号、设计说明和施工说明等；建筑场地邻近的高压电缆、电话线、地下管线、地下构筑物及障碍物等调查资料；建筑场地的水准控制点和建筑物位置控制坐标等资料；具备"三通一平"条件。

编制施工技术方案及相应的技术措施，确定施工机具和配套设备；确定施打顺序；确定材料供应计划（应标明所用材料的规格、技术要求和数量）；复测基线、水准点和基础轴线，按施工平面图定出桩位。

试成孔应不少于2个，以复核地质资料及设备、工艺、选用的技术参数是否适宜。

（2）材料要求

水泥一般采用42.5级普通硅酸盐水泥，碎石的粒径一般采用20～50mm，石屑的粒径一般采用2.5～10mm。

粉煤灰是燃煤电厂排出的一种工业废料，由于不同电厂的原煤种类、燃烧条件、煤粉细度、收灰方式的不同，其性质有所差异，使用时应控制化学成分及烧失量。

褥垫层材料宜用中砂、粗砂、级配砂石或碎石等，最大粒径不宜大于30mm。由于卵石咬合力差，施工时扰动较大，使褥垫层厚度不容易保证均匀，故一般不宜采用卵石。

由于地域不同，粉煤灰、石屑等材料性能各异，很难给出一个统一的、精度很高的桩体配合比。施工前应按设计要求由试验室进行配合比试验，施工时按配合比配置混合料。

3.2.2　施工要点

水泥粉煤灰碎石桩的施工，应根据现场条件选用施工机械：长螺旋钻孔灌注成桩，适用于地下水位以上的黏性土、粉土、素填土、中等密实以上的砂土；长螺旋钻孔、管内泵压混合料灌注成桩，适用于黏性土、粉土、砂土，以及对噪声或泥浆污染要求严格的场地；振动沉管灌注成桩适用于黏性土、粉土、素填土。

桩机进入现场，要根据设计桩长、沉管入土深度确定机架高度和沉管长度。桩机就位后调整沉管与地面垂直，确保施工垂直度偏差不大于1%；对满堂布桩基础，桩位偏差不应大于0.4倍桩径；对条形基础，桩位偏差不应大于0.25倍桩径；对单排布桩桩位偏差不应大于60mm。

长螺旋钻孔、管内泵压混合料成桩施工在钻至设计深度后，应准确掌握提拔钻杆时间，混合料泵送量应与拔管速度相配合，遇到饱和砂土或饱和粉土层，不得停泵待料；沉管灌注成桩施工拔管速度应按匀速控制，一般控制在1.2～1.5m/min左右，如遇淤泥或淤泥质土，拔管速度应适当放慢。拔管过程中不允许反插。

混合料坍落度过大，桩顶浮浆过多，均会影响桩体强度。通常长螺旋钻孔、管内泵压混合料成桩施工的坍落度宜为160～200mm；振动沉管灌注成桩施工的坍落度宜为30～50mm，振动沉管灌注成桩后桩顶浮浆厚度不宜超过200mm。混合料按设计配合比经搅拌机加水拌合，搅拌时间不得少于1min，如粉煤灰用量较多可适当延长。冬期施工时混合料入孔温度不得低于5℃，对桩头和桩间土应采取保护措施。

施工桩顶标高应考虑保护桩长（是指成桩时预先设定加长的一段桩长，基础施工时将其剔除），通常宜高出设计桩顶标高不少于0.5m。

施工过程中应抽样做混合料试块，每台机械一天应做一组（3块），试块尺寸为边长150mm的立方体，标准养护并测定其28d立方体抗压强度。

CFG桩施工完毕，待桩体达到一定强度后可进行开槽，但注意清土和截桩时，不得造成桩顶标高以下桩身断裂和扰动桩间土。如果设计桩顶标高距地表不深时，宜考虑采用人工开挖；如果基坑较深，开挖面积大，采用人工开挖效率太低时，可采用机械和人工联合开挖，但要留置足够的人工开挖厚度，防止对桩身和桩间土产生不良影响。

桩头处理后（桩间土和桩头处于同一平面，桩顶表面不可出现斜平面），应及时进行褥垫层铺设。夯填度（夯实后的褥垫层厚度与虚铺厚度的比值）不得大于0.9，宜采用静力压实法，当桩间土的含水量较小时，也可采用动力夯实法。

3.2.3 质量检验

（1）施工前应检查水泥、粉煤灰、砂及碎石等原材料是否符合设计要求；桩位测量放线是否与施工图一致等；

（2）施工中应检查桩身混合料的配合比、坍落度、提拔钻杆速度（或提拔套管速度）、成孔深度、混合料贯入量等；

（3）施工结束后应检查施工记录、桩数、桩顶标高、桩位偏差、褥垫层质量、桩体试块抗压强度等；

（4）水泥粉煤灰碎石桩复合地基竣工验收时，承载力检验应采用复合地基载荷试验，应在桩身强度满足试验荷载条件时，并宜在施工结束28d后进行，试验数量宜为总桩数的0.5%~1%，且每个单体工程的试验数量不应少于3点；

（5）水泥粉煤灰碎石桩复合地基应抽取不少于总桩数10%的桩进行低应变动力试验，检测桩身完整性；

（6）水泥粉煤灰碎石桩复合地基的质量检验标准应符合表5-11的规定。

水泥粉煤灰碎石桩复合地基质量检验标准　　　　表5-11

项目	序号	检查项目	允许偏差或允许值		检查方法
			单位	数值	
主控项目	1	原材料		设计要求	查产品合格证书或抽样送检
	2	桩径	mm	－20	用钢尺量或计算填料量
	3	桩身强度		设计要求	查28d试块强度
	4	地基承载力		设计要求	按规定的方法
一般项目	1	桩身完整性		按桩基检测技术规范	按桩基检测技术规范
	2	桩位偏差		满堂布桩≤0.40D 条基布桩≤0.25D	用钢尺量，D为桩径
	3	桩垂直度	%	≤1.5	用经纬仪测桩管
	4	桩长	mm	＋100	测桩管长度或垂球测孔深
	5	褥垫层夯实度		≤0.9	用钢尺量

注：1. 夯实度指夯实后的褥垫层厚度与虚体厚度的比值；
　　2. 桩径允许偏差负值是指个别断面。

课题4 其他地基处理方法简介

4.1 重锤夯实法

重锤夯实法是利用起重设备将夯锤提升到一定高度，然后自由落锤，利用夯锤自由下落时的冲击能来夯实土层表面，重复夯打使浅层地基土或分层填土夯实，形成一层较为均匀的硬壳层，从而使地基得到加固。

重锤夯实法一般适用于处理地下水位以上稍湿的黏性土、砂土、杂填土和分层填土，以提高其强度，减少其压缩性和不均匀性；也可用于消除湿陷性黄土的表层湿陷性。但当夯击振动对邻近建筑物或设备产生不利影响时，或当地下水位高于有效夯实深度，以及当有效夯实深度内存在软弱土时，不得采用重锤夯实法。

4.1.1 机具设备

起吊设备可采用带有摩擦式卷扬机的履带式起重机、龙门式起重机或悬臂式桅杆起重机等。其起重能力：如直接用钢丝绳悬吊夯锤时，应大于夯锤重量的3倍；如采用自动脱钩时，应大于夯锤重量的1.5倍。落距一般控制在2.5~4.5m之间。

夯锤的形状宜采用圆台形，如图5-5所示。可用C20以上的钢筋混凝土制作，其底部可填充废铁并设置钢底板使重心降低。锤重宜为15~30kN，底面直径宜为1.0~1.5m，锤底面静压力宜为15~20kPa。

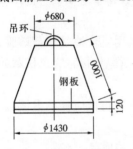

图5-5 重锤示意图

4.1.2 施工要点

（1）施工前应在现场进行试夯，试夯面积不应小于10m×10m，试夯层数不少于两层，以确定符合设计密实度要求的有关夯击参数，如：夯锤重量、锤底直径、落距、每层的虚铺厚度、有效夯击深度、夯击次数、最后下沉量、总下沉量等。

最后下沉量是指最后两击的平均下沉量，对黏性土和湿陷性黄土取10~20mm；对砂土取5~10mm，以此作为控制停夯的标准。

（2）基坑（槽）的夯击范围应大于基础底面，每边应超出基础边缘0.5m，以便于底面边角夯打密实。夯实前基坑（槽）底面应高出设计标高，预留土层的厚度一般为试夯时总下沉量加50~100mm。

（3）夯实时地基土的含水量应控制在最优含水量范围以内。如需洒水，应待水全部渗入土中一昼夜后方可夯击；若土的表面含水量过大，可采取铺撒吸水材料（如干土、碎砖、生石灰等）、换土或其他有效措施。

（4）在基坑（槽）的周边应做好排水措施，防止向基坑（槽）内灌水。有地下水时应采取降水措施。

（5）在条形基槽或大面积基坑内夯击时，第一循环应按一夯挨一夯顺序进行，第二循环宜在前一循环的空隙点夯击，如此反复进行，最后两遍应一夯搭半夯进行；在独立柱基基坑内夯击时，应采取先两边后中间或先外后里的顺序夯击；基坑（槽）底面标高不同时，应按先深后浅的顺序逐层夯击。

(6) 应注意基坑（槽）边坡稳定性和夯击对邻近建筑物的影响，必要时应采取有效措施。冬期施工应采取防冻措施。

4.1.3 质量检验

重锤夯实后应检查施工记录，除应符合试夯最后下沉量的规定外，还应符合基坑（槽）表面的总下沉量不小于试夯总下沉量的90%。也可在地基上选点夯击，检查最后下沉量，检查点数：独立基础每个不少于1处；基槽每20m不少于1处；整片地基每50m^{2}不少于1处。如质量不合格，应进行补夯，直至合格为止。

4.2 强 夯 法

强夯法是利用起重设备将重锤（一般为8~40t）提升到较大高度（一般为10~40m）后，自由落下，将产生的巨大冲击能量和振动能量作用于地基，从而在一定范围内提高地基的强度，降低压缩性，是改善地基抵抗振动液化的能力、消除湿陷性黄土的湿陷性的一种有效的地基加固方法。

强夯法在1969年由法国人梅那首创，应用初期仅用于加固砂土、碎石土地基。经过几十年的发展，强夯法已适用于碎石土、砂土、低饱和度的粉土、黏性土、杂填土、素填土、湿陷性黄土等各类地基的处理。对淤泥和淤泥质土地基，强夯处理效果不佳，应慎重。另外，强夯法施工时振动大、噪声大，对邻近建筑物的安全和居民的正常生活有一定影响，所以在城市市区或居民密集的地段不宜采用。

4.2.1 加固机理

强夯法加固地基的机理与重锤夯实法有着本质的不同。重锤夯实法是利用夯锤自由下落时的冲击能来夯实土层表面，形成一层较为均匀的硬壳层，使地基得到加固；而强夯法加固地基的机理比较复杂，影响强夯效果的因素也很多，很难建立适用于各类土的强夯加固理论。但将各种解释的共同点加以概括，强夯法的基本原理可描述为：土层在巨大的强夯冲击能作用下，土中产生了很大的应力和冲击波，致使土中孔隙压缩（破坏了土粒之间的连接，使土粒结构重新排列密实），土体局部液化，产生超静水压力，而夯击点周围一定深度内产生的裂隙形成了良好的排水通道，使土中的孔隙水和气体顺利溢出，土体迅速固结，从而降低此深度范围内土的压缩性，提高地基承载力。有资料显示，经过强夯的黏性土，其承载力可增加100%~300%；粉砂土可增加400%，砂土可增加200%~400%。

4.2.2 机具设备

强夯施工的机具设备主要有起重设备、夯锤、脱钩装置等。

目前起重设备多采用自行式、全回转履带式起重机，起重能力多为10~40t，由于起重能力较小，一般采用滑轮组和脱钩装置来起落夯锤。近年来普遍采用在起重机臂杆端部设置辅助门架的措施，这样既可以防止落锤时机架倾斜，又能提高起重能力。

夯锤的质量应根据加固土层的厚度、土质条件及落距等因素确定。夯锤的材料可用铸钢（铁）或在钢板壳内填筑混凝土。夯锤形状有圆形（锥底圆柱形、平底圆柱形、球底圆台形等）和方形（平底方形），方锤落地时，方位改变与夯坑形状不一致有关，将会影响夯击效果；圆形不易旋转，定位方便，稳定性和重合性较好，应用广泛。锤形选择一般根据夯实要求，如加固深层土体可选用锥底或球底锤；加固浅层或表层土体时，多选用平底锤。锤底面积一般根据锤重、土质和加固深度来确定，锤底静接地压力可取25~40kPa，对于细颗粒土，锤底静接地压力宜取较小值。夯锤中应设置若干个对称均匀布置的排气孔，避免吸着作用使起锤困难，排气孔直径为250～300mm，太小易堵孔不起作用。

脱钩装置应具有足够的强度，并且施工方便。目前多采用自动脱钩装置，这样既保证了每次夯击的落距相同，又提高了施工效率，同时施工人员不必进入夯击区操作，保证了人身安全。

4.2.3 施工要点

（1）正式施工前应做强夯试验（试夯）。根据勘察资料、建筑场地的复杂程度、建筑规模和建筑类型，在拟建场地选取一个或几个有代表性的区段作为试夯区。试夯结束待孔隙水压力消散后进行测试，对比分析夯前、夯后试验结果，确定强夯施工参数，并以此指导施工。

（2）强夯前应平整场地，标出夯点布置并测量场地高程。当地下水位较高时，宜采取人工降水使地下水位低于坑底面以下2m；或在地表铺一定厚度的砂砾石、碎石、矿渣等粗颗粒垫层，其目的是在地表形成硬层，支承起重设备，确保机械设备通行和施工，同时还可加大地下水和地表面的距离，防止夯击时夯坑积水。

（3）强夯前应查明场地范围内的地下构筑物和各种地下管线的位置及标高等，并采取必要的措施，以免因强夯施工而造成破坏。当强夯产生的振动对邻近建筑物或设备有影响时，应设置监测点，并应采取挖隔振沟等隔振或防振措施。

（4）强夯施工应按设计和试夯的夯击次数及控制标准进行。落锤应保持平稳，夯位准确，若发现因坑底倾斜而造成夯锤歪斜时，应及时将坑底整平。

（5）每夯击一遍后，用推土机将夯坑填平，并测量场地平均下沉量，停歇规定的间歇时间，待土中超静孔隙水压力消散后，进行下一遍夯击。完成全部夯击遍数后，再用低能量满夯，将场地表层松土夯实，并测量夯实后场地高程。场地平均下沉量必须符合要求。

（6）强夯施工过程中应有专人负责监测工作，并做好详细现场记录，如夯击次数、每击夯沉量、夯坑深度、开口大小、填料量、地面隆起与下沉、孔隙水压力增长与消散、附近建筑物的变形等，并注意吊车、夯锤附近人员的安全。

4.2.4 质量检验

强夯施工前应检查夯锤重量、尺寸、落距控制手段、排水设施及被夯地基的土质。施工中应检查落距、夯击遍数、夯点位置、夯击范围以及施工过程中的各项测试数据和施工记录。施工结束后应检查被夯地基的强度并进行承载力检验。强夯地基质量检验标准应符合《建筑地基基础工程施工质量验收规范》（GB 50202—2002）的规定。

承载力检验应在施工结束后间隔一定时间方能进行，对于碎石土和砂土地基，间隔时间可取7～14d；粉土和黏性土地基可取14～28d；强夯置换地基可取28d。承载力检验的方法应采用原位测试和室内土工试验，其数量应根据场地复杂程度和建筑物的重要性确定。对于简单场地上的一般建筑物，每个建筑地基不应少于3点。

4.3 预 压 法

预压法又称排水固结法，是指预先在地基中设置竖向排水井（砂井或塑料排水带等），在荷载作用下，使土中的孔隙水被慢慢排出，孔隙比减小，地基发生固结变形，地基土的强度逐渐增长的处理方法。适用于处理淤泥、淤泥质土和冲填土等饱和黏性土地基。

预压法包括堆载预压法和真空预压法。堆载预压法是在建筑场地临时堆填土石等，对地基进行加载预压（图 5-6）。一般情况下预压荷载与建筑物荷载相等，当建筑物对沉降有严格要求时，应采取超载预压。真空预压法是在砂垫层上用不透气的薄膜密封，然后用真空泵对砂垫层及砂井抽气，使土体排水固结（图 5-7）。

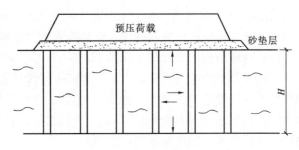

图 5-6 堆载预压法示意图

4.3.1 加固机理

预压法主要用于解决地基的沉降和稳定问题。为了加速地基土的固结，最有效的办法之一，就是在天然土层中增加排水途径，缩短排水距离。为此在天然土层中设置竖向排水井（砂井或塑料排水带等），在荷载作用下，土中孔隙水逐渐排出，孔隙体积不断减小，缩短预压期，使地基土在短期内得到较好的固结效果，地基沉降提前完成；随着孔隙水压力逐渐消散，土中有效应力逐渐增加，并加速地基土抗剪强度的增长，从而提高地基的承载力和稳定性。

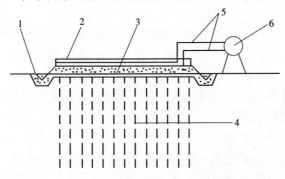

图 5-7 真空预压法示意图
1—黏土密封；2—塑料膜；3—砂垫层；4—砂井；
5—排水管；6—真空泵设备

真空预压法则利用在膜下抽气使气压减小，与膜上大气压形成压力差，此压力差即相当于预压荷载。另外抽气时，地下水位降低，土的有效应力增加，从而使土体压密固结。真空预压法具有不需堆载材料，场地清洁，噪声小，可在很软的地基中采用等优点。

4.3.2 施工要点

（1）预压法处理地基应预先通过勘察查明土层在水平和竖直方向的分布、层理变化、透水层的位置、地下水类型及水源补给情况等。并应通过土工试验确定土层的先期固结压力、孔隙比与固结压力的关系、渗透系数、固结系数、三轴试验抗剪强度指标以及原位十字板抗剪强度等。对重要工程还应在现场选择试验区进行预压试验，分析处理效果，指导设计与施工。

（2）竖向排水井通常有普通砂井、袋装砂井和塑料排水带三类。普通砂井的砂料应选用中粗砂，其黏粒含量不应大于 3%；砂井的灌砂量应按井孔的体积和砂在中密状态时的干密度计算，其实际灌砂量不得小于计算值的 95%；成孔方法有沉管法和水冲法等。袋装砂井和塑料排水带采用专用施工设备，平面井距偏差不应大于井径，垂直度偏差不应大于 1.5%，深度符合设计要求。灌入砂袋中的砂宜用干砂，并应灌制密实。塑料排水带的性能指标必须符合设计要求。

（3）砂垫层的厚度不应小于 500mm，砂料宜用中粗砂（可有少量粒径小于 50mm 的砾石），黏粒含量不应大于3%，干密度应大于1.5g/cm³，渗透系数宜大于1×10^{-2}cm/s。铺设时应注意与竖向排水井的连接，保证排水固结过程中排水流畅。

（4）对堆载预压工程，预压荷载的大小、范围、加载速率、卸载等均应符合设计规定。在加载过程中应进行竖向变形、边桩水平位移及孔隙水压力等项目的监测，并根据监测资料控制加载速率。对竖井地基，最大竖向变形量每天不应超过15mm；对天然地基，最大竖向变形量每天不应超过10mm；边桩水平位移每天不应超过5mm，并应根据上述观测资料综合分析，判断地基的稳定性。

（5）真空预压法成功关键在于能否形成负压区，因此，真空管路的连接必须严格密封，密封膜应采用抗老化性能好、韧性好、抗穿刺性能强的不透气材料。密封膜宜铺设三层，膜周边可采用挖沟埋膜、平铺并用黏土覆盖压边、围埝沟内及膜上覆水等方法进行密封。真空预压的抽气设备宜采用射流真空泵，空抽时必须达到95kPa以上的真空吸力，其设置应根据预压面积的大小和形状、真空泵效率和工程经验确定，但每预压区至少应设置两台。

4.3.3 质量检验

施工前应检查施工监测措施，沉降、孔隙水压力等原始数据，排水设施、砂井（包括袋装砂井）、塑料排水带等位置。塑料排水带必须在现场随机抽样送往试验室进行性能指标的测试。

施工过程中应检查堆载预压施工的堆载高度、沉降速率，真空预压施工的密封膜密封性能、真空表读数，以及施工记录、监测数据等。

施工结束后排水竖井处理深度范围内和竖井底面以下受压土层，经预压所完成的竖向变形和平均固结度应满足设计要求。并对预压的地基土进行原位十字板剪切试验和室内土工试验，必要时尚应进行现场载荷试验，试验数量不应少于3点。

预压地基质量检验标准应符合《建筑地基基础工程施工质量验收规范》（GB50202—2002）的规定。

4.4 振 冲 法

利用振动和水冲加固土体的方法称为振动水冲法，简称振冲法。该方法最初用来振密松砂地基，后来发展成两大分支：一是适用于砂基的"振冲密实"，即利用振冲器的强烈振动和压力水冲贯入到土层深层处使松砂变密；二是适用于黏性土的"振冲置换"，即利用振冲器成孔，填入碎石、砾砂等散粒材料，并振动密实，形成了强度大于周围土的桩体并和原地基土构成复合地基。

振冲法一般适用于处理砂土、粉土、粉质黏土、素填土和杂填土等地基。对于处理不排水抗剪强度不小于20kPa的饱和黏性土和饱和黄土地基，应在施工前通过现场试验确定其适用性。不加填料振冲加密适用于处理黏粒含量不大于10%的中砂、粗砂地基。

4.4.1 加固机理

振冲密实加固砂基的机理，简单来讲，一方面依靠振冲器的强力振动使松砂颗粒重新排列，体积缩小，变成密砂，或使饱和砂层发生液化，颗粒重新排列，孔隙减小；另一方面依靠振冲器的水平振动力，在加回填料情况下通过填料使砂层挤压加密。

振冲置换的加固是利用一个产生水平向振动的管状设备，在高压水流冲击作用下，边振边冲，在软弱黏性土地基中成孔，再在孔内分批填入碎石等坚硬材料制成一根根桩体，桩体与原来的地基土构成复合地基。如果软弱层不太厚,桩体可以贯穿整个软弱土层,直达相对硬层,桩体在荷载作用下主要起应力集中的作用。如果软弱土层比较厚,桩体也可以不贯穿整个软弱土层,这样按照一定间距和分布打设了许多桩体的复合土层,主要起垫层作用。该垫层将荷载引起的应力向四周横向扩散,使应力分布趋于均匀,从而提高地基整体的承载力,减少沉降量。

4.4.2 机具设备

振冲法施工的主要机具设备有振冲器、操作振冲器的起吊设备、水泵、填料设备以及电控系统、泥水排放系统等。

振冲器的原理是利用电机旋转一组偏心块产生一定频率和振幅的水平向振力,压力水通过空心竖轴从振冲器下端的喷水口喷出。起吊设备可用履带吊、汽车吊或自行井架专用平车等。水泵要求压力 200~600kPa,流量 200~400L/min。每台振冲器配一台水泵,如果有数台振冲器同时施工,也可采用集中供水的办法。

4.4.3 施工要点

(1) 振冲桩处理范围、桩位布置及间距、桩体材料应符合设计要求。

(2) 振冲法施工可根据设计荷载的大小、原土强度的高低、设计桩长等条件选用不同功率的振冲器。施工前应在现场进行试验,以确定水压、振密电流和振密时间等各种施工参数。

(3) 不加填料振冲加密宜采用大功率振冲器,为了避免造孔中塌砂将振冲器抱住,下沉速度宜快,造孔速度宜为 8~10m/min,到达深度后将射水量减至最小,留振至密实电流达到规定时,上提 0.5m,逐段振密直至孔口,一般每米振密时间约 1min。

在砂中施工如遇下沉困难,可在振冲器两侧增焊辅助水管,加大造孔水量,但造孔水压宜小。

(4) 振冲法施工可按下列步骤进行:

1) 清理平整施工场地,布置桩位;

2) 施工机具就位,使振冲器对准桩位;

3) 启动供水泵和振冲器,将振冲器徐徐沉入土中,造孔速度宜为 0.5~2.0m/min,直至达到设计深度。记录振冲器经各深度的水压、电流和留振时间;

4) 造孔后边提升振冲器边冲水直至孔口,再放至孔底,重复两三次,扩大孔径并使孔内泥浆变稀,开始填料制桩;

5) 大功率振冲器投料可不提出孔口,小功率振冲器下料困难时,可将振冲器提出孔口填料,每次填料厚度不宜大于 50cm;将振冲器沉入填料中进行振密制桩,当电流达到规定的密实电流值和规定的留振时间后,将振冲器提升 30~50cm;

6) 重复以上步骤,自下而上逐段制作桩体直至孔口,记录各段深度的填料量、最终电流值和留振时间,并均应符合设计规定;

7) 关闭振冲器和水泵;

8) 振密孔施工顺序宜沿直线逐点逐行进行。

(5) 在桩顶与基础之间宜铺设一层 300~500mm 厚的碎石垫层。在桩体施工完毕后,将预留的松散桩体挖除(如无预留应将松散桩头压实),随后铺设并压实垫层。

4.4.4 质量检验

施工前应检查振冲器的性能,电流表、电压表的准确度及填料的性能。

施工中应检查密实电流、供水压力、供水量、填料量、孔底留振时间、振冲点位置、振冲器施工参数等。

施工结束后应检查各项施工记录,如有遗漏或不符合规定要求的桩或振冲点,应补做或采取有效的补救措施。并应间隔一定时间后在有代表性的地段做地基强度或地基承载力检验。除砂土地基外,对粉质黏土地基间隔时间可取 21~28d,对粉土地基可取 14~21d。

地基竣工验收时,承载力检验应采取复合地基载荷试验,检验数量不应少于总桩数的 0.5%,且每个单位工程不应少于3点。振冲桩的施工质量检验可采用单桩载荷试验,检验数量为桩数的 0.5%,且不少于3根。对碎石桩体检验可用重型动力触探进行随机检验。对桩间土的检验可在处理深度内用标准贯入、静力触探等进行检验。对不加填料振冲加密处理的砂土地基,竣工验收承载力检验应采用标准贯入、动力触探、载荷试验或其他合适的试验方法。检验点应选择在有代表性或地基土质较差的地段,并位于振冲点围成的单元形心处及振冲点中心处。检验数量可为振冲点数量的 1%,总数不应少于5点。

振冲地基质量检验标准应符合《建筑地基基础工程施工质量验收规范》(GB 50202—2002)的规定。

4.5 注 浆 法

注浆法亦称灌浆法,是利用气压、液压和电化学原理,通过注浆管把某些能固化的浆液注入地基土天然或人为的裂隙或孔隙中,浆液以填充、渗透或挤密等方式,把原来松散的土粒或裂隙胶结成一个整体,以改善地基土的物理力学性质。

注浆法适用于处理砂土、粉土、黏性土和人工填土等地基。其目的主要有防渗、堵漏、加固和纠正建筑物倾斜等。

4.5.1 注浆法的分类

在地基处理中,注浆法所依据的理论主要可归纳为下列四类:

(1) 渗入性注浆。在注浆压力作用下,浆液克服各种阻力而渗入裂隙和孔隙,在不破坏原有地层结构的前提下,将孔隙中存在的气体和自由水挤出来,浆液充填裂隙或孔隙,形成较为密实的固化体。压力越大,浆液扩散的距离就越大。由于注浆过程中地层结构不受扰动和破坏,所用的注浆压力相对较小。

(2) 劈裂注浆。在较大的注浆压力作用下,浆液克服地层的初始应力和抗拉强度,引起岩石或土体结构的破坏和扰动,使地层中原有的裂隙或孔隙扩张,或形成新的裂隙或孔隙,从而使低透水性地层的可灌性和浆液扩散距离增大,浆液进入裂隙扩散到较远的区域,使加固范围大大扩大。

(3) 压密注浆。通过钻孔向土层中压入浓浆,在注浆点集中地形成近似球形的浆泡,通过浆泡挤压邻近的土体,使土体被压密。随着土体的压密和浆液的挤入,浆泡尺寸逐渐扩大,便产生较大的辐射状上抬力,从而引起地层局部隆起,许多工程利用这一原理纠正了地面建筑物的不均匀沉降。

(4) 电化学注浆。在黏性土中插入金属电极并通以直流电后,就在土中引起电渗、电泳和离子交换等作用,促使在通电区域内的含水量显著降低,从而在土中形成渗浆"通道"。若在通电的同时向土中灌注硅酸盐浆液,就能在"通道"上形成硅胶,并与土粒胶结成具有一定强度的加固体。

4.5.2 注浆材料

注浆工程中所用的浆液是由主剂（原材料）、溶剂（水或其他溶剂）以及各种外加剂混合而成。通常所说的注浆材料是指注浆液中的主剂。

注浆材料基本上可分为两大类，一类是颗粒型浆液，例如水泥、黏土、砂等；另一类是化学浆液，例如环氧树脂类、木质素类、甲基丙烯酸酯类等，属于真溶液。普通水泥浆液价格较低、结石强度高、耐久性较好，但容易沉淀析水而稳定性较差，硬化时伴有体积收缩，对细小裂隙而言颗粒较粗。化学浆液初始黏度低，胶凝时间可精确控制，不受颗粒尺寸的影响，较颗粒型浆液有更广泛的应用范围，但造价较高，存在污染环境等问题。

4.5.3 施工要点

（1）施工场地应预先平整，并沿钻孔位置开挖沟槽和集水井。施工时宜采用自动流量和压力记录仪，并应及时对资料进行整理分析。

（2）浆液应经过搅拌机充分搅拌均匀后才能开始压注，搅拌时间应小于浆液初凝时间，并应在注浆过程中不停地缓慢搅拌，泵送前应经过筛网过滤。

（3）当日平均温度低于5℃或最低温度低于-3℃时，应采取措施防止浆液冻结。

（4）为防止邻孔串浆，注浆顺序应按跳孔间隔注浆方式进行，并宜采用先外围后内部的施工方法，以防浆液流失。

（5）对既有建筑物进行注浆加固时，应对既有建筑物及其邻近建筑物、地下管线和地面的沉降、倾斜、位移和裂缝进行监测，并应采取多孔间隔注浆和缩短浆液凝固时间等措施，减少即有建筑物因注浆而产生的附加沉降，尤其是劈裂注浆施工。

注浆施工常用施工方法有花管注浆法、套管护壁法、边钻边注法和袖阀管法等，其施工工艺可查阅相关资料。

4.5.4 质量检验

施工前应掌握注浆点位置、浆液配比、注浆施工技术参数、检测要求等技术文件。浆液组成材料的性能应符合设计要求，注浆设备应确保正常运转。

施工中应经常抽查浆液的配比及主要性能指标，注浆的顺序、注浆过程中的压力控制等。

施工结束后应检查注浆体强度、承载力等，可采用标准贯入、轻型动力触探或静力触探等方法，对重要工程项目可采用载荷试验进行测定。检测时间应在注浆结束15d（砂土、黄土）或60d（黏性土）后进行，检测孔数为总量的2%～5%，不合格率大于或等于20%时应进行二次注浆。

注浆地基质量检验标准应符合《建筑地基基础工程施工质量验收规范》（GB50202—2002）的规定。

课题5 特殊土处理

5.1 湿陷性黄土

5.1.1 基本特征

湿陷性黄土的颜色呈淡黄至褐黄色，颗粒成分以粉粒为主，没有层理，有肉眼可见的大孔隙（故称大孔土），含有大量的可溶盐类（碳酸钙盐类）。这种土在天然含水量状态时坚硬，具有较高的强度与较低的压缩性。遇水浸湿后可溶盐类物质溶解，土粒结构破坏，强度降低，并产生显著沉陷，这种性能称为湿陷性。凡在上覆土的自重压力下受水浸湿发生湿陷的湿陷性黄土称为自重湿陷性黄土；在大于上覆土的自重压力下（包括附加压力和土自重压力）受水浸湿发生湿陷的湿陷性黄土称为非自重湿陷性黄土。

湿陷性黄土的湿陷机理涉及多方面原因，其中土体欠压密理论认为湿陷性黄土一般是在干旱及半干旱条件下形成，这些区域降雨量少、蒸发量大的特殊自然条件导致盐类析出，胶体凝结产生胶结力。在土湿度不很大的情况下，上覆土层不足以克服土中形成的胶结力，形成欠压密状态，一旦受水浸湿，可溶盐类溶化，大大减弱土中的胶结力，使土粒容易发生位移而产生变形。

5.1.2 黄土湿陷性的评价

(1) 湿陷性

黄土湿陷性的判定，按湿陷系数判别是湿陷性黄土还是非湿陷性黄土。

湿陷系数
$$\delta_s = \frac{h_p - h'_p}{h_0} \tag{5-5}$$

式中 h_p——保持天然的湿度和结构的土样，加压至一定压力时，试样变形稳定后的高度（cm）；

h'_p——上述加压稳定后的土样，浸水湿陷变形稳定后的高度（cm）；

h_0——土样的原始高度（cm）。

当湿陷系数 $\delta_s < 0.015$ 时，为非湿陷性黄土；

当湿陷系数 $\delta_s \geq 0.015$ 时，为湿陷性黄土。

(2) 湿陷类型

建筑场地的湿陷类型，应按实测自重湿陷量 Δ'_{zs} 或计算自重湿陷量 Δ_{zs} 判定。实测自重湿陷量 Δ'_{zs}，应根据现场试坑浸水试验确定。计算自重湿陷量 Δ_{zs}，应通过室内试验测定不同深度土的自重湿陷系数乘以土层厚度来确定。

自重湿陷系数
$$\delta_{zs} = \frac{h_z - h'_z}{h_0} \tag{5-6}$$

计算自重湿陷量
$$\Delta_{zs} = \beta_0 \sum_{i=1}^{n} \delta_{zsi} h_i \tag{5-7}$$

式中 h_z——保持天然的湿度和结构的土样，加压至土的饱和自重压力时，试样变形稳定后的高度（cm）；

h'_z——上述加压稳定后的土样，在浸水湿陷变形稳定后的高度（cm）；

h_0——土样的原始高度（cm）；

β_0——因地区而异的修正系数，对陇西地区可取 1.5，对陇东—陕北地区可取 1.2，对关中地区可取 0.7，对其他地区可取 0.5；

δ_{zsi}——第 i 层土在上覆土的饱和（$S_r > 0.85$）自重压力下的自重湿陷系数；

h'——第 i 层土的厚度（cm）。

计算自重湿陷量 Δ_{zs} 时，应自天然地面算起（当挖、填方的厚度和面积较大时，应自设计地面算起），至湿陷性黄土层的底面为止，其中自重湿陷系数 δ_{zs} 小于 0.015 的土层不累计。

当自重湿陷量 Δ_{zs}（或 Δ'_{zs}）≤7cm 时，应定为非自重湿陷性场地。

自重湿陷量 Δ_{zs}（或 Δ'_{zs}）>7cm 时，应定为自重湿陷性场地。

(3) 湿陷等级

湿陷性黄土地基的湿陷等级，应根据总湿陷量、湿陷类型和计算自重湿陷量三个指标判定（表 5-12）。

湿陷性黄土地基的湿陷等级　　　　　　表 5-12

总湿陷量 Δs（cm） \ 湿陷类型 计算自重湿陷量（cm）	非自重湿陷性场地 Δ_{zs}≤7	自重湿陷性场地 $7<\Delta_{zs}$≤35	自重湿陷性场地 $\Delta_{zs}>35$
Δs≤30	Ⅰ（轻微）	Ⅱ（中等）	—
$30<\Delta s$≤60	Ⅱ（中等）	Ⅱ 或 Ⅲ	Ⅲ（严重）
$\Delta s>60$	—	Ⅲ（严重）	Ⅳ（很严重）

其中湿陷性黄土地基受水浸湿饱和至下沉稳定为止的总湿陷量 Δ_s 应按下式计算：

$$\Delta_s = \sum_{i=1}^{n} \beta \delta_{si} h_i \tag{5-8}$$

式中　δ_{si}——第 i 层土的湿陷系数；

　　　h_i——第 i 层土的厚度（cm）；

　　　β——考虑地基土的侧向挤出和浸水机率等因素的修正系数。基底下 5m（或压缩层）深度内可取 1.5；5m（或压缩层）深度以下，在非自重湿陷性黄土场地可不计算；在自重湿陷性黄土场地可按式 (5-7) 中 β_0 值取用。

5.1.3　处理方法

(1) 防水措施

湿陷性黄土在天然状态下，一般强度较高、压缩性小。采用防水措施就是为了防止地基土受水浸入而湿陷，根据防水要求不同，有三种措施。

基本防水措施：在建筑物布置、场地排水、屋面排水、地面防水、散水、排水沟、管道敷设、管道材料和接口等方面采取措施防止雨水或生产、生活用水的渗漏。

检漏防水措施：在基本防水措施的基础上，对防护范围内的地下管道，增设检漏管沟和检漏井。

严格防水措施：在检漏防水措施的基础上，提高防水地面、排水沟、检漏管沟和检漏井等设施的材料标准。

(2) 地基处理

地基处理的目的在于破坏湿陷性黄土的大孔结构，全部或部分消除地基的湿陷性，或采用桩基础穿透全部湿陷性土层，将上部荷载传到深层压缩性较低的非湿陷性土层上。常用的地基处理方法见表 5-13。

湿陷性黄土地基常用的处理方法 表 5-13

名 称		适 用 范 围	一般可处理（或穿透）基底下湿陷性土层的厚度（m）
垫层法		地下水位以上，局部或整片处理	1～3
夯实法	强 夯	$s_r<60\%$ 的湿陷性黄土，局部或整片处理	3～6
	重 夯		1～2
挤密法		地下水位以上，局部或整片处理	5～15
桩基础		基础荷载大，有可靠的持力层	≤30
预浸水法		Ⅲ、Ⅳ级自重湿陷性黄土场地，6m 以上尚应采用垫层等方法处理	可清除地面下 6m 以上全部土层的湿陷性
单液硅化或碱液加固法		一般用于加固地下水位以上的已有建筑物地基	不大于 10m，单液硅化加固的最大深度可达 20m

5.2 膨 胀 土

5.2.1 基本特征

膨胀土是指土中黏粒成分主要由亲水性矿物组成，具有显著的吸水膨胀和失水收缩两种变形特性的黏性土。遇水时土体膨胀隆起（一般自由膨胀率在 40% 以上），产生很大的上抬力，使房屋上升（可高达 10cm）；失水时土体收缩下沉。由于这种反复不断产生的不均匀上抬和下沉，使建筑物产生不均匀的升降运动而造成裂缝、位移、倾斜甚至倒塌破坏。

5.2.2 膨胀土的评价

(1) 进行膨胀土场地的评价，应查明建筑场地内膨胀土的分布及地形地貌条件，根据工程地质特征及土的自由膨胀率等指标综合评价。必要时，尚应进行土的矿物成分鉴定及其他试验。

(2) 具有下列工程地质特征的场地，且自由膨胀率大于或等于 40% 的土，应判定为膨胀土：

1) 裂隙发育，常有光滑面和擦痕，有的裂隙中充填着灰白、灰绿色黏土；在自然条件下呈坚硬或硬塑状态；

2) 多出露于二级或三级以上阶地、山前和盆地边缘丘陵地带，地形平缓，无明显自然陡坎；

3) 常见浅层塑性滑坡、地裂，新开挖坑（槽）壁易发生坍塌等；

4) 建筑物裂缝随气候变化而张开或闭合。

(3) 膨胀土的膨胀潜势（胀缩强弱）按自由膨胀率的大小划分为三类。自由膨胀率是指用人工预备的烘干土样，在纯水中膨胀后增加的体积与原体积之比值，用百分数表示，即：

$$\delta_{ef} = \frac{V_{we} - V_0}{V_0} \times 100 \tag{5-9}$$

式中 δ_{ef}——自由膨胀率（%），精确至 1.0%；

V_{we}——试样在水中膨胀后的体积（mL）；

V_0——试样原体积（10mL）。

当 $40 \leqslant \delta_{ef} < 65$　　膨胀潜势为弱

　　$65 \leqslant \delta_{ef} < 90$　　膨胀潜势为中

　　$\delta_{ef} \geqslant 90$　　　　膨胀潜势为强

(4) 根据地基的膨胀、收缩变形对低层砖混房屋的影响程度，膨胀土地基的胀缩等级按地基分级变形量划分为三级，见有关资料。

5.2.3 处理方法

(1) 膨胀土地基处理可采用换土、砂石垫层、土性改良等方法。确定处理方法应根据土的胀缩等级、地方材料及施工工艺等进行综合技术经济比较。

(2) 换土可采用非膨胀性土或灰土，换土厚度可通过变形计算确定。

(3) 平坦场地上一、二级膨胀土的地基处理，宜采用砂、碎石垫层。垫层厚度不应小于300mm，垫层宽度应大于基底宽度，两侧宜采用与垫层相同的材料回填，并做好防水处理。

(4) 采用桩基础时，桩尖应进入非膨胀土层，承台下应留有足够空隙，其值应大于土层进水后的最大膨胀量，且不小于100mm，承台两侧应采取措施，防止空隙堵塞。

5.3 冻 土

5.3.1 基本特征

冻土是指具有负温或零温度并含有冰的土。在寒冷地区，当温度等于或低于0℃时，含有水的土，其孔隙中水结成冰，使土体积产生膨胀。当气温升高，冰融化后体积缩小而下沉，由于冻胀、融化深浅不一，而导致建筑物不均匀下沉，造成裂缝、倾斜甚至倒塌破坏。这种冻胀融沉与土的颗粒大小和含水量有关，土颗粒愈粗，含水量愈小，冻胀融沉就愈小（如砂类土基本不冻胀），反之就愈大。冻土按冻结状态又分为季节性冻土和永冻土两类，前者有周期性的冻结融化过程，后者冻结状态持续多年或永久不融。

5.3.2 冻土的评价

根据土的类别、含水量的大小、地下水位高低和平均冻胀率（最大地面冻胀量与设计冻深之比，可由实测取得）将地基土分为不冻胀、弱冻胀、冻胀、强冻胀和特强冻胀五类（表5-14）。

地基土的冻胀性分类　　　　表5-14

土的名称	冻前天然含水量 w（%）	冻结期间地下水位距冻结面的最小距离 h_w（m）	平均冻胀率 η（%）	冻胀等级	冻胀类别
碎（卵）石，砾、粗、中砂（粒径小于0.075mm颗粒含量大于15%）、细砂（粒径小于0.075mm颗粒含量大于10%）	$w \leqslant 12$	>1.0	$\eta \leqslant 1$	Ⅰ	不冻胀
		≤1.0	$1 < \eta \leqslant 3.5$	Ⅱ	弱冻胀
	$12 < w \leqslant 18$	>1.0			
		≤1.0	$3.5 < \eta \leqslant 6$	Ⅲ	冻胀
	$w > 18$	>0.5			
		≤0.5	$6 < \eta \leqslant 12$	Ⅳ	强冻胀

续表

土的名称	冻前天然含水量 w（%）	冻结期间地下水位距冻结面的最小距离 h_w（m）	平均冻胀率 η（%）	冻胀等级	冻胀类别
粉砂	$w \leqslant 14$	>1.0	$\eta \leqslant 1$	Ⅰ	不冻胀
		$\leqslant 1.0$	$1 < \eta \leqslant 3.5$	Ⅱ	弱冻胀
	$14 < w \leqslant 19$	>1.0			
		$\leqslant 1.0$	$3.5 < \eta \leqslant 6$	Ⅲ	冻胀
	$19 < w \leqslant 23$	>1.0			
		$\leqslant 1.0$	$6 < \eta \leqslant 12$	Ⅳ	强冻胀
	$w > 23$	不考虑	$\eta > 12$	Ⅴ	特强冻胀
粉土	$w \leqslant 19$	>1.5	$\eta \leqslant 1$	Ⅰ	不冻胀
		$\leqslant 1.5$	$1 < \eta \leqslant 3.5$	Ⅱ	弱冻胀
	$19 < w \leqslant 22$	>1.5			
		$\leqslant 1.5$	$3.5 < \eta \leqslant 6$	Ⅲ	冻胀
	$22 < w \leqslant 26$	>1.5			
		$\leqslant 1.5$	$6 < \eta \leqslant 12$	Ⅳ	强冻胀
	$26 < w \leqslant 30$	>1.5			
		$\leqslant 1.5$	$\eta \leqslant 12$	Ⅴ	特强冻胀
	$w > 30$	不考虑			
黏性土	$w \leqslant w_p + 2$	>2.0	$\eta \leqslant 1$	Ⅰ	不冻胀
		$\leqslant 2.0$	$1 < \eta \leqslant 3.5$	Ⅱ	弱冻胀
	$w_p + 2 < w \leqslant w_p + 5$	>2.0			
		$\leqslant 2.0$	$3.5 < \eta \leqslant 6$	Ⅲ	冻胀
	$w_p + 5 < w \leqslant w_p + 9$	>2.0			
		$\leqslant 2.0$	$6 < \eta \leqslant 12$	Ⅳ	强冻胀
	$w_p + 9 < w \leqslant w_p + 15$	>2.0			
		$\leqslant 2.0$	$\eta > 12$	Ⅴ	特强冻胀
	$w > w_p + 15$	不考虑			

注：1. w_p—塑限含水量（%）；
   w—在冻土层内冻前天然含水量的平均值；
2. 盐渍化冻土不在表列；
3. 塑性指数大于 22 时，冻胀性降低一级；
4. 粒径小于 0.005mm 的颗粒含量大于 60% 时，为不冻胀土；
5. 碎石类土当充填物大于全部质量的 40% 时，其冻胀性按充填物土的类别判断；
6. 碎石土、砾砂、粗砂、中砂（粒径小于 0.075mm 颗粒含量不大于 15%）、细砂（粒径小于 0.075mm 颗粒含量不大于 10%）均按不冻胀考虑。

5.3.3 处理方法

（1）地基宜选在干燥较平缓的高阶地上，或地下水位低、土冻胀性较小的建筑场地上。尽量避开地下水发育地段（如有地面水流、地形低、易积水处）。

（2）基础宜深埋于季节影响层以下的永冻土或不冻胀土层上。当基础底面之下有一定厚度的冻土层时,其最小埋深应符合《建筑地基基础设计规范》(GB 50007—2002)的有关规定。

(3) 采用桩基础或砂垫层等措施,尽量减少冻胀融沉的不均匀变形。

(4) 水是冻胀祸根,又是融化热源。在施工和使用期间应做好建筑物的散水、排水、截水设施,防止雨水、地表水、生产废水和生活污水浸入地基。

(5) 基础梁下有冻胀性土时,应在梁下填以炉渣等松散材料,以防止因土冻胀将基础梁拱裂。室外台阶、散水宜与主体结构断开,散水坡下宜填以非冻胀性材料。

课题6 地基处理施工方案的编制

随着我国国民经济的建设发展,大型、重型、高层乃至超高层建筑和有特殊要求的建(构)筑物日渐增多,对地基提出了更高的要求。当地基土不能满足建(构)筑物强度或变形要求时,均需进行地基处理。然而每一项地基处理工程都有它的特殊性,同一种方法在不同地区应用其施工工艺也不尽相同。因此,地基处理工程除了在总体上执行单位工程施工组织设计外,还应单独编制施工方案,用以具体指导、组织施工。

6.1 编写的基本要求

6.1.1 基本要求

(1) 必须结合本地区、本工程的特点、施工现场的周围环境以及工程地质、水文情况,针对性要强,具有可操作性,能确实起到组织、指导施工的作用。

(2) 要很好地了解所采用地基处理方法的原理、技术标准和质量要求,在若干个初步方案的基础上进行认真分析比较,力求制定出一个最经济、最合理的施工方案。

(3) 应着重研究地基处理工程的施工顺序、施工方法和施工机械的选择、主要技术组织措施等。既要符合国家、地区的有关规范、标准以及企业标准,又要符合单位工程施工组织设计和施工工艺的要求,相互间协调一致。

6.1.2 基本内容

(1) 编制依据;
(2) 工程概况;
(3) 施工准备(包括场地条件、施工机械及配套设备选择、项目部管理人员及劳动力配备、材料供应计划、测量控制及质量检验设置等);
(4) 地基处理的施工顺序、施工工艺、操作要点、施工注意事项、进度安排等;
(5) 施工质量、工期、安全、文明施工、环境保护等保证措施。

6.2 案 例

××花园1号住宅楼地基处理施工方案(节选)如下:

6.2.1 编制依据

(1) ××花园1号住宅楼总平面图
(2) ××花园1号住宅楼单位工程施工组织设计
(3) ××花园1号住宅楼岩土工程勘察报告

(4) ××花园 1 号住宅楼地基处理设计
(5) 有关规范、标准（略）

6.2.2 工程概况

(1) 工程简介

××房地产开发有限公司拟建××花园 1 号住宅楼，位于××市××路以东，××街以北，紧临××街。框架剪力墙结构，平面呈矩形，筏板基础，基础埋深 5m。地基处理采用 CFG 桩复合地基，桩径 400mm，桩长 11.5m，有效桩长 11.0m，桩距 1.2m，呈正方形布置，总桩数 920 根。

(2) 工程地质概况（略）

(3) 设计要求

强　度：CFG 桩体强度等级 C15
水　泥：32.5 级矿渣硅酸盐水泥
碎　石：粒径 0.8～2.0cm
石　屑：石屑率 0.25%～0.33%
粉煤灰：×电厂 A 级产品
坍落度：180±20mm

要求复合地基承载力特征值不小于 $320kN/m^2$，单桩承载力标准值不小于 350kN。

6.2.3 施工准备

(1) 场地准备

机械进场后，立即按施工平面图（见单位工程施工组织设计施工布置示意图）进行道路的规划压实、场地平整、搭设水泥台、修建临时设施等工作。打桩施工面标高根据设计图纸而定，为保证桩体的垂直度，施工基坑面应尽量保持平整。

(2) 施工机械准备

主要施工机械配备见表 5-15。

主要施工机械配备表　　　表 5-15

设备名称		规格型号	数量	产地	额定功率
装载机		ZL50	1 台	厦门	
长螺旋钻机		SZKL600BB	1 台	郑州	90kW
混凝土搅拌机		JS500	1 台	山东	22kW
混凝土输送泵		HBT—40	1 台	山东	60kW
小推车		$0.12m^3$	8 辆		
电焊机			2 台	山东	45kW
磅秤			1 台		
测量设备及仪器	经纬仪	北京 DJ_2	1 台	北京	
	水准仪	北京 DS240	1 台	北京	

(3) 电源准备

总用电量按 150kW 配备，现场配备一个总配电箱。

(4) 施工用水准备

按生产用水和生活用水配备，日用水量50t。

(5) 人员配备

项目部管理人员配备见表5-16；

主要施工人员配备见表5-17。

项目部管理人员配备表　　　　　　　　　　　表5-16

岗 位	人 数	岗 位	人 数
项目经理	1人	质检、安全员	1人
技术负责人	1人	施工员	1人
技术员	1人		
合 计	5人		

主要施工人员配备表　　　　　　　　　　　表5-17

岗 位	单班人数	班 制	人 数
前台指挥	1	2	2
混凝土输送泵操作员	1	2	2
搅拌机司机	1	2	2
钻机司机	1	2	2
后台上料人员	8	2	16
前台操作人员	3	2	6
记录员	1	2	2
合 计	32人		

(6) 材料准备

材料堆放场地地面做适当硬化处理，施工所需石子、水泥、石屑、粉煤灰等材料按总体规划布置堆放，水泥堆放场地要做防水、防潮处理。水泥、外加剂等必须有出厂合格证，各种材料现场取样，经实验室化验合格后，方可报验监理使用。

(7) CFG桩体材料配合比试验

正式开工前必须有试验室经现场材料试验后确定的配合比通知单，施工时严格执行。

(8) 测量控制网的设置

打桩前应在施工区桩位平面外建立矩形控制网。基坑全长65m，矩形控制网设6个定位点。定位点控制桩用混凝土浇筑，埋设深度不小于50cm，埋设高度高出施工场地10cm，每个定位点均编号，并设立明显的保护装置和标志。定位点复测检查无误后，呈交甲方及监理审查认可签字后，方可进行下一步测量放线工作。

(9) 打桩施工作业面的准备

设置磅秤：选择合适的场地，安装磅秤，供原材料称量使用。

设置混凝土搅拌站：安装搅拌机，并在搅拌机旁砌筑储水罐。

安装混凝土输送泵：挖砌低于搅拌机作业面的地坑一个，并将坑底用水泥抹光，安装混凝土输送泵。

安装混凝土输送系统：连接混凝土输送泵与水平输送钢管，并将钢管与垂直输送系统高压橡胶管连接，最后将高压橡胶管与钻杆弯管连接，各连接部位要安全、密封。

6.2.4 CFG桩施工工艺

（1）试桩

先打试桩，不跳打，若发现窜桩后再实行跳打法（隔桩），如果还有窜桩现象，再隔排隔桩跳打。

（2）施工工序

施工工序框图见图5-8。

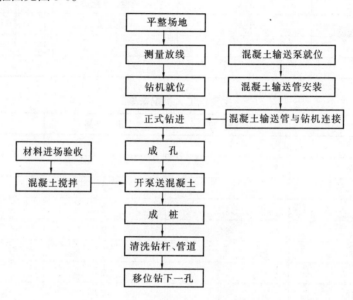

图5-8 CFG桩施工工序框图

（3）施工工艺

1) 钻机就位，钻头对准桩位后，调整钻杆垂直度，封闭钻头上的楔形出料口。

2) 启动电机，钻杆旋转钻进至设计桩底标高，停止钻进，继续旋转30s，关闭电机，清理钻孔周围出土。

3) 开启混凝土输送泵，向输送管注入混凝土，冲击钻尖楔形活门使其打开，边压灌混凝土桩体材料边提升钻杆至桩顶标高，停泵清洗。

4) 钻机移位，进行下一根桩的施工（当施工中断时间较长，通过钻杆顶部弯管的注水阀门向钻杆内注入高压清水，清洗钻杆内孔及钻头）。

（4）施工操作要点

1) 桩机就位必须铺垫平稳，立柱垂直稳定牢固，钻头对准桩位。

2) 开钻前必须检查钻头上的楔形出料活门是否闭合，严禁开口钻进。

3) 钻进过程中，未达设计标高不得反转或提升钻杆，否则应将钻杆提升到地面，清洗、疏通、闭合钻头活门后再进行施工。

4) 桩体混凝土制作，塌落度控制在180±20mm。

5) 开始钻进或穿过软硬土层交界处时，应保持钻杆垂直，缓慢进入；在含有砖头、瓦块的杂填土或含水量较大的黏性土层中钻进时，应尽量减少钻杆晃动，以免扩大孔径。

6) 钻进时应注意观察电流值变化在正常工作状态。

7) 压力灌注之前，应先开动混凝土输送泵，提前将拌合好的混凝土充满整个输送管道，并储满输送泵料斗。

8) 压力灌注与钻杆提升配合要恰到好处，如钻杆提升快将使孔底产生负压，饱和土涌入产生沉渣；如钻杆提升慢将造成活门难以打开，致使泵压过大，憋破胶管。一般当听到空心钻杆中有混凝土落声时提升钻杆为宜。

9) 压力灌注应连续进行，泵斗内要有一定的混凝土容量，一般应高出进料口50mm以上，以防吸进空气造成堵管。否则应及时通过口哨通知钻机停止提升钻杆，待混凝土补足后再进行压力灌注、提钻。

10) 钻进过程中，指挥人员与操作人员应密切注意钻进情况，如遇卡钻、钻杆剧烈抖动、钻杆偏斜等异常情况，应立即停钻，查明原因，采取相应措施后方可继续作业。

11) 为保证有足够的工作面及提高成桩质量，钻出的泥土要分批清运，必要时随钻随清。

12) 钻机与混凝土输送泵之间的距离一般在60m以内为宜，尽量减少变道。

(5) 施工注意事项

1) 钻机进场后，应根据桩长安装钻塔及钻杆，钻杆的连接应牢固，每施工2~3根桩后，应对钻杆连接处进行紧固。

2) 钻机定位后，进行预检，钻尖与桩点偏移不得大于1cm，刚接触地面时，下钻速度要慢。钻进速度应根据土层情况确定，施工前应根据试桩结果进行调整。

3) 混凝土搅拌时间不小于2min，以保证混凝土的和易性。

4) 进入砂土层后，应尽量避免扰动砂层，以避免提升和输送混凝土过程中塌孔和堵管。

5) 为保证桩的充盈系数，需精确计算泵送混凝土的流量，钻头提升速度要与混凝土流量相匹配，确保钻头始终在混凝土中，为此要注意机手与泵工之间的协调配合，步调一致。

6) 钻出的土方，应随钻随清。钻至设计标高时，应将钻杆定位器打开，以便清除钻杆周围土方。

7) 混凝土输送泵管应尽可能保持水平，长距离泵送时，应用垫木垫实。当泵管需向下倾斜时，角度应不大于40°。

8) 成桩施工各工序应连续进行。长时间停置时，应用清水将钻杆、泵管、地泵清洗干净。

6.2.5 施工质量保证措施

(1) 桩位准确。专业测量人员施测，技术负责人监督下准确布置桩位，钻机就位偏差不大于2cm。

(2) 钻机垂直度。利用双向悬挂重球法调整钻机垂直度，线锤量距时偏差控制在3mm以内。

(3) 确保桩体规格。利用钻杆标识控制桩深，误差小于100mm；每台班检查一次钻头尺寸，桩径偏差小于20mm。

(4) 混凝土配合比合理，搅拌均匀。严格按照设计配合比下料，以50kg水泥为单位，用磅秤称取石子、石屑、粉煤灰、外加剂的掺入量,用水量以搅拌机上的时间继电器控制。上料顺序为石子、粉煤灰、水泥、石屑,搅拌时间应大于2min,坍落度控制在180±20mm。

(5) 确保桩体质量。保证混凝土用量与泵送压力,提钻速度与桩体材料的输送量相匹配。如遇特殊情况停钻,复工后确保钻头复钻进停钻标高以下50cm,再送混凝土并提升钻杆成桩。

(6) 施工原始记录准确。专人记录,图上标识,符合规范要求。每班施工结束后,及时向技术负责人和监理报验并签字。

(7) 质检员要对成桩的每一道工序认真进行复核;材料员要严把质量关,进场材料每批做试验一次,并会同监理取样认证,不合格材料禁止进场;试验员要随时检查混凝土配合比情况,发现问题及时纠正,按规定制作试块并养护。

(8) 施工质量问题预防及处理措施(略)。

6.2.6 进度安排

施工准备3天,开工后24小时连续作业,每台班计划完成25根桩,每天完成50根,计划有效工期20天。

6.2.7 安全施工保证措施(略)

6.2.8 现场文明施工措施(略)

实 训 课 题

实训题目:地基处理案例分析

实训方式:将学生分成若干小组,深入一个具体的地基处理施工现场,在指导教师或工程技术人员的指导下,参与施工过程的每一环节。

实训目的:通过参加现场地基处理的有关工作,了解某一种地基处理方法的设计原理,熟悉其施工方法与质量检验,学会应用有关规范指导施工。

实训内容和要求:学生在施工现场应熟悉地基处理设计方案,了解施工场地的工程地质和水文地质资料,了解该地基土的特性、处理要点、处理效果及该处理方法的工作机理和适用性,熟悉该处理方法的施工设备、施工程序、施工中的有关注意事项、施工中常见的问题及处理措施,以及质量技术标准、质量检测方法等。

实训成果:现场工作完成后,各小组应对现场收集的有关资料进行整理,结合参与现场工作的认识和体会写出实训报告。各小组间交流成果,进行分析讨论,由指导教师讲评,以提高学生的实际工作能力。

复 习 思 考 题

1. 地基处理的目的是什么?有哪些基本方法?
2. 地基局部处理应遵循的基本原则是什么?
3. 何谓"橡皮土",如基坑出现橡皮土,如何处理?
4. 试述换填垫层法的处理原理、适用范围,如何计算垫层的宽度和厚度?影响垫层质量的主要问题有哪些？

5. 何谓复合地基？挤密桩法的加固原理是什么？
6. 试述重锤夯实法和强夯法有何不同？
7. 振冲法加固地基的原理是什么？
8. 湿陷性黄土的主要特征是什么？黄土产生湿陷的原因是什么？
9. 如何判定黄土的湿陷性？如何区分自重和非自重湿陷性场地？
10. 何谓膨胀土？对建筑物有哪些危害？有哪些处理方法？

单元 6 浅基础工程施工

知识点：浅基础的类型、受力特点及构造；基础施工图；浅基础施工方法及质量验收。

教学目标：熟悉浅基础的类型、受力特点及构造；熟练地识读基础施工图；能正确应用基础施工的一般技术，编写一般基础施工技术交底资料。

课题 1 浅基础的基本规定

1.1 浅基础的分类

在工程实践中，通常将基础分为浅基础和深基础两大类，但尚无准确的区分界限，目前主要按基础埋置深度和施工方法不同来划分。一般埋置深度在 5m 以内，且能用一般方法和设备施工的基础属于浅基础，如条形基础、独立基础等；当需要埋置在较深的土层上，采用特殊方法和设备施工的基础则属于深基础，如桩基础等。浅基础技术简单，施工方便，不需要复杂的施工设备，可以缩短工期、降低工程造价。因此在保证建筑物安全和正常使用的前提下，应优先采用天然地基上的浅基础设计方案。

浅基础可以按使用的材料和结构形式分类，分类的目的是为了更好地了解各种类型基础的特点及适用范围。按使用的材料可分为：砖基础、毛石基础、混凝土和毛石混凝土基础、灰土和三合土基础、钢筋混凝土基础等；按结构形式可分为：无筋扩展基础、扩展基础、柱下条形基础、柱下十字形基础、筏形基础、箱形基础等。

地基基础对整个建筑物的安全、使用、工程量、造价及工期的影响很大，并且属于地下隐蔽工程，一旦失事，难以补救，因此在设计和施工时应当引起高度重视。

1.2 设计等级与一般要求

1.2.1 设计等级

《建筑地基基础设计规范》（GB 50007—2002）根据地基复杂程度、建筑物规模和功能特征以及由于地基问题可能造成建筑物破坏或影响正常使用的程度，将地基基础分为三个设计等级，如表 6-1 所示。

地基基础设计等级 表 6-1

设计等级	建筑和地基类型
甲级	重要的工业与民用建筑物；30 层以上的高层建筑；体形复杂、层数相差超过 10 层的高低层连成一体的建筑物；大面积的多层地下建筑物（如地下车库、商场、运动场等）；对地基变形有特殊要求的建筑物；复杂地质条件下的坡上建筑物（包括高边坡）；对原有工程影响较大的新建筑物；场地和地基条件复杂的一般建筑物；位于复杂地质条件及软土地区的二层及二层以上地下室的基坑工程
乙级	除甲级、丙级以外的工业与民用建筑物
丙级	场地和地基条件简单，荷载分布均匀的 7 层及 7 层以下民用建筑及一般工业建筑；次要的轻型建筑物

1.2.2 一般要求

根据建筑物地基基础设计等级及长期荷载作用下地基变形对上部结构的影响程度,地基基础设计应符合下列规定:

(1) 所有建筑物的地基计算均应满足承载力计算的有关规定;

(2) 设计等级为甲级、乙级的建筑物,均应按地基变形设计;

(3) 表 6-2 所列范围内设计等级为丙级的建筑物可不做变形验算,但如有下列情况之一时,仍应做变形验算:

1) 地基承载力特征值小于 130 kPa,且体形复杂的建筑;

2) 在基础上及其附近有地面堆载或相邻基础荷载差异较大,可能引起地基产生过大的不均匀沉降时;

3) 软弱地基上的建筑物存在偏心荷载时;

4) 相邻建筑距离过近,可能发生倾斜时;

5) 地基内有厚度较大或厚薄不均的填土,其自重固结未完成时。

(4) 对经常承受水平荷载作用的高层建筑、高耸结构和挡土墙等,以及建造在斜坡上或边坡附近的建筑物和构筑物,尚应验算其稳定性;

(5) 基坑工程应进行稳定性验算;

(6) 当地下水埋藏较浅,建筑地下室或地下构筑物存在上浮问题时,尚应进行抗浮验算。

可不作地基变形验算的设计等级为丙级的建筑物 表 6-2

地基主要受力层情况	地基承载力特征值 f_{ak} (kPa)		$60 \leq f_{ak}$ < 80	$80 \leq f_{ak}$ < 100	$100 \leq f_{ak}$ < 130	$130 \leq f_{ak}$ < 160	$160 \leq f_{ak}$ < 200	$200 \leq f_{ak}$ < 300
	各土层坡度(%)		≤5	≤5	≤10	≤10	≤10	≤10
建筑类型	砌体承重结构、框架结构(层数)		≤5	≤5	≤5	≤6	≤6	≤7
	单层排架结构(6m柱距) 单跨	吊车额定起重量(t)	5~10	10~15	15~20	20~30	30~50	50~100
		厂房跨度(m)	≤12	≤18	≤24	≤30	≤30	≤30
	单层排架结构(6m柱距) 多跨	吊车额定起重量(t)	3~5	5~10	10~15	15~20	20~30	30~75
		厂房跨度(m)	≤12	≤18	≤24	≤30	≤30	≤30
	烟囱	高度(m)	≤30	≤40	≤50	≤75		≤100
	水塔	高度(m)	≤15	≤20	≤30	≤30		≤30
		容积(m³)	≤50	50~100	100~200	200~300	300~500	500~1000

注:1. 地基主要受力层系指:条形基础底面下深度为 $3b$(b 为基础底面宽度),独立基础下为 $1.5b$,且厚度均不小于 5m 的范围(二层以下一般的民用建筑除外);

2. 地基主要受力层中如有承载力特征值小于 130kPa 的土层时,表中砌体承重结构的设计,应符合《建筑地基基础设计规范》第七章的有关要求;

3. 表中砌体承重结构和框架结构均指民用建筑,对于工业建筑可按厂房高度、荷载情况折合成与其相当的民用建筑层数;

4. 表中吊车额定起重量、烟囱高度和水塔容积的数值系指最大值。

1.3 基础埋置深度

基础的埋置深度一般是指室外设计地面至基础底面的距离。

基础埋置深度的大小与建筑物的安全和正常使用、施工技术、施工周期及工程造价有着密切的关系。确定时必须综合分析建筑物自身的条件及所处环境的影响，按技术和经济的最佳方案确定。下面分别介绍基础埋置深度的影响因素及规范有关规定。

1.3.1 建筑物用途及基础构造

确定基础埋置深度时，应考虑建筑物有无地下室、设备基础和地下设施的影响。必须结合建筑物地下部分的设计标高来选定，如果在基础范围内有管道等地下设施通过时，原则上基础的底面应低于这些设施的底面，否则应采取措施消除对地下设施的不利影响。

高层建筑筏形和箱形基础的埋置深度应满足地基承载力、变形和稳定性要求。在抗震设防区，除岩石地基外，天然地基上的箱形和筏形基础埋置深度不宜小于建筑物高度的 1/15；桩箱或桩筏基础的埋置深度（不计桩长）不宜小于建筑物高度的 1/20~1/18。位于岩石地基上的高层建筑，其埋置深度应满足抗滑移要求。

1.3.2 作用在地基上的荷载大小和性质

荷载大小及性质不同，对持力层的要求也不同。当上部结构荷载较大，则基础应埋置于较好的土层上，以满足基础设计的要求。对于承受水平荷载的基础，必须有足够的埋置深度以保证结构的稳定性。对于承受上拔力的基础，必须有足够的埋置深度以保证抗拔阻力。对于承受动荷载的基础，则不宜选择饱和疏松的粉细砂作为持力层，以免地基液化而丧失承载力。

1.3.3 工程地质和水文地质条件

选择基础埋置深度也就是选择合适的地基持力层。在满足地基稳定和变形的要求下，基础宜浅埋，一般当上层土的承载力能满足要求时，宜利用上层土作为持力层，以节省投资，方便施工。若其下有软弱下卧层时，则应验算其承载力是否满足要求。从保护基础不受人类和生物活动的影响考虑，基础顶面宜低于室外设计地面 0.1m，且除岩石地基外，基础埋深不宜小于 0.5m。

对于存在地下水的场地，宜将基础埋置在地下水位以上，以免施工时排水困难和造成使用期间的不利影响。当必须埋在地下水位以下时，应考虑施工期间的基坑降水、坑壁支撑以及是否可能产生流砂、管涌等问题。当地下水有侵蚀性时，应对基础采取保护措施。

1.3.4 相邻建筑物的影响

从保证原有建筑物的安全和正常使用考虑，新建建筑物的基础埋深不宜大于原有建筑基础。当埋深大于原有建筑基础时，两基础间应保持一定净距，其数值应根据原有建筑荷载大小、基础形式和土质情况确定，一般取两相邻基础底面高差的 1~2 倍。当上述要求不能满足时，应采取分段施工、设临时加固支撑、打板桩、地下连续墙等施工措施，或加固原有建筑物地基。

1.3.5 地基土冻胀和融陷的影响

土中水分冻结后，使土体积增大的现象称为冻胀。若冻胀产生的上抬力大于作用在基底的竖向力时，则基础隆起。土中冰晶体融化后，使土体软化，含水量增大，强度降低，将产生附加沉降，称为融陷。

冻土分为季节性冻土和常年冻土两类。季节性冻土是指一年内冻结与解冻交替出现的土层，反复出现冻融现象，会引起建筑物开裂甚至破坏。因此在季节性冻土地区，确定基础埋置深度时应考虑地基土冻胀和融陷的影响。

由于冻胀与融陷是相互关联的，故常以冻胀性加以概括。根据土的类别、含水量的大小、地下水位高低和平均冻胀率（最大地面冻胀量与设计冻深之比，可由实测取得）将地基土分为不冻胀、弱冻胀、冻胀、强冻胀和特强冻胀五类（见表5-14）。对于埋置在不冻胀土中的基础，其埋深可不考虑冻深的影响；对于埋置在弱冻胀、冻胀、强冻胀和特强冻胀土中的基础，其埋深及防冻害措施应符合《建筑地基基础设计规范》（GB 50007—2002）的规定。

课题2　无筋扩展基础

无筋扩展基础系指由砖、毛石、混凝土或毛石混凝土、灰土或三合土等材料组成的，且不需配置钢筋的墙下条形基础或柱下独立基础。这些基础具有就地取材、价格较低、施工方便等优点，广泛适用于层数不多的民用建筑和轻型厂房。

2.1　受力特点

无筋扩展基础所用材料有一个共同的特点，就是材料的抗压强度较高，而抗拉、抗弯、抗剪强度较低。在地基反力作用下，基础下部的扩大部分像倒置的悬臂梁一样向上弯曲，如悬臂过长，则易发生弯曲破坏。如图6-1所示，墙（柱）传来的压力沿一定角度扩散，若基础的底面宽度在压力扩散范围以内，则基础只受压力；若基础的底面宽度大于扩散范围b_1，则b_1范围以外部分会被拉裂、剪断而不起作用。因此需要用台阶宽高比的允许值（表6-3）来限制其悬臂长度。

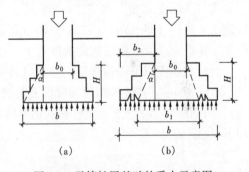

图6-1　无筋扩展基础的受力示意图
(a)压力扩散范围以内；(b)压力扩散范围以外

无筋扩展基础设计时应先确定基础埋置深度；按地基承载力条件计算基础底面宽度；然后再根据基础所用材料，按宽高比允许值确定基础台阶的宽度与高度；从基底开始向上逐步收小尺寸，并使基础顶面至少低于室外地面0.1m。否则应重新设计。

无筋扩展基础台阶宽高比的允许值　　　表6-3

基础材料	质量要求	台阶宽高比的允许值		
		$p_k \leqslant 100$	$100 < p_k \leqslant 200$	$200 < p_k \leqslant 300$
混凝土基础	C15混凝土	1:1.00	1:1.00	1:1.25
毛石混凝土基础	C15混凝土	1:1.00	1:1.25	1:1.50
砖基础	砖不低于MU10、砂浆不低于M5	1:1.50	1:1.50	1:1.50
毛石基础	砂浆不低于M5	1:1.25	1:1.50	—

续表

基础材料	质量要求	台阶宽高比的允许值		
		$p_k \leq 100$	$100 < p_k \leq 200$	$200 < p_k \leq 300$
灰土基础	体积比为3:7或2:8的灰土，其最小干密度： 粉土 1.55t/m³ 粉质黏土 1.50t/m³ 黏土 1.45t/m³	1:1.25	1:1.50	—
三合土基础	体积比 1:2:4～1:3:6（石灰:砂:骨料），每层约虚铺 220mm，夯至 150mm	1:1.50	1:2.00	—

注：1. p_k 为荷载效应标准组合时基础底面处的平均压力值（kPa）；
  2. 阶梯形毛石基础的每阶伸出宽度，不宜大于200mm；
  3. 当基础由不同材料叠合组成时，应对接触部分做抗压验算；
  4. 基础底面处的平均压力值超过300kPa的混凝土基础，尚应进行抗剪验算。

2.2 构造要求

2.2.1 砖基础

砖基础的剖面为阶梯形（图6-2），称为大放脚。各部分的尺寸应符合砖的模数，其砌筑方式有"两皮一收"和"二一间隔收"两种。两皮一收是指每砌两皮砖（即120mm），收进1/4砖长（即60mm）；二一间隔收是指底层砌两皮砖，收进1/4砖长，再砌一皮砖，收进1/4砖长，以上各层依此类推。

砖基础底面以下需设垫层，垫层材料可选用灰土、素混凝土等，每边扩出基础底面边缘不小于50mm。在墙基础顶面应设置防潮层（若钢筋混凝土圈梁位置合适时可起防潮作用），防潮层宜用1:2.5水泥砂浆加适量防水剂铺设，其厚度一般为20mm，位置在室内地坪下60mm处。

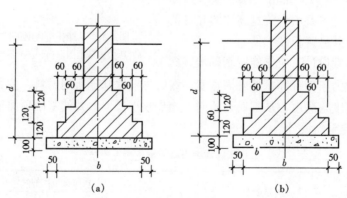

图6-2 砖基础剖面图
(a)"二皮一收"砌法；(b)"二、一间隔收"砌法

2.2.2 毛石基础

毛石基础是采用强度较高而未经风化的毛石用水泥砂浆砌筑而成（图6-3）。由于毛石之间间隙较大，如果砂浆粘结性能较差，则不能用于层数较多的建筑。为了保证锁结作

用，每一阶梯宜用三排或三排以上的毛石砌筑，每阶高不宜小于300mm，每一阶梯伸出宽度不宜大于200mm。

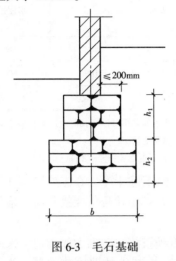

图6-3 毛石基础

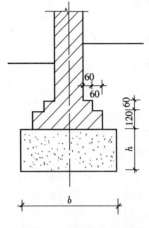

图6-4 灰土或三合土基础

2.2.3 灰土基础和三合土基础

灰土是用石灰和黏性土混合而成。石灰经熟化1~2天后，过5~10mm筛即可使用；土料应以有机质含量低的粉土或黏性土为宜，使用前也应过10~20mm的筛。石灰和土按其体积比为3:7或2:8加适量水拌匀，每层虚铺220~250mm，夯至150mm为一步，一般可铺2~3步。压实后的灰土应满足设计对压实系数的质量要求。灰土基础（图6-4）一般适用于地下水位较低、层数较少的建筑。

三合土是由石灰、砂、碎砖或碎石按体积比为1:2:4或1:3:6加适量水配置而成。一般每层虚铺约220mm，夯至150mm。三合土基础（图6-4）在我国南方地区常用。

2.2.4 混凝土基础和毛石混凝土基础

混凝土基础（图6-5）的强度、耐久性、抗冻性都较好，适用于荷载较大或位于地下水位以下的基础。混凝土基础水泥用量较大，造价比砖、石基础高。有时为了节约混凝土用量，可掺入少于基础体积30%的毛石做成毛石混凝土基础（图6-6）。掺入的毛石尺寸不得大于300mm，使用前须冲洗干净。

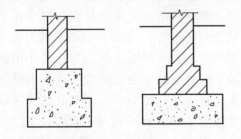

图6-5 混凝土基础

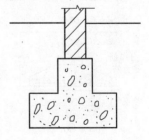

图6-6 毛石混凝土基础

2.3 施工要点与质量检验

基础所采用材料的最低强度等级应符合表6-4的要求。

地面或防潮层以下砌体所用材料的最低强度等级　　　表6-4

基土的潮湿程度	烧结普通砖、蒸压灰砂砖		混凝土砌块	石　材	水泥砂浆
	严寒地区	一般地区			
稍潮湿的	MU10	MU10	MU7.5	MU30	M5
很潮湿的	MU15	MU10	MU7.5	MU30	M7.5
含水饱和的	MU20	MU15	MU10	MU40	M10

注：1. 在冻胀地区，地面以下或防潮层以下的砌体，不宜采用多孔砖；如采用时，其孔洞应用水泥砂浆灌实；当采用混凝土砌块砌筑时，其孔洞应用强度等级不低于C20的混凝土灌实；

2. 对安全等级为一级或设计使用年限大于50年的房屋，表中材料强度等级应至少提高一级。

基础施工前，应先行验槽并将地基表面的浮土及垃圾清除干净。在主要轴线部位设置引桩控制轴线位置，并以此放出墙身轴线和基础边线。在基础转角、交接及高低踏步处应预先立好皮数杆。

基础底标高不同时，应从低处砌起，并由高处向低处搭接。砖砌大放脚通常采用一顺一丁砌筑方式，最下一皮砖以丁砌为主。水平灰缝和竖向灰缝的厚度应控制在10mm左右，砂浆饱满度不得小于80%，错缝搭接，在丁字及十字接头处要隔皮砌通。

毛石基础砌筑时，第一皮石块应坐浆，并大面向下。砌体应分皮卧砌，上下错缝，内外搭接，按规定设置拉结石，不得采用先砌外边后填心的砌筑方法。阶梯处，上阶的石块应至少压下阶石块的1/2。石块间较大的空隙应填塞砂浆后用碎石嵌实，不得采用先放碎石后灌浆或干填碎石的方法。

基础砌筑完成验收合格后，应及时回填。回填土要在基础两侧同时进行，并分层夯实，压实系数符合设计要求。

砖基础、毛石基础、混凝土基础的材料要求、施工工艺、质量检验等见本系列教材《砌体结构工程施工》，灰土基础见本书单元5，不再赘述。

课题3　扩　展　基　础

在基础内部应力满足基础材料强度要求的前提下，通过将基础向侧边扩展成较大底面积，使上部结构传来的荷载扩散分布于较大的底面积上，以满足地基承载力和变形的要求。这种能起到压力扩散作用的墙下钢筋混凝土条形基础和柱下钢筋混凝土独立基础称为扩展基础。这种基础整体性、耐久性、抗冻性较好，抗弯、抗剪强度大，适用于上部结构荷载大、土质较软弱、基础底面积大而又必须浅埋时，在基础设计中被广泛采用。

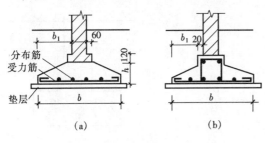

图6-7　墙下钢筋混凝土条形基础
(a) 无肋式；(b) 有肋式

墙下钢筋混凝土条形基础一般做成无肋式，当地基土的压缩性不均匀时，为了增加基础的刚度和整体性，减少不均匀沉降，可采用带肋的条形基础（图6-7）。

现浇柱下常采用钢筋混凝土锥形或阶梯形独立基础,预制柱下一般采用杯形独立基础(图 6-8)。

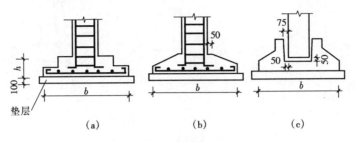

图 6-8 柱下钢筋混凝土独立基础
(a) 阶梯形;(b) 锥形;(c) 杯形

3.1 受 力 特 点

3.1.1 墙下钢筋混凝土条形基础

如图 6-9 所示,基础底板的受力情况如同受地基净反力作用的倒置悬臂板,在地基净反力的作用下(基础自重和基础上的土重所产生的均布压力与其相应的地基反力相抵消),将在基础底板内产生弯矩和剪力。

墙下钢筋混凝土条形基础通常受均布线荷载作用,计算时沿墙长度方向取 1m 为计算单元。基础底板宽度应满足地基承载力的有关规定;基础底板高度应满足混凝土抗剪强度要求;基础底板配筋按危险截面的抗弯计算确定。基础底板的受力钢筋沿基础宽度方向设置;沿墙长度方向设分布钢筋,放在受力钢筋上面。带肋条形基础的肋梁纵向钢筋和箍筋通常按经验确定或按弹性地基梁计算。

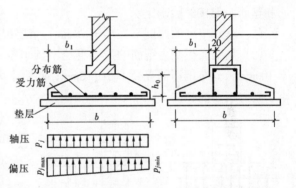

图 6-9 墙下钢筋混凝土条形基础

3.1.2 柱下钢筋混凝土独立基础

由试验可知,柱下钢筋混凝土独立基础有以下两种破坏形式:

第一种破坏形式:在地基净反力作用下,基础底板在两个方向均发生向上的弯曲,相当于固定在柱边的梯形悬臂板,下部受拉,上部受压。若危险截面内的弯矩值超过底板的抗弯强度时,底板就会发生弯曲破坏(图 6-10a)。为了防止发生这种破坏,需在基础底板下部配置足够的钢筋。

第二种破坏形式:当基础底面积较大而厚度较薄时,基础将发生冲切破坏。如图 6-10 (b) 所示,基础从柱的周边开始沿 45°斜面拉裂(当基础为阶梯形时,还可能从变阶处开始沿 45°斜面拉裂),形成冲切角锥体。为了防止发生这种破坏,基础底板要有足够的高度。

因此,柱下钢筋混凝土独立基础的设计,除按地基承载力条件确定基础底面积外,尚应按计算确定基础底板高度和基础底板配筋。

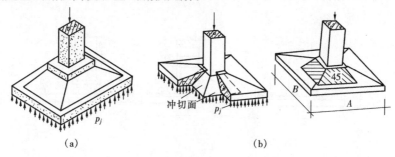

图 6-10　柱下钢筋混凝土独立基础的破坏形式
(a) 底板受弯破坏；(b) 底板冲切破坏

3.2　构　造　要　求

3.2.1　墙下钢筋混凝土条形基础

(1) 当基础高度大于 250mm 时，可采用锥形截面，坡度 $i \leqslant 1:3$，边缘高度不宜小于 200mm；当基础高度小于 250mm 时，可采用平板式；若为阶梯形基础，每阶高度宜为 300~500mm。当地基较软弱时，可采用有肋板增加基础刚度，改善不均匀沉降，肋的纵向钢筋和箍筋一般按经验确定。

(2) 基础垫层的厚度不宜小于 70mm；垫层混凝土强度等级应为 C10。

(3) 基础底板受力钢筋的最小直径不宜小于 10mm；间距不宜大于 200mm，也不宜小于 100mm。分布钢筋的直径不小于 8mm；间距不大于 300mm；每延米分布钢筋的面积应不小于受力钢筋面积的 1/10。

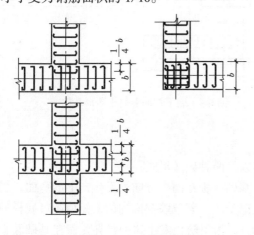

图 6-11　扩展基础底板受力钢筋布置示意

(4) 钢筋保护层厚度：当有垫层时不小于 40mm；无垫层时不小于 70mm。

(5) 混凝土强度等级不应低于 C20。

(6) 当基础的宽度大于或等于 2.5m 时，底板受力钢筋的长度可取宽度的 0.9 倍，并宜交错布置。

(7) 钢筋混凝条形基础底板在 T 形及十字形交接处，底板横向受力钢筋仅沿一个主要受力方向通长布置，另一方向的横向受力钢筋可布置到主要受力方向底板宽度 1/4 处；在拐角处底板横向受力钢筋应沿两个方向布置（图 6-11）。

3.2.2　柱下钢筋混凝土独立基础

柱下钢筋混凝土独立基础，除应满足墙下钢筋混凝土条形基础的一般构造要求外，尚应满足如下要求：

(1) 当柱下钢筋混凝土独立基础的边长大于或等于 2.5m 时，底板受力钢筋的长度可取边长的 0.9 倍，并宜交错布置（图 6-12）。锥形基础的顶部为安装柱模板，需从柱边缘起每边放出 50mm（图 6-13）。

(2) 钢筋混凝土柱纵向受力钢筋在基础内的锚固长度 l_a，应根据钢筋在基础内的最小保护层厚度，按《混凝土结构设计规范》（GB 50010—2002）的有关规定确定。有抗震设防要求时，纵向受力钢筋的最小锚固长度 l_{aE} 应按下式计算：

一、二级抗震等级　　　$l_{aE} = 1.15 l_a$
三级抗震等级　　　　　$l_{aE} = 1.05 l_a$
四级抗震等级　　　　　$l_{aE} = l_a$

式中　l_a——纵向受拉钢筋的锚固长度。

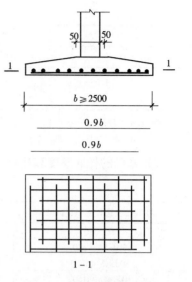

图 6-12　基础底板配筋构造

(3) 若现浇柱基础与柱不同时浇筑，在基础内需预留插筋，插筋的数量、直径以及钢筋种类应与柱内纵向钢筋相同。插筋伸入基础内的锚固长度应满足第（2）条的要求，插筋与柱内纵向受力钢筋的连接方法，应符合现行《混凝土结构设计规范》的规定。插筋的下端宜做成直钩放在基础底板钢筋网上。当符合下列条件之一时，可仅将四角的插筋伸至底板钢筋网上，其余插筋锚固在基础顶面下 l_a 或 l_{aE}（有抗震设防要求时）处（图 6-14）：

1) 柱为轴心受压或小偏心受压，基础高度大于等于 1200mm；
2) 柱为大偏心受压，基础高度大于等于 1400mm。

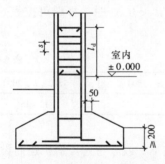
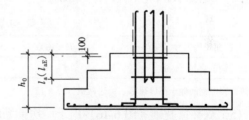

图 6-13　现浇柱基础构造　　　　图 6-14　现浇柱的基础中插筋构造示意

(4) 预制钢筋混凝土柱与杯口基础的连接，应符合下列要求（图 6-15）：

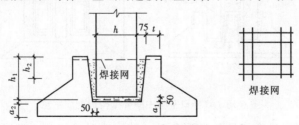

图 6-15　预制钢筋混凝土柱独立基础示意（$a_2 \geq a_1$）

1) 柱的插入深度，可按表 6-5 选用，并应满足第（2）条钢筋锚固长度的要求及吊装时柱的稳定性；

柱的插入深度 h_1 （mm）　　　　表6-5

矩形或工字形柱				双肢柱
$h < 500$	$500 \leqslant h < 800$	$800 \leqslant h < 1000$	$H > 1000$	
$h \sim 1.2h$	h	$0.9h$ 且 $\geqslant 800$	$0.5h$ 且 $\geqslant 1000$	$(1/3 \sim 2/3) h_a$ $(1.5 \sim 1.8) h_b$

注：1. h 为柱截面长边尺寸；h_a 为双肢柱全截面长边尺寸；h_b 为双肢柱全截面短边尺寸；
　　2. 柱轴心受压或小偏心受压时，h_1 可适当减小，偏心距大于 $2h$ 时，h_1 应适当加大。

2) 基础的杯底厚度和杯壁厚度，可按表6-6选用；

基础的杯底厚度和杯壁厚度　　　　表6-6

柱截面长边尺寸 h（mm）	杯底厚度 a_1（mm）	杯壁厚度 t（mm）
$H < 500$	$\geqslant 150$	$150 \sim 200$
$500 \leqslant h < 800$	$\geqslant 200$	$\geqslant 200$
$800 \leqslant h < 1000$	$\geqslant 200$	$\geqslant 300$
$1000 \leqslant h < 1500$	$\geqslant 250$	$\geqslant 350$
$1500 \leqslant h < 2000$	$\geqslant 300$	$\geqslant 400$

注：1. 双肢柱的杯底厚度值，可适当加大；
　　2. 当有基础梁时，基础梁下的杯壁厚度，应满足其支承宽度的要求；
　　3. 柱子插入杯口部分的表面应凿毛，柱子与杯口之间的空隙，应用比基础混凝土强度等级高一级的细石混凝土充填密实，当达到材料设计强度的70%以上时，方能进行上部吊装。

3) 当柱为轴心受压或小偏心受压且 $t/h_2 \geqslant 0.65$ 时，或大偏心受压且 $t/h_2 \geqslant 0.75$ 时，杯壁可不配筋；当柱为轴心受压或小偏心受压且 $0.5 \leqslant t/h_2 < 0.65$ 时，杯壁可按表6-7构造配筋；其他情况下，应按计算配筋。

杯壁构造配筋　　　　表6-7

柱截面长边尺寸（mm）	$H < 1000$	$1000 \leqslant h < 1500$	$1500 \leqslant h \leqslant 2000$
钢筋直径（mm）	$8 \sim 10$	$10 \sim 12$	$12 \sim 16$

注：表中钢筋置于杯口顶部，每边两根（图6-15）。

(5) 双杯口基础（图6-16）用于厂房伸缩缝处的双柱下，或者考虑厂房扩建而设置的预留杯口情况。当中间杯壁的宽度小于400mm时，宜在其杯壁内配筋。

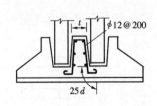
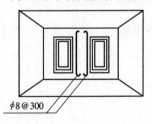

图6-16　双杯口基础中间杯壁构造配筋示意

(6) 高杯口基础是带有短柱的杯形基础，其构造形式如图6-17所示。一般用于上层土较软弱或有坑、穴、井等不宜作持力层以及必须将基础深埋的情况。

预制钢筋混凝土柱（包括双肢柱）与高杯口基础的连接，应符合第（4）条插入深度的规定，杯壁厚度应符合表6-8的规定。杯壁和短柱的配筋应符合《建筑地基基础设计规范》(GB 50007—2002) 的有关规定。

高杯口基础的杯壁厚度 t 表6-8

h (mm)	t (mm)	h (mm)	t (mm)
$600 < h \leq 800$	≥ 250	$1000 < h \leq 1400$	≥ 350
$800 < h \leq 1000$	≥ 300	$1400 < h \leq 1600$	≥ 400

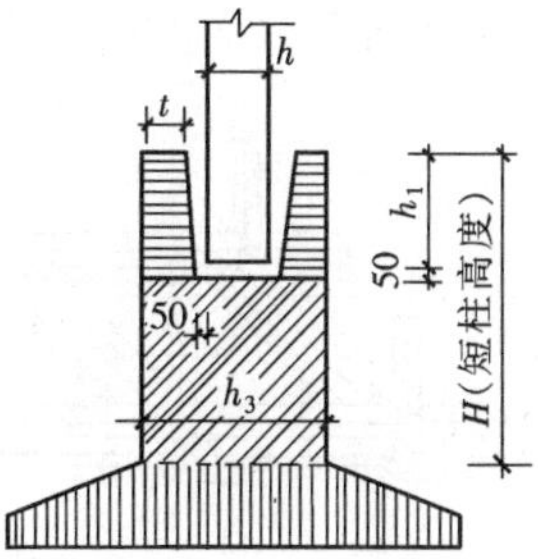

3.3 施工要点与质量检验

基础施工前,应进行验槽并将地基表面的浮土及垃圾清除干净。及时浇筑混凝土垫层,以免地基土被扰动。垫层一般采

图6-17 高杯口基础

用厚度为100mm的C10混凝土,每边伸出基础底板100mm。当垫层达到一定强度后,在其上弹线、绑扎钢筋、支模。钢筋底部应用与混凝土保护层相同的水泥砂浆块垫塞,以保证位置正确。基础上有插筋时,要采取措施加以固定,保证插筋位置的正确,防止浇捣混凝土时发生位移。

基础混凝土应分层连续浇筑完成。阶梯形基础应按台阶分层浇筑,每浇筑完一个台阶后应待其初步获得沉实后,再浇筑上层,以防止下台阶混凝土溢出,在上台阶根部出现烂根,台阶表面应基本抹平。锥形基础的斜面部分模板应随混凝土浇捣分段支设并顶压紧,以防模板上浮变形,边角处混凝土应注意捣实。严禁斜面部分不支模、采用铁锹拍实的方法。

杯形基础的杯口模板要固定牢固,防止浇捣混凝土时发生位移,并应考虑便于拆模和周转使用的特点。浇筑混凝土时应先将杯底混凝土振实,待其沉实后,再浇筑杯口四周混凝土。注意四侧要对称均匀进行,避免将杯口模板挤向一侧。基础浇捣完毕,在混凝土初凝后终凝前将杯口模板取出,并将杯口内侧表面混凝土凿毛。高杯口基础施工时,可采用后安装杯口模板的方法,即当混凝土浇捣接近杯底时,再安装固定杯口模板,浇筑杯口四周混凝土。

扩展基础的材料要求、施工工艺、质量检验等与上部结构模板工程、钢筋工程、混凝土工程相同,见本系列教材《混凝土结构工程施工》,不再赘述。

课题4 其他浅基础

4.1 柱下钢筋混凝土条形基础

当地基较软弱而荷载较大,若采用柱下单独基础,基础底面积必然很大,易造成基础底面之间互相靠近或重叠;或地基土不均匀、各柱荷载相差较大需增强基础的整体性,防止过大的不均匀沉降时,可将同一排柱基础连通,就形成柱下条形基础(图6-18)。柱下条形基础常在框架结构中采用,基础走向应结合柱网行列间距、荷载分布和地基情况进行选择,通常设在房屋的纵向。若荷载较大且土质较弱时,为了增强基础的整体刚度,减小不均匀沉降,

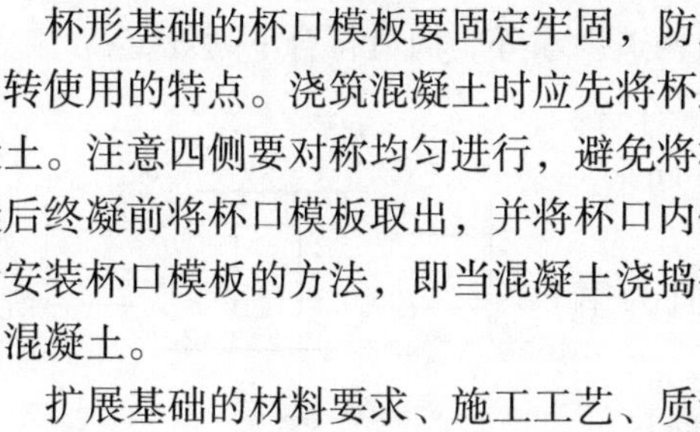

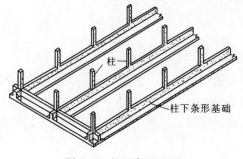

图6-18 柱下条形基础

可在柱网下纵横方向均设置条形基础，形成柱下十字形基础（图6-19）。

4.1.1 受力特点

柱下条形基础由肋梁和翼板组成，其截面呈倒T形。肋梁的截面相对较大且配置一定数量的纵筋和腹筋，具有较强的抗弯及抗剪能力，能调整不均匀沉降；翼板的受力特点与墙下钢筋混凝土条形基础底板相似。

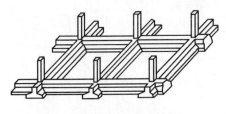

图6-19 柱下十字形基础

柱下条形基础在上部结构传来的荷载作用下产生地基反力，由于沿梁全长作用的墙重及基础自重与其产生的相应地基反力所抵消，故作用在基础梁上的地基净反力只有柱传来的轴向力所产生。在比较均匀的地基上，上部结构刚度较好，荷载分布较均匀，且条形基础梁的高度不小于1/6柱距时，地基反力可按直线分布，条形基础梁的内力可按连续梁计算（即倒梁法）；当不满足上述条件时，宜按弹性地基梁计算。对交叉条形基础，交叉点上的柱荷载，可按交叉梁的刚度或变形协调的要求进行分配。

倒梁法是近似法，是以柱作为基础梁的不动铰支座，在地基净反力作用下按倒置的普通连续梁计算内力。其计算结果与实际情况略有差异，故在设计计算时需作必要的调整。

4.1.2 构造要求

柱下条形基础的构造除满足前述扩展基础的构造要求外，尚应符合下列规定：

（1）柱下条形基础梁的高度宜为柱距的1/8～1/4。翼板厚度不应小于200mm。当翼板厚度大于250mm时，宜采用变厚度翼板，其坡度宜小于或等于1:3。

（2）条形基础的端部宜向外伸出，其长度宜为第一跨距的0.25倍。

（3）现浇柱与条形基础梁的交接处，其平面尺寸不应小于图6-20的规定。

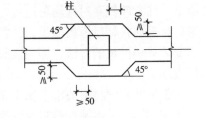

图6-20 现浇柱与条形基础梁交接处平面尺寸

（4）条形基础梁顶部和底部的纵向受力钢筋除满足计算要求外，顶部钢筋按计算配筋全部贯通，底部通长钢筋不应少于底部受力钢筋截面总面积的1/3；钢筋的其他构造要求与上部结构相同，见本系列教材《混凝土结构工程施工》。

（5）柱下条形基础的混凝土强度等级，不应低于C20。

4.1.3 施工要点与质量检验

同扩展基础。

4.2 筏形基础

当地基软弱而荷载较大，采用十字形基础仍不能满足要求，或者十字交叉基础宽度较大而相互接近时，可将基础底板连成一片成为筏形基础。筏形基础由于扩大了基底面积，加强了基础的整体性，不仅能满足软弱地基的承载力要求，还能有效地调整地基不均匀沉降，因而在多层和高层建筑中广泛采用。

筏形基础分为平板式和梁板式两种类型，其选型应根据工程地质、上部结构体系、柱距、荷载大小以及施工条件等因素确定。平板式筏基是在地基上做一整块钢筋混凝土底板，柱子直接支立在底板上（柱下筏板）或在底板上直接砌墙（墙下筏板）。梁板式筏基如倒置的肋形楼盖（图6-21），若梁在底板的上方称为上梁式，在底板的下方称为下梁式。

4.2.1 受力特点

当地基土比较均匀，上部结构刚度较好，梁板式筏基梁的高跨比或平板式筏基板的厚跨比不小于1/6，且相邻柱荷载及柱间距的变化不超过20%时，筏形基础可不考虑整体弯曲而仅考虑局部弯曲作用。其内力可按基底反力直线分布进行计算，计算时基底反力应扣除底板自重及其上填土的自重，即将地基净反力作为荷载，按"倒楼盖法"计算。当

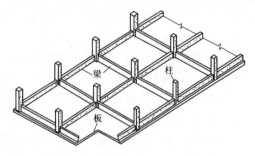

图6-21 梁板式筏形基础

不能满足上述要求时，筏基内力应按弹性地基梁板方法进行分析计算。

按基底反力直线分布计算的梁板式筏基，其基础梁的内力可按连续梁分析，除满足正截面受弯和斜截面受剪承载力外，尚应满足底层柱下基础梁顶面的局部受压承载力的要求；基础底板除满足正截面受弯承载力外，其厚度尚应满足受冲切承载力和受剪承载力的要求。

按基底反力直线分布计算的平板式筏基，对柱下筏板可按柱下板带和跨中板带分别进行内力分析；对墙下筏板可按连续单向板或双向板计算。平板式筏基的板厚应满足受冲切承载力和受剪承载力的要求，当筏板变厚度时，尚应验算变厚度处筏板的受剪承载力。

有抗震设防要求时，应符合现行规范有关规定的要求。

4.2.2 构造要求

（1）筏形基础的混凝土强度等级不应低于C30。当有地下室时应采用防水混凝土，防水混凝土的抗渗等级应按现行《地下工程防水技术规范》选用，但不应小于0.6MPa。

（2）采用筏形基础的地下室，其钢筋混凝土外墙厚度不应小于250mm，内墙厚度不应小于200mm。墙体内应设置双向钢筋，竖向和水平钢筋的直径不应小于12mm，间距不应大于300mm。

（3）对12层以上建筑的梁板式筏基，其底板厚度与最大双向板格的短边净跨之比不应小于1/14，且板厚不应小于400mm。

（4）地下室底层柱、剪力墙与梁板式筏基的基础梁连接的构造应符合图6-22的要求。

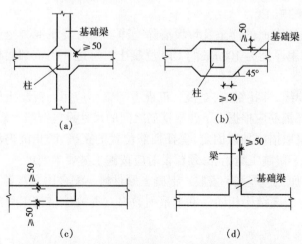

图6-22 地下室底层柱或剪力墙与基础梁连接的构造
(a) 交叉基础梁与柱的连接；(b)、(c) 单向基础梁与柱的连接；
(d) 基础梁与剪力墙的连接

（5）梁板式筏基的底板和基础梁的配筋除满足计算要求外，纵横方向的底部钢筋尚应有1/3～1/2贯通全跨，且其配筋率不应小于

0.15%,顶部钢筋按计算配筋全部贯通。

(6) 平板式筏基的柱下板带中,柱宽及其两侧各0.5倍板厚且不大于1/4板跨的有效宽度范围内,其钢筋配置量不应小于柱下板带钢筋数量的一半。柱下板带和跨中板带的底部钢筋应有1/3~1/2贯通全跨,且配筋率不应小于0.15%;顶部钢筋应按计算配筋全部贯通。

(7) 筏板的厚度一般不宜小于400mm。当筏板的厚度大于2000mm时,宜在板厚中间部位设置直径不小于12mm、间距不小于300mm的双向钢筋网。

(8) 筏板与地下室外墙的接缝、地下室外墙沿高度处的水平接缝应严格按施工缝要求施工,必要时可设通长止水带。

(9) 高层建筑筏形基础与裙房基础之间的构造应符合下列要求:

1) 当高层建筑与相连的裙房之间设置沉降缝时,高层建筑的基础埋深应大于裙房基础的埋深至少2m。当不满足要求时必须采取有效措施。沉降缝地面以下处应用粗砂填实(图6-23)。

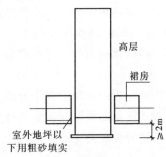

图6-23 高层建筑与裙房间的沉降缝处理

2) 当高层建筑与相连的裙房之间不设置沉降缝时,宜在裙房一侧设置后浇带,后浇带的位置宜设在距主楼边柱的第二跨内。后浇带混凝土宜根据实测沉降值并计算后期沉降差能满足设计要求后方可进行浇筑。

3) 当高层建筑与相连的裙房之间不允许设置沉降缝和后浇带时,应进行地基变形验算,验算时需考虑地基与结构变形的相互影响并采取相应的有效措施。

(10) 筏形基础地下室施工完毕后,应及时进行基坑回填工作。回填基坑时,应先清除基坑中的杂物,并应在相对的两侧或四周同时回填并分层夯实。

4.2.3 施工要点与质量检验

基础施工前,如地下水位较高,可采用人工降低地下水位至基坑底不少于500mm,以保证在无水情况下进行基坑开挖和基础施工。

基础施工前,应进行验槽并将地基表面的浮土及垃圾清除干净。及时浇筑混凝土垫层,以免地基土被扰动。垫层一般采用厚度为100mm的C10混凝土,每边伸出基础底板100mm。

当垫层达到一定强度后,在其上弹线、绑扎钢筋、支模。筏板下部钢筋应用与混凝土保护层相同的水泥砂浆块垫塞,筏板上部钢筋应根据上下两层钢筋之间的尺寸设置钢筋支架,以保证钢筋位置正确。有插筋时,要采取措施加以固定,保证插筋位置的正确,防止浇捣混凝土时发生位移。混凝土浇筑时一般不留施工缝,当必须留设时应按施工缝要求处理。

模板安装、拆除;钢筋原材料、加工、连接、安装;混凝土原材料、配合比、施工等要求以及质量检验方法、标准等均与上部结构相同,见本系列教材《混凝土结构工程施工》,不再赘述。

4.3 箱形基础

箱形基础是由现浇钢筋混凝土底板、顶板、纵横外墙与内墙组成的箱形整体结构(图

6-24)。根据建筑物高度对地基稳定性的要求和使用功能的需要,箱形基础的高度可为一层或多层,并可利用中空部分构成地下室,用作人防、停车场、地下商场、储藏室、设备层等。这种基础的刚度大、整体性好,适用于地基软弱、上部结构荷载大的高层建筑。

4.3.1 受力特点

箱形基础的受力是个比较复杂的问题,理论研究和实测资料表明,上部结构的刚度对基础内力有较大影响。当上部结构为现浇剪力墙结构体系时,上部结构刚度大,箱基变形以局部变形为主,顶板和底板均按局部弯曲的内力设计。顶板按普通楼盖实际荷载,分别计算跨中与支座弯矩;底板按倒楼盖法计算。当上部结构为框架结构体系时,上部结构刚度较差,箱基的整体弯曲和局部弯曲

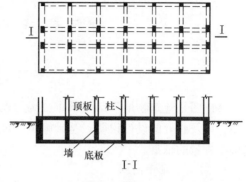

图 6-24 箱形基础

同时存在,顶板和底板应将整体弯曲和局部弯曲两种应力叠加进行设计。

4.3.2 构造要求

(1) 箱形基础的平面尺寸应根据地基土承载力和上部结构布置以及荷载大小等因素确定。外墙宜沿建筑物周边布置,内墙沿上部结构的柱网或剪力墙位置纵横均匀布置,墙体水平截面总面积不宜小于箱基外墙外包尺寸水平投影面积的1/10。对基础平面长宽比大于4的箱形基础,其纵墙水平截面面积不应小于箱基外墙外包尺寸水平投影面积的1/18。

(2) 箱形基础的高度应满足结构的承载力、刚度和使用功能的要求,一般不宜小于箱基长度的1/20,且不宜小于3m。

(3) 箱形基础的顶板、底板及墙体的厚度,应满足受力情况、整体刚度和防水的要求。无人防设计要求的箱基,基础底板厚度不应小于300mm,顶板厚度不应小于200mm,外墙厚度不应小于250mm,内墙厚度不应小于200mm。

(4) 箱形基础的顶板和底板钢筋除符合计算要求外,纵横方向支座钢筋应有1/3~1/2的钢筋连通,且连通钢筋的配筋率分别不小于0.15%(纵向)、0.10%(横向);跨中钢筋按实际需要的配筋全部连通。钢筋接头宜采用机械连接。

(5) 箱形基础的顶板、底板及墙体均应采用双层双向配筋。墙体的竖向和水平钢筋直径均不应小于10mm,间距均不应大于200mm。除上部为剪力墙外,内、外墙的墙顶处宜配置两根直径不小于20mm的通长构造钢筋。

(6) 箱形基础上部结构底层柱纵向钢筋伸入箱形基础墙体的长度:对柱下三面或四面有箱形基础墙的内柱,除柱四角纵向钢筋直通到基底外,其余钢筋可伸入顶板底面以下40倍纵向钢筋直径处;对外柱、与剪力墙相连的柱及其他内柱的纵向钢筋应直通到基底。

(7) 箱形基础对混凝土强度等级的要求同筏形基础。

4.3.3 施工要点与质量检验

基础的底板、内外墙和顶板宜连续浇筑,为防止出现温度收缩裂缝,可按设计要求设置后浇带。当必须留设施工缝时,其位置和处理应符合设计要求。

基础施工完毕,应立即进行回填土。停止降水时,应验算基础的抗浮稳定性,如不能满足时,应采取有效措施(如继续降水或在基础内加重物等),防止基础上浮或倾斜。

模板安装、拆除；钢筋原材料、加工、连接、安装；混凝土原材料、配合比、施工等要求以及质量检验方法、标准等均与上部结构相同，见本系列教材《混凝土结构工程施工》，不再赘述。

课题5 浅基础施工图

5.1 基础施工图的图示方法

基础图是建筑物地下部分承重结构的施工图，包括基础平面图和表示基础构造的基础详图，以及必要的设计说明。基础施工图是施工放线、开挖基槽（坑）、基础施工、计算基础工程量的依据。

5.1.1 基础平面图

基础平面图的剖视位置在室内地面（±0.000）处，被剖切的墙身（或柱）用中粗实线表示，基础底宽用细实线表示，钢筋用粗实线表示，一般不得因对称而只画一半，其主要内容如下：

(1) 图名、比例，表示建筑朝向的指北针；

(2) 与建筑平面图一致的纵横定位轴线及其编号，一般外部尺寸只标注定位轴线的间隔尺寸和总尺寸；

(3) 基础的平面布置和内部尺寸，即基础墙、基础梁、柱、基础底面的形状、尺寸及其与轴线的关系；

(4) 以虚线表示暖气、电缆等沟道的路线位置，穿墙管洞应分别标明其尺寸、位置与洞底标高；

(5) 剖面图的剖切线及其编号，对基础梁、柱等注写代号，以便查找详图；

(6) 筏形基础底板的钢筋位置、编号、直径、间距等。

条形基础平面图示意如图 6-25 所示

5.1.2 基础详图

不同类型的基础，其详图的表示方法有所不同。如条形基础的详图一般为基础的垂直剖面图；独立基础的详图一般应包括平面图和剖面图。基础详图的主要内容如下：

(1) 图名、比例；

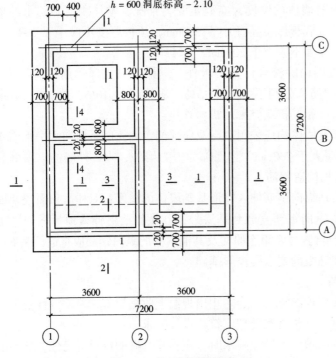

图 6-25 基础平面图示意

(2) 基础剖面图中轴线及其编号，若为通用剖面图，则轴线圆圈内可不编号；

(3) 基础剖面的形状及详细尺寸；

(4) 室内地面及基础底面的标高，外墙基础还需注明室外地坪之相对标高，如有沟槽者尚应标明其构造关系；

(5) 钢筋混凝土基础应标注钢筋直径、间距及钢筋编号；现浇基础尚应标注预留插筋、搭接长度与位置及箍筋加密等；

(6) 防潮层的位置及做法，垫层材料等（也可用文字说明）。

条形基础剖面图示意如图 6-26 所示。

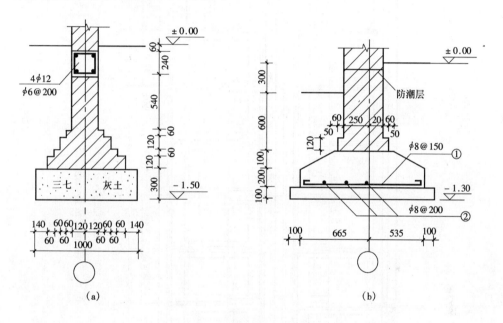

图 6-26 基础剖面图示意
(a) 无筋扩展基础；(b) 钢筋混凝土条形基础

5.1.3 基础设计说明

设计说明一般是说明难以用图表达的内容和易用文字表达的内容，如材料的质量要求、施工注意事项等。设计说明由设计人员根据具体情况编写，一般包括以下内容：

(1) 对地基土质情况提出有关要求，概述地基承载力、地下水位和持力层土质情况；

(2) 地基处理措施，并说明质量要求；

(3) 对施工方面提出验槽、钎探等事项的设计要求；

(4) 垫层、砌体、混凝土、钢筋等所用材料的质量要求；

(5) 防潮（防水）层的位置、做法，构造柱的截面尺寸、材料、构造，混凝土保护层厚度等。

5.2 基础施工图的识读

5.2.1 基础施工图的识读方法

(1) 看设计说明，了解基础所用材料、地基承载力以及施工要求等；

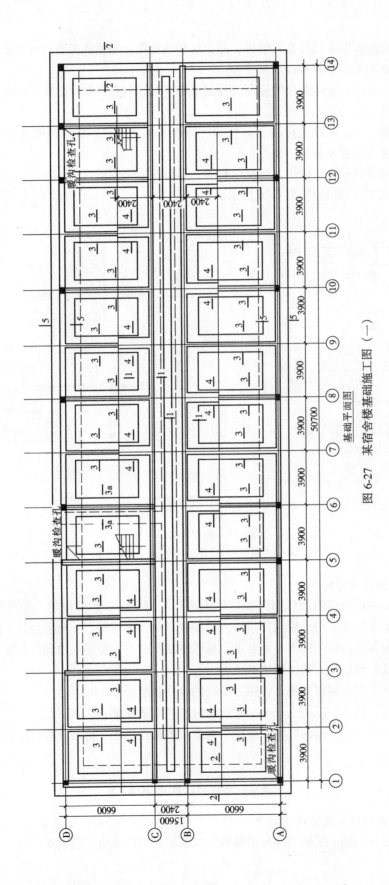

图 6-27 某宿舍楼基础施工图（一）
基础平面图

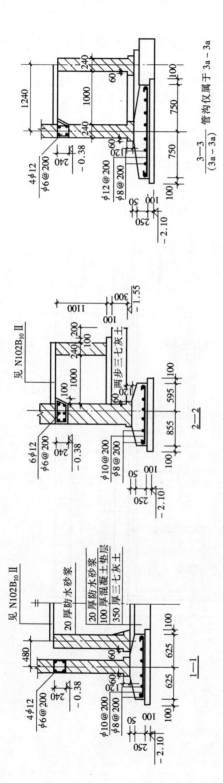
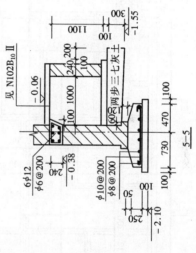

基底做600mm三七灰土,每边扩出混凝土垫层300mm,压实系数不小于0.94。基槽开挖后首先进行钎探,探深2m,探距1.2m,呈梅花形布点。基础混凝土垫层C10,基础混凝土C20,构造柱截面为240mm×240mm,基础主筋为4φ14,其他构造柱主筋为4φ12。参见CG329施工。过梁选N102,GL10转弯过梁选L10Ⅱ,沟内侧抹20mm厚防水砂浆,施工要符合现行规范。

图6-28 某宿舍楼基础施工图(二)

(2) 看基础平面图与建筑平面图的定位轴线及尺寸标注是否一致，基础平面图与基础详图是否一致等；

(3) 看基础平面图要注意基础平面布置与内部尺寸关系，以及预留洞的位置及尺寸等；

(4) 看基础详图要注意竖向尺寸关系，基础的形状、做法与详细尺寸，钢筋的直径、间距与位置，以及地圈梁、防潮层的位置、做法等。

5.2.2 基础施工图示例

图 6-27、图 6-28 为某宿舍楼钢筋混凝土条形基础施工图。

图 6-29、图 6-30 为某住宅楼梁板式筏形基础施工图。

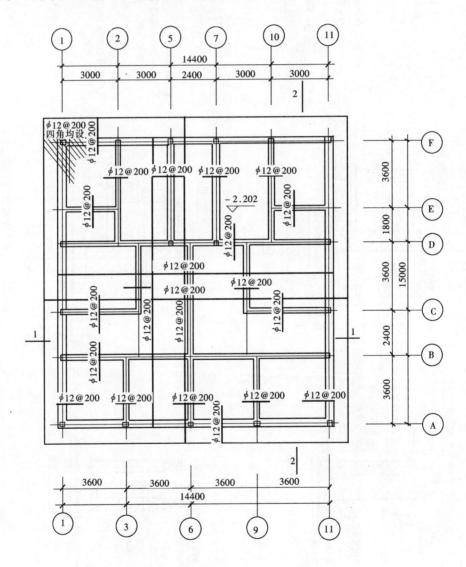

基础平面图

图 6-29 某住宅楼基础施工图（一）

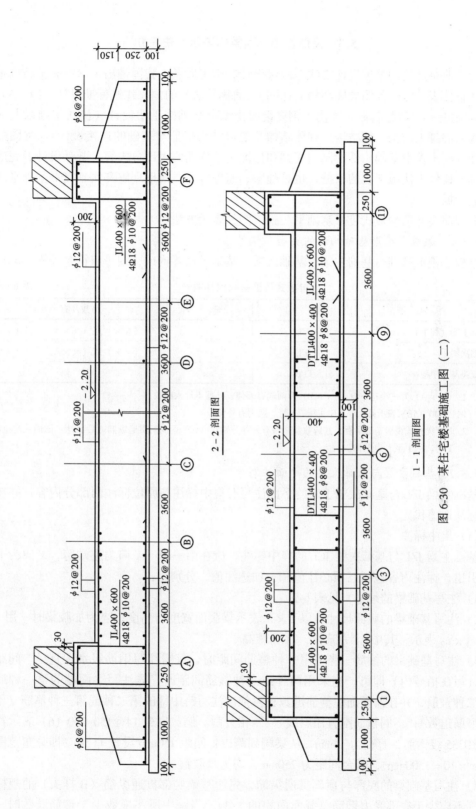

图 6-30 某住宅楼基础施工图（二）

5.3 筏形基础平面整体表示方法简介

为了改革传统的繁琐设计方法，确保设计、施工质量，我国推出了《混凝土结构施工图平面整体表示方法制图规则和构造详图》（简称平法）的国家建筑标准设计 G101 系列图集。04G101—3（筏形基础）适用于钢筋混凝土筏形基础施工图设计（包括基础以上的主体结构为混凝土结构、钢结构、砌体结构及混合结构根部与基础的连接设计）。本图集包括现浇混凝土筏形基础构件的制图规则和标准构造详图两大部分内容，既是设计者完成筏形基础的构件平法施工图的依据，也是施工、监理等人员准确理解和实施筏形基础平法施工图的依据。

下面简要介绍梁板式筏形基础平法施工图的表示方法。

5.3.1 梁板式筏形基础构件的类型与编号

梁板式筏形基础由基础主梁、基础次梁、基础平板等构成，编号应符合表 6-9 规定。

梁板式筏形基础构件编号　　　　　　　　　　　　　　　　表 6-9

构 件 类 型	代 号	序 号	跨数及有否外伸
基础主梁（柱下）	JZL	××	(××) 或 (××A) 或 (××B)
基础次梁	JCL	××	(××) 或 (××A) 或 (××B)
梁板筏基础平板	LPB	××	

注：1. (××A) 为一端有外伸，(××B) 为两端有外伸，外伸不计入跨数，
　　　例：JZL7 (5B) 表示第 7 号基础主梁，5 跨，两端有外伸；
　　2. 对于梁板式筏形基础平板，其跨数及是否有外伸分别在 X，Y 两向的贯通纵筋之后表达。图面从左至右为 X 向，从下至上为 Y 向。

5.3.2 基础主梁与基础次梁的平面注写

基础主梁 JZL 与基础次梁 JCL 的平面注写有集中标注与原位标注两部分内容，并规定原位标注取值优先。

（1）集中标注

基础主梁 JZL 与基础次梁 JCL 的集中标注，应在第一跨（X 向为左端跨，Y 向为下端跨）引出，标注内容包括五项必注值和一项选注值，分别为：

1）注写基础梁的编号，见表 6-9。

2）注写基础梁的截面尺寸。以 $b \times h$ 表示梁截面宽度与高度；当为加腋梁时，用 $b \times h\ Yc_1 \times c_2$ 表示，其中 c_1 为腋长，c_2 为腋高。

3）注写基础梁的箍筋。当采用一种箍筋间距时，仅需注写钢筋级别、直径、间距与肢数（写在括号内）即可。当采用两种或三种箍筋间距时，先注写梁两端的第一种或第一、二种箍筋，并在前面加注箍筋道数；再依次注写跨中部的第二种或第三种箍筋（不需加注箍筋道数）；不同箍筋配置用斜线"/"相分割。例：11Φ14@150/250 (6) 表示箍筋为 HRB335 级钢筋，直径为 14mm，从梁端到跨内，间距 150mm 设置 11 道（即分布范围为 150mm × 10 = 1500mm），其余间距为 250mm，均为六肢箍。

4）注写基础梁的底部与顶部贯通纵筋，先注写梁底部贯通纵筋（B 打头）的规格与根数（不应少于底部受力钢筋总截面面积的 1/3）。当跨中所注根数少于箍筋肢数时，需要在跨中加设架立筋以固定箍筋，注写时用加号"+"将贯通纵筋与架立筋相联，架立筋

注写在加号后面的括号内。再注写顶部贯通纵筋（T打头）的配筋值。注写时用分号（";"）将底部与顶部纵筋分隔开来，如有个别跨与其不同者，按原位标注的规定处理。例：B4Φ32；T7Φ32 表示梁的底部配置 4Φ32 的贯通纵筋，梁的顶部配置 7Φ32 的贯通纵筋。

当梁底部或顶部贯通纵筋多于一排时，用斜线"/"将各排纵筋自上而下分开。例：B8Φ25 3/5 表示上一排纵筋为 3Φ28，下一排纵筋为 5Φ28。

5）注写基础梁的侧面纵向构造钢筋，设置在梁两个侧面纵向构造钢筋的总配筋值以 G 打头注写，且对称配置。例：G8Φ16 表示梁的两个侧面共配置 8Φ16 的纵向构造钢筋，每侧各配置 4Φ16。当基础梁一侧有基础板，另一侧无基础板时，梁两个侧面的纵向构造钢筋以 G 打头分别注写并用"+"号相连。例：G6Φ16＋4Φ16 表示梁腹板较高侧面配置 6Φ16，另一侧面配置 4Φ16 纵向构造钢筋。

6）选注值为基础梁底面标高高差（指相对于筏形基础平板底面标高的高差值），有高差时将高差写入括号内，无高差时不注。

（2）原位标注

1）注写梁端（支座）区域的底部全部纵筋（包括已经集中标注的贯通纵筋在内的所有纵筋）。当梁端（支座）区域的底部纵筋多于一排时，用斜线"/"将各排纵筋自上而下分开。例：10Φ25 4/6 表示上一排纵筋为 4Φ25，下一排纵筋为 6Φ25。当同排纵筋有两种直径时，用加号"+"将两种直径的纵筋相连。例：4Φ28＋2Φ25 表示一排纵筋由两种不同直径钢筋组合。当梁中间支座两边的底部纵筋配置不同时，须在支座两边分别标注；当梁中间支座两边的底部纵筋配置相同时，可仅在支座一边标注配筋值。当梁端（支座）区域的底部全部纵筋与集中标注过的贯通纵筋相同时，可不再重复做原位标注。

2）注写基础梁的附加箍筋或吊筋（反扣），将其直接画在平面图中的主梁上，用线引注总配筋值（附加箍筋的肢数注在括号内），当多数附加箍筋或吊筋相同时，可在基础梁平法施工图上统一注明，少数与统一注明值不同时，再原位引注。

3）当基础梁外伸部位变截面高度时，在该部位原位注写 $b \times h_1/h_2$，h_1 为根部截面高度，h_2 为尽端截面高度。

4）注写修正内容，当在基础梁上集中标注的某项内容不适用于某跨或某外伸部分时，则将其修正内容原位标注在该跨或该外伸部位，根据"原位标注取值优先"的原则，施工时应按原位标注数值取用。

5.3.3 梁板式筏形基础平板的平面注写

梁板式筏形基础平板的平面注写包括板底部与顶部贯通纵筋的集中标注和板底部附加非贯通纵筋的原位标注两部分内容。当仅设置贯通纵筋而未设置非贯通纵筋时，则仅做集中标注。

（1）集中标注

梁板式筏形基础平板 LPB 贯通纵筋的集中标注，应在所表达的板区双向均为第一跨（X 与 Y 双向首跨）的板上引出（图面从左至右为 X 向，从下至上为 Y 向）。标注内容为：

1）注写基础平板的编号，见表 6-9。

2）注写基础平板的截面尺寸，注写 $h = \times \times$ 表示板厚。

3）注写基础平板的底部与顶部贯通纵筋及其总长度。先注写 X 向底部（B 打头）贯通纵筋与顶部（T打头）贯通纵筋，及其纵向长度范围；再注写 Y 向底部（B打头）贯通纵筋与顶部（T打头）贯通纵筋，及其纵向长度范围（图面从左至右为 X 向，从下至上为 Y 向）。

贯通纵筋的总长度注写在括号中，注写方式为"跨数及有无外伸"，其表达形式为：（××）（无外伸）、（××A）（一端有外伸）或（××B）（两端有外伸）。

例 X：BΦ22@150；TΦ20@150；（5B）
　　Y：BΦ20@200；TΦ18@200；（7A）

表示基础平板 X 向底部配置Φ22 间距 150mm 的贯通纵筋，顶部配置Φ20 间距 150mm 的贯通纵筋，纵向总长度为 5 跨两端有外伸；Y 向底部配置Φ20 间距 200mm 的贯通纵筋，顶部配置Φ18 间距 200mm 贯通纵筋，纵向总长度为 7 跨一端有外伸。

当某向底部贯通纵筋或顶部贯通纵筋的配置，在跨内有两种不同间距时，先注写跨内两端的第一种间距，并在前面加注纵筋根数（以表示其分布的范围）；再注写跨中部的第二种间距（不需加注根数）；两者用"/"分割。

例 X：B12Φ22@200/150；T10Φ20@200/150 表示基础平板 X 向底部配置Φ22 的贯通纵筋，跨两端间距为 200mm 配 12 根，跨中间距为 150mm；X 向顶部配置Φ20 的贯通纵筋，跨两端间距为 200mm 配 10 根，跨中间距为 150mm（纵向总长度略）。

（2）原位标注

梁板式筏形基础平板 LPB 的原位标注，主要表达横跨基础梁下（板支座）的板底部附加非贯通纵筋，规定如下：

1）原位注写位置：在配置相同的若干跨的第一跨下注写。

2）注写内容：在上述注写规定位置水平垂直穿过基础梁绘制一段中粗虚线代表底部附加非贯通纵筋，在虚线上注写钢筋编号、级别、直径、间距与横向布置的跨数及是否布置到外伸部位（横向布置的跨数及是否布置到外伸部位注在括号内），以及自基础梁中线分别向两边跨内的纵向延伸长度值。当该筋两侧对称延伸时，可仅在一侧标注；当布置在边梁下时，向基础平板外伸部位一侧的纵向延伸长度与方向按标准构造，设计不注。底部附加非贯通纵筋相同者，可仅在一根钢筋上注写，其他可仅在中粗虚线上注写编号。

横向布置的跨数及是否布置到外伸部位的表达形式为：（××）（外伸部位无横向布置或无外伸部位）、（××A）（一端外伸部位有横向布置）或（××B）（两端外伸部位均有横向布置）。横向连续布置的跨数及是否布置到外伸部位，不受集中标注贯通纵筋的板区限制。

例：某 3 号基础梁 JZL3（7B），7 跨，两端有外伸。在该梁第一跨原位注写基础平板底部附加非贯通纵筋Φ18@300（4A），在第五跨原位注写底部附加非贯通纵筋Φ20@300（3A），表示底部附加非贯通纵筋第一跨至第四跨且包括第一跨的外伸部位横向配置相同，第五跨至第七跨且包括第七跨的外伸部位横向配置相同（延伸长度值略）。

底部附加非贯通纵筋的布置方式常用"隔一布一"，其表示方法见标准图集 04G101—3。

3）注写修正内容。当集中标注的某些内容不适用于某板区的某一板跨时，可在该板跨内以文字注明。

4）当若干基础梁下基础平板的底部附加非贯通纵筋配置相同时（其底部、顶部的贯通纵筋可以不同），可仅在一根基础梁下做原位注写，并在其他梁上注明"该梁下基础平板底部附加非贯通纵筋同××基础梁"。

应在图注中注明的内容见标准图集04G101—3。

课题6　浅基础施工技术交底的编制

6.1　编写的基本要求

技术交底是施工企业极为重要的一项技术管理工作，其目的是使参与建筑工程施工的技术人员与工人熟悉和了解所承担工程项目的特点、设计意图、技术要求、施工工艺及应注意的问题。同时技术交底也是建筑工程技术资料的组成部分，是建筑工程竣工验收的必备条件。

对于参与施工活动的每一个技术人员来说，通过技术交底，明确本工程特定的施工条件、施工组织、具体技术要求和有针对性的关键技术措施，系统掌握工程施工过程全貌和施工的关键部位，使工程施工质量达到预期的目的。对于参与工程施工操作的每一个工人来说，通过技术交底，了解自己所要完成的分项工程的具体工作内容、操作方法、施工工艺、质量要求和安全注意事项等，做到施工操作人员任务明确，心中有数；做到各工种之间配合协作和工序交接井井有条，达到有序施工，减少各种质量通病，提高施工质量的目的。

技术交底的编写一定要结合本地区、本工程的特点，具有较强的针对性和可操作性，能确实起到指导施工的作用。编写的主要内容应包括：

(1) 施工准备
(2) 质量要求
(3) 工艺流程
(4) 操作工艺
(5) 成品保护

6.2　案　　例

筏形基础工程技术交底（节选）如下。

6.2.1　施工准备

(1) 钢筋工程

1) 作业条件

①钢筋绑扎前，核对钢筋加工料表是否正确，并检查有无锈蚀现象，除锈后再运至施工部位。

②做好放线工作，弹出柱、墙的位置线和钢筋位置线。

2) 材料要求

①钢筋级别、规格符合设计要求，质量符合现行标准要求。钢筋表面应保持清洁，无锈蚀和油污。

②20~22号火烧丝、水泥砂浆垫块等。

3) 施工机具

①钢筋切断机、钢筋弯曲机、钢筋调直机、钢筋钩子、钢筋扳子、钢丝刷、断火烧丝铡刀等。
②墨斗、墨汁、小白线、粉笔等。
(2) 模板工程
1) 作业条件
①外墙模板采用竹胶板拼装，拼装完毕后进行编号，并刷水性隔离剂，分规格堆放。
②放好轴线、模板边线、水平控制标高线。
③底板钢筋绑扎完毕，水电管线及预埋件均已安装，钢筋保护层垫块已垫好，并办完隐检手续。
2) 材料要求
竹胶板（厚度为10mm）、木方（100mm×100mm）、穿墙螺栓、架子管、各种规格的钉子等。
3) 施工机具
①电锯、手锯、斧子、电钻、扳手、钳子、线坠、小白线、水性隔离剂等。
②砂浆搅拌机、手推车、大铲、托线板、砖夹子、铁抹子、靠尺板等。
(3) 混凝土工程
1) 作业条件
①检查管道或预埋件穿墙处是否做好防水处理。混凝土浇筑层段的模板、钢筋、管线或预埋件等全部安装完毕，模板内杂物和钢筋油污清理干净，模板缝隙和孔洞已堵严。完成钢筋、模板的隐检、预检工作。
②混凝土泵车调试运转正常，泵管加固牢固，浇筑混凝土用的架子及马道已支搭完毕，并经检验合格。
③夜间施工配备有足够的照明设备。
④有混凝土配合比通知单。
2) 材料要求
①水泥品种、强度等级应符合设计要求，质量符合现行标准。
②根据结构尺寸、钢筋密度、混凝土施工工艺、混凝土强度等级的要求确定石子粒径、砂子细度，砂、石质量符合现行标准。
③采用自来水或不含有害物质的洁净水。
④外加剂必须经试验合格后方可使用。
⑤掺合料质量应符合现行标准。
⑥隔离剂采用水性隔离剂。
3) 施工机具
①混凝土搅拌机、地泵、插入式振捣器。
②木抹子、2～3m杠尺、塑料薄膜、小白线。胎膜采用烧结普通砖，M5水泥砂浆砌筑，内侧及顶面采用1:2.5水泥砂浆抹面。
③考虑混凝土浇筑时侧压力较大，砖胎膜外侧面采用木方及钢管进行支撑加固，支撑间距不大于1.5m。

6.2.2 质量要求

（1）钢筋工程

（2）模板工程

（3）混凝土工程

（具体要求参见本系列教材《混凝土结构工程施工》相应部分）

6.2.3 工艺流程

（1）钢筋工程

放线并预检—成型钢筋进场—排钢筋—焊接接头—绑扎—柱墙插筋定位—交接验收

（2）模板工程

1）240mm砖胎膜：基础外侧砖胎膜放线—砌砖—抹灰

2）外墙及基础：与钢筋交接验收—放线并预检—外墙及基础模板支设—钢板止水带安装—交接验收

（3）混凝土工程

钢筋模板交接验收—顶标高抄测—混凝土搅拌—现场水平垂直运输—分层浇筑振捣—赶光抹压—覆盖养护

6.2.4 操作工艺

（1）钢筋工程

1）绑扎底板下层钢筋网片

①根据弹好的钢筋位置线，先铺长向钢筋，钢筋接头采用焊接或机械连接。接头位置按规范要求错开。

②再铺下层网片上面的短向钢筋，钢筋接头采用焊接或机械连接。接头位置按规范要求错开。

③依次绑扎局部加强筋。

2）绑扎基础梁钢筋

①在放平的梁下层水平主筋上，用粉笔画出箍筋间距。箍筋与主筋要垂直，箍筋转角与主筋交点均要绑扎，主筋与箍筋非转角部分的相交点梅花交错绑扎。箍筋的接头，即弯钩叠合处沿梁水平筋交错布置绑扎。

②小型地梁在地面绑扎好后，按照已划好的梁位置线用塔吊吊装到位，与底板钢筋绑扎牢固。

3）绑扎底板上层钢筋网片

①铺设钢筋支架：钢筋支架用短料焊制，短向放置，间距1.2~1.5m。

②绑扎上层网片下筋：先在马凳上绑架立筋，在架立筋上划好钢筋位置线，按图纸要求顺序放置钢筋，钢筋接头采用焊接或机械连接，要求接头在同一截面不得大于50%，同一根钢筋上尽量减少接头。

③绑扎上层网片上筋：根据在上层下筋上划好的位置线，顺序放置钢筋，钢筋接头采用焊接或机械连接，要求接头在同一截面不得大于50%，同一根钢筋上尽量减少接头。

④绑扎柱和墙插筋：根据划好的位置线将插筋绑扎就位，并和底板钢筋点焊固定，要求接头错开50%，并绑扎两道箍筋。

⑤垫保护层：按设计要求的保护层厚度用水泥砂浆垫块垫保护层，垫块间距600mm，

梅花形布置。

（2）模板工程

1）砖胎膜

①底板外侧模采用240mm砖胎膜，高度同底板厚度，采用MU7.5砖，M5水泥砂浆砌筑。砌筑前，先在垫层面上将砌砖线放出，砌筑时要求挂线，采用一顺一丁"三一砌筑法"，砖模内侧及墙顶面抹15mm厚水泥砂浆并压光，阴阳角做成圆弧形。

②考虑混凝土浇筑时侧压力较大，砖胎膜外侧采用方木及钢管进行支撑加固，支撑间距不大于1.5m。

2）其余模板

①采用10mm厚竹胶板拼装而成，外绑两道水平向方木（50mm×100mm）。

②弹好边线，在两边焊钢筋预埋竖向和斜向筋，以便进行加固。

③将配好的模板就位，用架子管和铅丝与预埋铁进行加固。

④模板固定完毕后拉通线检查板面顺直。

（3）混凝土工程

1）混凝土现场搅拌

①每次浇筑混凝土前1.5h左右，由施工现场专业工长填写申报"混凝土浇灌申请书"，由建设（监理）单位和技术负责人或质量检查人员批准。

②试验员依据"混凝土浇灌申请书"格式填写有关内容。做砂石含水率试验，调整混凝土配合比中的材料用量，换算每盘的材料用量，写配合比板，经技术负责人校核后，挂在搅拌机旁醒目处；定磅秤及水继电器。

③材料用量及投放：水泥、掺合料、水、外加剂的计量误差为±2%，粗、细骨料的计量误差为±3%。投料顺序为：石子—水泥、外加剂粉剂—掺合料—砂子—水、外加剂液剂。

④搅拌时间：

强制式搅拌机：不掺外加剂时，不少于90s；掺外加剂时，不少于120s。

自落式搅拌机：在强制式搅拌机的基础上增加30s。

⑤由施工单位组织建设（监理）单位、搅拌机组、试验单位进行开盘鉴定工作，共同认定试验室签发的混凝土配合比确定的组成材料是否与现场施工所用材料相符，以及混凝土拌合物性能是否满足设计要求和施工需要。

2）混凝土输送管线宜直，转弯宜缓，每个接头必须加密封垫确保严密。泵管支撑必须牢固。

3）泵送前先用适量与混凝土强度等级相同的水泥砂浆润管，并压入混凝土。砂浆输送到基坑内要抛撒开，不允许水泥砂浆堆在一个地方。

4）混凝土浇筑

基础底板一次性浇筑，间歇时间不能太长，不允许出现冷缝。混凝土浇筑顺序由一端向另一端浇筑，采用踏步式分层浇筑，分层振捣密实，以使混凝土的水化热尽量散尽。具体为：从下到上分层浇筑，从底层开始进行5m后回头浇筑第二层，上下相邻两层时间不超过2小时，如此依次浇筑。为了控制浇筑高度，须在出灰口及其附近设置尺杆，夜间施工时要有灯光照明。

5)每班安排一个作业班组,并配备3名振捣工人,根据混凝土泵送时自然形成的坡度,在每个浇筑带前、后、中部不停振捣。振捣时要快插慢拔,插入深度各层均为350mm,即振捣上面一层时要插入下面一层50mm。振捣点间距为450mm,梅花形布置,振捣时逐点移动,顺序进行,不得漏振。每一插点振捣时间一般为20~30s,以混凝土表面泛浆,不大量泛气泡,不再显著下沉,表面浮出灰浆为准。边角处要多加注意,防止漏振。防止上一层混凝土盖上后而下层混凝土仍未振捣的现象。振捣棒距离模板要小于其作用半径的0.5倍,约为150mm,并不宜靠近模板振捣,且要尽量避免碰撞钢筋、止水带、预埋件等。

6)混凝土浇筑完毕要进行多次搓平,保证混凝土表面不产生裂纹。具体方法是振捣完后先用长刮杠刮平,待表面收浆后,用木抹子搓平表面,并覆盖塑料布。在混凝土终凝前掀开塑料布再搓后,立即用塑料布覆盖养护,浇水养护时间为14d。

6.2.5 成品保护

保护钢筋、模板的位置正确,不得直接踩踏钢筋和改动模板;当混凝土强度达到1.2MPa后,方可拆模及在混凝土上操作;拆模或吊运物件时,不得碰坏混凝土。

实 训 课 题

实训题目:浅基础施工图识读及编写技术交底资料

实训方式:选择不同类型的浅基础施工图若干套,在指导教师指导下,学生识读基础施工图,并编写技术交底资料。

实训目的:通过对房屋建筑工程基础施工图的阅读,熟悉某一种浅基础形式的受力特点及构造,并能正确采用常见基础施工的一般技术编写技术交底。

实训内容和要求:学生应了解建筑场地工程地质和水文地质资料,结合有关规范了解持力层的情况,提出需要进行地基局部处理和特殊处理的位置。阅读施工图,明确基础布置、基础底面尺寸、截面尺寸、埋置深度、有关构造要求和材料强度要求;掌握受力钢筋、分布钢筋、构造钢筋的位置、级别、直径、间距、长度等设计要求,并编制钢筋下料表。熟悉施工工艺、施工方法、施工机械及工作性质、施工质量控制措施等,并编写技术交底资料。

实训成果:实训结束后,将实训成果整理、装订,并写出实训报告。选出完成较好的若干份进行展览、分析讨论,由指导教师讲评,以提高学生的实际动手能力。

复 习 思 考 题

1. 基础为何要有一定的埋置深度?如何确定基础的埋深?
2. 浅基础的类型有哪些?它们的特点是什么?
3. 当基础埋深较浅,而基底面积较大时,宜采用何种基础?
4. 刚性基础有何特点?怎样确定刚性基础的剖面尺寸?
5. 钢筋混凝土条形基础底板在T形及十字形交接处,底板受力钢筋应如何布置?在拐角处应如何布置?

6. 为什么现浇基础要预留插筋？它与柱（墙）筋的接头位置在何处为宜？
7. 柱下基础通常为独立基础，在何种情况下采用柱下条形基础？
8. 筏形基础有何特点？适用于什么范围？
9. 分项工程技术交底的作用是什么？其主要内容有哪些？
10. 选择一套筏形基础平面整体表示方法的施工图进行识图训练。

单元 7　桩基础工程施工

知识点：桩基础的类型、受力特点及构造；桩基础施工工艺、施工设备、施工方案。

教学目标：熟悉桩基础的类型、受力特点及构造；能正确采用常见桩基础施工的一般技术，选择施工机械设备，编写施工方案；能陈述桩基础质量检测方法与验收。

课题 1　桩基础基本知识

桩基础又称桩基，是一种常用的基础形式。当采用天然地基浅基础不能满足建筑物对地基变形和强度要求时，可以利用下部坚硬土层或岩层作为基础的持力层而设计成深基础，其中较为常用的为桩基础。

1.1　桩基础的作用及适用范围

桩基础由置于土中的桩身和承接上部结构的承台两部分组成（图 7-1）。桩基础的主要作用是将上部结构的荷载通过桩身与桩端传递到深处承载力较大的坚硬土层或岩石上。

桩基础作为一种深基础，它具有承载力高、稳定性好、沉降量小而均匀、沉降稳定快、良好的抗震性能等特性，因此在各类建筑工程中得到广泛应用，尤其适用于建造在软弱地基上的各类建（构）筑物。桩基一般可用于以下几种情况：

（1）用于荷载大、对沉降要求严格限制的建筑物，如高层房屋建筑和大型建筑等。

（2）用于地面堆载过大的单层工业厂房及露天栈桥、仓库等建筑物。

（3）用于解决相邻建（构）筑物因地基沉降而产生的相互影响问题。

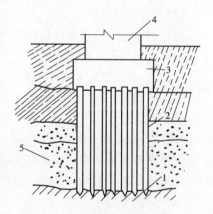

图 7-1　桩基础示意图
1—持力层；2—桩；3—桩基承台；
4—上部建筑物；5—软弱层

（4）用于对限制倾斜量有特殊要求的建（构）筑物，如电视塔、烟囱等。

（5）用于活载占较大比例的建（构）筑物，如筒仓、油库等。

（6）用于配备重级工作制吊车的单层厂房，如冶金厂房等。

（7）作为抗地震液化和处理地震区软弱地基的措施。

（8）有时用于重大或精密机械设备的基础，或用于动力机械基础以降低基础振幅等。

（9）用于临水岸坡的水工建筑物基础，如码头、采油平台等。

1.2 桩基础的类型

1.2.1 按承载性状分类

(1) 摩擦型桩

摩擦型桩又可分为摩擦桩和端承摩擦桩。摩擦桩是指桩顶荷载由桩侧阻力承受；端承摩擦桩是指桩顶荷载主要由桩侧阻力承受。

(2) 端承型桩

端承型桩又可分为端承桩和摩擦端承桩。端承桩是指桩顶荷载由桩端阻力承受；摩擦端承桩是指桩顶荷载主要由桩端阻力承受。

1.2.2 按桩身材料分类

(1) 混凝土桩

混凝土桩是由钢筋和混凝土制作成的桩。它坚固耐久，不受地下水和潮湿环境变化的影响，可做成各种需要的断面和长度，而且能承受较大的荷载，在建筑工程中应用较广。

(2) 钢桩

按截面形式分为钢管桩和 H 型钢桩两种。在我国沿海及内陆冲积平原地区，土质常为很厚的软土层，深达 50~60m。当上部结构荷载较大时，这类地基常不能直接作为持力层，而低压缩性持力层又很深，如采用一般桩基，沉桩时须采用冲击力很大的混凝土桩，为此多选用钢管桩加固地基。因此，钢管桩在国内外都得到了较广泛的应用。H 型钢桩系采用钢厂生产的热轧 H 型钢打入土中形成的桩基础。这种桩在较软的土层中应用较多，除用于建筑物桩基外，还可用作基坑支护的立柱，还可拼成组合桩以承受更大的荷载。

(3) 组合材料桩

组合材料桩是指用两种材料组合而成的桩，如钢管桩内填充混凝土，或上部为钢管桩下部为混凝土等形式的组合桩。

1.2.3 按桩的施工方法分类

(1) 预制桩

(2) 灌注桩

1.2.4 按成桩方法分类

大量工程实践证明，成桩挤土效应（对土体有挤密作用）对桩的承载力、成桩质量控制、环境等有很大影响。因此，根据成桩方法和成桩的挤土效应，将桩分为三类。

(1) 非挤土桩

在成桩过程中，将与桩体积相同的土挖出，因而桩周围的土很少受到扰动，如干作业法成桩、泥浆护壁法成桩、套管护壁法成桩。

(2) 部分挤土桩

在成桩过程中，桩周围的土仅受到轻微的扰动，土的原状结构和工程性质没有明显变化，如部分挤土灌注桩（钻孔灌注桩、局部复打桩）、预钻孔打入式预制桩、打入式敞口桩。

(3) 挤土桩

在成桩过程中，桩周围的土被挤密或挤开，因而使桩周围的土受到严重扰动，土的原状结构遭到破坏，土的工程性质发生很大变化，如挤土灌注桩（沉管灌注桩）、挤土预制桩（打入或静压）等。

1.2.5 按桩的使用功能分类

根据桩在使用状态下的抗力性能和工作机理，分为：

(1) 竖向抗压桩

竖向抗压桩是指主要承受竖向下压荷载（竖向荷载）的桩，应进行竖向承载力计算。

(2) 竖向抗拔桩

竖向抗拔桩是指主要承受竖向上拔荷载的桩，应进行桩身强度和抗裂计算以及抗拔承载力计算。

(3) 水平受荷桩

水平受荷桩是指主要承受水平荷载的桩，应进行桩身强度和抗裂验算以及水平承载力和位移验算。

(4) 复合受荷桩

复合受荷桩是指承受竖向、水平荷载均较大的桩，应按竖向抗压桩及水平受荷桩的要求进行验算。

1.3 桩基础的构造要求

(1) 摩擦型桩的中心距不宜小于桩身直径 3 倍；扩底灌注桩的中心距不宜小于扩底直径的 1.5 倍，当扩底直径大于 2m 时，桩端净距不宜小于 1m。在确定桩距时尚应考虑施工工艺中挤土等效应对邻近桩的影响。

(2) 扩底灌注桩的扩底直径，不应大于桩身直径的 3 倍。

(3) 桩底进入持力层的深度，根据地质条件、荷载及施工工艺确定，宜为桩身直径的 1~3 倍。在确定桩底进入持力层深度时，尚应考虑特殊土、岩溶以及震陷液化等影响。嵌岩灌注桩周边嵌入完整和较完整的未风化、微风化、中风化硬质岩体的最小深度，不宜小于 0.5m。

(4) 布置桩位时宜使桩基承载力合力点与竖向永久荷载合力作用点重合。

(5) 预制桩的混凝土强度等级不应低于 C30；灌注桩不应低于 C20；预应力桩不应低于 C40。

(6) 桩的主筋应经计算确定。打入式预制桩的最小配筋率不宜小于 0.8%；静压预制桩的最小配筋率不宜小于 0.6%；灌注桩最小配筋率不宜小于 0.2%~0.65%（小直径桩取大值）。

(7) 配筋长度：

1) 受水平荷载和弯矩较大的桩，配筋长度应通过计算确定。

2) 桩基承台下存在淤泥、淤泥质土或液化土层时，配筋长度应穿过淤泥、淤泥质土层或液化土层。

3) 坡地岸边的桩、8 度及 8 度以上地震区的桩、抗拔桩、嵌岩端承桩应通长配筋。

4) 桩径大于 600mm 的钻孔灌注桩，构造钢筋的长度不宜小于桩长的 2/3。

(8) 在承台及地下室周围的回填土中，应满足填土密实性的要求。

(9) 承台构造要求：

1) 承台尺寸：

承台的尺寸应满足抗冲切、抗剪切、抗弯承载力和上部结构的要求。

承台最小宽度不应小于500mm。承台边缘至桩中心的距离不宜小于桩的直径或边长，且桩外边缘至承台边缘距离一般不应小于150mm。对于条形承台梁，桩外边缘至承台梁边缘距离不应小于75mm。

墙下条形承台梁的厚度不应小于300mm。柱下独立桩基承台当为阶梯形或锥形承台时，承台边缘的厚度不应小于300mm，其余构造要求与柱下钢筋混凝土独立基础相同。

2) 承台形式：

墙下条形承台梁的布桩可沿墙轴线单排布置或双排成对或双排交错布置。空旷、高大的建筑物，如食堂、礼堂等，不宜采用单排布桩条形承台。

独立柱下的承台平面可为方形、矩形、圆形或多边形。当承受轴心荷载时，布桩可用行列式或梅花式，桩距为等距离；承受偏心荷载时，布桩可采用不等距，但须与重心轴对称。柱下桩基承台中桩数，当采用一般直径桩（非大直径桩）时，一般宜不少于3根。

独立柱下的承台，当桩为大直径桩（$d \geqslant 800$mm）时，可采用一柱一桩的单桩承台，并宜设置双向连系梁连接各桩。

3) 承台的配筋构造：

承台梁的纵向主筋直径不宜小于$\phi 12$，架立筋直径不宜小于$\phi 10$，箍筋直径不宜小于$\phi 6$。

柱下独立桩基承台的受力钢筋应通长配置。圆形、多边形、方形和矩形承台配筋宜按双向均匀布置，钢筋直径不宜小于$\phi 10$，间距不宜大于200mm，也不宜小于100mm。对三角形三桩承台，应按三向板带均匀配置，最里面三根钢筋相交围成的三角形应位于柱截面范围以内。

4) 桩与承台的连接配筋构造：

桩顶嵌入承台底板的长度：桩径250~800mm时，不宜小于50mm，对大直径桩及主要承受水平力的桩，不宜小于100mm。

桩顶主筋应伸入承台内，其锚固长度：HPB235级钢筋不宜小于$30d$，HRB335级和HRB400级钢筋不宜小于$35d$。

预应力混凝土管桩应在桩顶约1m范围内贯入混凝土，其强度等级不低于C25，并在混凝土内埋设不少于$4\phi 16$钢筋。

框架柱下的大直径灌注桩，当一柱一桩时可做成单桩承台（桩帽）。

5) 承台之间的连接：

单桩承台，宜在两个互相垂直的方向上设置连系梁；

两桩承台，宜在其短向设置连系梁；

有抗震要求的柱下独立承台，宜在两个主轴方向设置连系梁；

连系梁顶面宜与承台位于同一标高，连系梁的宽度不应小于250mm，梁的高度可取承台中心距的1/15~1/10；

连系梁的主筋应按计算要求确定，连系梁内上、下纵向钢筋直径不应小于12mm且不应少于2根，并应按受拉要求锚入承台。

课题2 预制钢筋混凝土桩施工

钢筋混凝土预制桩是建筑工程中最常用的一种桩型。分为实心桩和管桩两种。为了便于预制，实心桩断面大多做成方形。断面尺寸一般为 200mm×200mm～600mm×600mm（图7-2）。单节桩的最大长度，根据打桩架的高度而定，一般在27m以内。当长桩受运输条件和桩架高度限制时，可以将桩预制成几段，在打桩过程中逐段接长。混凝土管桩为中空，一般在预制厂用离心法成型，常用桩径300、400、550mm（外径）。

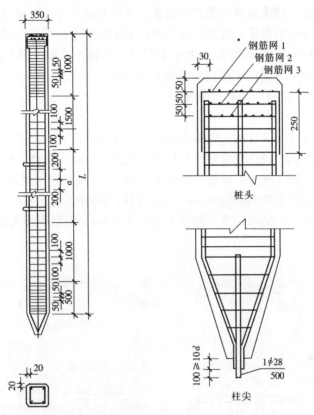

图7-2 混凝土预制桩

2.1 桩的制作、起吊、运输、堆放

(1) 桩的制作

1) 制作方法

通常较短的桩多在预制厂生产；较长的桩一般在打桩现场附近或打桩现场就地预制。现场预制桩多用重叠间隔法制作（图7-3）。制作程序为：现场布置→场地地基处理、整平→浇筑场地地坪混凝土→支模→绑扎钢筋骨架、安设吊环→浇筑混凝土→养护至30%强度拆模→支间隔端头模板、刷隔离剂、绑钢筋→浇筑间隔桩混凝土→同样的方法重叠间隔制作第二层桩→养护至75%强度起吊→达100%强度后运输、堆放。

现场预制多采用工具式木模板或钢模板，支在坚实、平整的混凝

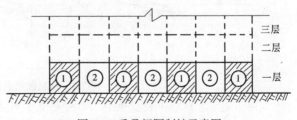

图7-3 重叠间隔制桩示意图

土地坪上，模板应平整、牢靠、尺寸准确。用重叠间隔法生产，重叠层数一般不宜超过四层。制作第一层桩时，先间隔制作第一层的第一批桩（图7-3的编号①），待混凝土强度达到设计强度的30%后，用第一批完成的桩做侧模板，制作第二批桩（图7-3的编号②），待下层桩混凝土强度达到设计强度的30%时，用同样的方法制作上一层桩。桩分节制作时，单节长度的确定，应满足桩架的有效高度、制作场地条件、运输与装卸能力等方面的要求。桩中的钢筋应严格保证位置的正确，钢筋骨架主筋连接宜采用对焊或电弧焊。预制桩的混凝土强度等级应不低于C30，宜用机械搅拌、振捣，混凝土浇筑由桩顶向桩尖连续浇筑、捣实，一次完成。制作完后，应覆盖洒水养护不少于7d；若用蒸汽养护，在蒸养后，还应适当进行自然养护，30d才能使用。

2) 质量要求

制作桩时，应做好浇筑日期、混凝土强度、外观质量检查等记录，以备验收时查用。

桩制作的质量，除了应符合预制桩制作允许偏差外，还应符合下列规定：

①桩的表面应平整、密实，掉角的深度不应超过10mm，且局部蜂窝和掉角的缺陷总面积不得超过该桩表面全部面积的0.5%，并不得过分集中。

②由于混凝土收缩产生的裂缝，深度不得大于20mm，宽度不得大于0.25mm；横向裂

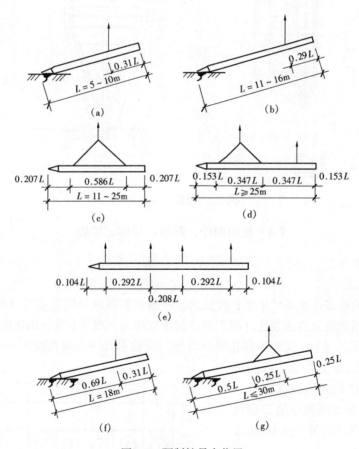

图 7-4 预制桩吊点位置
(a)、(b) 一点吊法；(c) 二点吊法；(d) 三点吊法；(e) 四点吊法；
(f) 预应力管桩一点吊法；(g) 预应力管桩两点吊法

缝长度不得超过边长的一半（管桩、多角形桩不得超过直径或对角线的1/2）。

③桩顶或桩尖处不得有蜂窝、麻面、裂缝和掉角。

(2) 桩的起吊、运输、堆放

1) 桩的起吊

混凝土预制桩达到设计强度等级的75%后方可起吊，如提前吊运，必须验算合格。桩在起吊和搬运时，吊点应符合设计规定，如无吊环，设计又未作规定时，可按图7-4所示位置设置吊点起吊。捆绑时吊索与桩之间应加衬垫，以免损坏棱角。起吊时应平稳提升，吊点同时离地，采取措施保护桩身质量，防止撞击和受振动。

2) 桩的运输和堆放

桩运输时的强度应达到设计强度标准值的100%。长桩运输可采用平板拖车；短桩运输可采用载重汽车或轻轨平板车运输。运行时要做到行车平稳，防止碰撞和冲击。桩的堆放场地要平整、坚实、排水通畅。垫木间距应根据吊点确定，各层垫木应位于同一垂直线上，最下层垫木应适当加宽，堆放层数不宜超过四层。不同规格的桩应分别堆放。

2.2 打桩设备及选择

打桩机械设备主要包括桩锤、桩架、动力设备三部分。

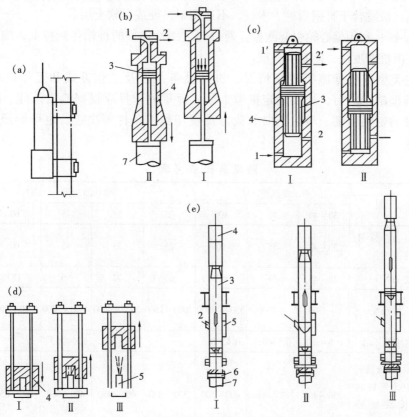

图7-5 各种桩锤示意图
(a) 落锤；(b) 单动汽锤；(c) 双动汽锤；(d) 杆式柴油桩锤；(e) 筒式柴油桩锤
1、1′—进汽孔；2、2′—排气孔；3—活塞；4—汽缸；5—燃油泵；6—桩帽；7—桩

桩锤—对桩施加冲击力，将桩打入土中。

桩架—支持桩身和桩锤，将桩吊到打桩位置，并在打入过程中引导桩的方向，保证桩锤沿着所要求的方向冲击。

动力装置 — 包括起动桩锤用的动力设施，如卷扬机、锅炉、空气压缩机等。

(1) 桩锤选择

常用的桩锤有落锤、蒸汽锤、柴油锤和振动锤等（图 7-5）。

1) 落锤：构造简单，使用方便，冲击力大，能随意调整落距，适用于打细长尺寸的混凝土桩，在一般土层及黏土、含有砾石的土层中均可使用，但打桩速度较慢（每分钟约 6~20 次），效率低，且对桩的损伤较大。落锤重一般为 5~20kN。

2) 蒸汽锤：是利用蒸汽的动力推动锤体进行锤击。常用于较软弱的土层中打桩。按其工作原理可分为单动汽锤和双动汽锤两种。单动汽锤结构简单，落距小，打桩速度及冲击力较落锤大，效率较高；双动汽锤冲击次数多，冲击力大，工作效率高。蒸汽锤适用于打各种桩，尤其双动汽锤还可用于打斜桩、水下打桩、拔桩。

3) 柴油锤：常用的柴油锤有筒式和杆式两种。其中筒式柴油锤由于其性能较好，故应用较为广泛。筒式柴油锤是利用燃油爆炸时产生的压力，将桩锤抬起，然后自由落下冲击桩顶，如此往复运动将桩打入土中。具有打桩快，燃料消耗少，使用方便，不需要外部能源的特点。最适合于打钢板桩、木桩，不适用于过硬或过软土层。

4) 振动锤：利用偏心轮引起激振，通过与之刚性连接的桩帽传到桩上，施工操作简单，安全，沉桩速度快，能打各种桩。

桩锤的类型应根据施工现场情况、机具设备条件及工作方式和工作效率等来选择。桩锤类型确定之后，还要确定桩锤重量，锤重的选择应根据地质条件、桩的类型与规格、桩的密集程度、单桩竖向承载力及现场施工条件等决定，也可参照表 7-1 选用。

锤重选择参考表　　　　表 7-1

锤 型		单动蒸汽锤 (kN)			柴 油 锤 (kN)				
		30~40	70	100	25	35	45	60	72
锤的动力性能	冲击部分重 (kN)	30~40	55	90	25	35	45	60	72
	总重 (kN)	35~45	67	110	65	72	96	150	180
	冲击力 (kN)	-2300	-3000	3500~4000	2000~2500	2500~4000	4000~5000	5000~7000	7000~10000
	常用冲程 (m)	0.6~0.8	0.5~0.7	0.4~0.6	1.8~2.3				
适用的桩规格	预制方桩、预应力管桩的边长或直径 (mm)	350~400	400~450	400~500	350~400	400~450	450~500	500~550	550~600
	钢管桩直径 (mm)					400	600	900	900~1000

续表

锤 型			单动蒸汽锤（kN）			柴 油 锤 （kN）				
			30~40	70	100	25	35	45	60	72
持力层	黏性土	一般进入深度（m）	1~2	1.5~2.5	2~3	1.5~2.5	2~3	2.5~3.5	3~4	3~5
		静力触探比贯入阻力平均值（MPa）	3	4	5	4	5	>5	>5	>5
	砂土	一般进入深度（m）	0.5~1	1~1.5	1.5~2	0.5~1.5	1~2	1.5~2.5	2~3	2.5~3.5
		标准贯入击数 $N_{63.5}$ 值	15~25	20~30	30~40	20~30	30~40	40~45	45~50	50
锤的常用控制贯入度（cm/10击）			3~5			2~3		3~5	4~8	
设计单桩极限承载力（kN）			600~1400	1500~3000	2500~4000	800~1600	2500~4000	3000~5000	5000~7000	7000~10000

注：1. 本表仅供选锤参考，不能作为确定贯入度和承载力的依据；
　　2. 适用于 20~60m 长预制钢筋混凝土桩，40~60m 长钢管桩，且桩端进入硬土层一定深度；
　　3. 标准贯入击数为未修正的数值；
　　4. 锤型根据日式系列；
　　5. 钢管桩按 HPB235 级钢考虑。

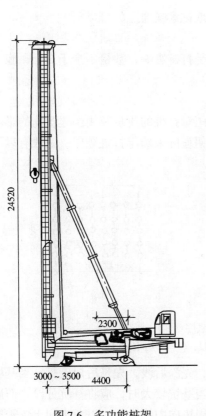

图 7-6　多功能桩架

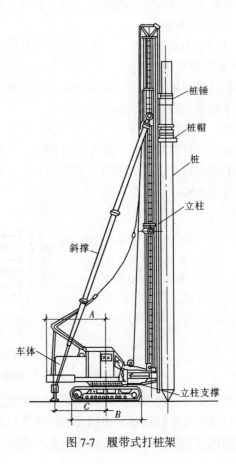

图 7-7　履带式打桩架

(2) 桩架的选择

选择桩架时，应考虑桩锤的类型、桩的长度和施工条件等因素。桩架的高度由桩的长度、桩锤高度、桩帽厚度及所用的滑轮组的高度决定。此外，还应留 1~2m 的高度作为桩锤的伸缩余地。桩架的种类很多，应用较广的为多功能桩架（图 7-6）及履带式桩架（图 7-7）。

多功能桩架的机动性和适应性很大，在水平方向可作 360°回转，立杆可以向前后倾斜，底盘装有铁轮，可在钢轨上行走。这种桩架可适应于各种预制桩和灌注桩施工。

履带式桩架是以履带式起重机为底盘，增加立柱和斜撑组成。行走时不需铁轨，移动方便，机动性比多功能桩架更灵活，可适应于各种预制桩及灌注桩施工。

(3) 动力装置

打桩工程动力装置的配置，依据选用的桩锤而定。当选用蒸汽锤时，需配备蒸汽锅炉及卷扬机。

2.3 打桩施工工艺

2.3.1 施工准备

(1) 现场准备工作

1) 处理障碍物

打桩前，应认真处理高空、地上和地下的障碍物及高压线路等。

2) 平整场地

打桩场地必须平整、坚实，并且还要保证场地排水畅通。

3) 定位放线

在打桩现场或附近区域设水准点，位置应不受打桩影响，数量不少于 2 个，施工中用以抄平场地及控制桩顶的水平标高。

(2) 确定打桩顺序

在确定打桩顺序时，应考虑打桩时土体被挤压对打桩的质量及周围建筑物的影响。根据桩的密集程度、桩的规格、长度和桩架移动方便程度来确定打桩顺序。一般有以下三种顺序（图 7-8）：

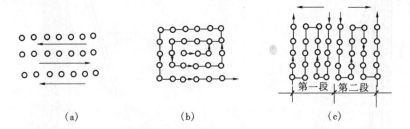

图 7-8 打桩顺序
(a) 逐排打设；(b) 自中部向四周打设；(c) 由中间向两侧打设

当桩规格、埋深、长度不同时，宜先大后小，先深后浅，先长后短施打；当基坑不大时，打桩应逐排打设或从中间开始向两边打设；当基坑较大时，应将基坑分段，而后在各段范围内分别进行，但打桩应避免自外向内或从周边向中间进行，以免中间土体被挤密造成困难；对密集群桩，应从中间向两边或四周打设；在粉质黏土及黏土地区，应避免朝一个方向进行，使土体向一边挤压，造成入土深度不一，导致不均匀沉降；当距离大于或等于4倍桩直径，则与打桩顺序无关。

2.3.2 操作工艺

桩架就位后即可吊桩，利用桩架的滑轮组提升吊起到直立状态时，把桩送入桩架的龙门导杆内，使桩尖垂直对准桩位中心，缓缓放下插入土中。桩插入时垂直度偏差不得超过0.5%。桩就位后，将桩帽套入桩顶，将桩锤压在桩帽上，使桩锤、桩帽、桩身中心线在同一垂直线上，在桩的自重和锤重作用下，桩沉入土中一定深度，然后再一次校正桩的垂直度，检查无误后，即可打桩。

打桩时，为取得良好的效果，可采用"重锤低击"法。开始打入时，锤的落距约0.6~0.8m，不宜高，待沉入土中一定深度不宜发生偏移时，再增大落距及锤击次数，连续锤击。

混凝土预制长桩，受运输条件等限制，一般将长桩分成数节制作，分节打入，在现场接桩。常用的接桩方式有焊接、法兰连接及硫磺胶泥锚接等几种。前两者适用于各类土层，后者适用于软土层。

2.3.3 质量技术标准

(1) 钢筋混凝土预制桩的质量必须符合设计要求和《建筑地基基础工程施工质量验收规范》的规定，并有出厂合格证。

(2) 打桩的标高或贯入度、桩的接头处理，必须符合设计要求。

(3) 允许偏差项目见表7-2。

预制桩（PHC桩、钢桩）桩位的允许偏差　　　　表7-2

项次	项 目	允许偏差（mm）	项次	项 目	允许偏差（mm）
1	盖有基础梁的桩： 1. 垂直基础梁的中心线 2. 沿基础梁的中心线	100+0.01H 150+0.01H	3	桩数为4~16根桩基中的桩	1/2桩径或边长
2	桩数为1~3根桩基中的桩	100	4	桩数大于16根桩基中的桩： 1. 最外边的桩 2. 中间桩	1/3桩径或边长 1/2桩径或边长

注：H 为施工现场地面标高与桩顶设计标高的距离。

2.3.4 安全技术

(1) 打桩前，应对邻近施工范围内的原有建筑物、地下管线等进行检查，若有影响，应采用有效的加固措施或隔振措施。

(2) 机具进场要注意危桥、陡坡、陷地并防止碰撞电线杆、房屋等以免造成事故。

(3) 打桩机行走的道路必须平整、坚实，场地四周设排水沟，以利排水，保证移动桩机时的安全。

(4) 在施工前全面检查机械，发现有问题时及时解决，检查后要进行试运转，严禁带病作业。机械操作必须遵守安全技术操作要求，有专人操作，并加强机械的维护保养。

(5) 吊装就位时，起吊要慢，拉住溜绳，防止桩头冲击桩架，撞坏桩身。

(6) 在打桩过程中遇有地坪隆起或下陷时，应随时对机架及路轨调平或垫平。

(7) 司机在施工操作时要集中精力、服从指挥信号，不得随便离岗，并经常注意机械运转情况，发现有异常情况要及时纠正。防止机械倾倒、倾斜发生事故。

（8）打桩时桩头垫料严禁用手拨正，不要在桩锤未打到桩顶即起锤或过早刹车，以免损坏打桩设备。

（9）当遇到雷雨、大雾和六级以上大风等恶劣气候时，应停止一切作业。夜间施工时应有足够的照明。

（10）作业完后，应将打桩机停放在坚实的平整地面上，将锤落下垫实，并切断动力电源。

2.3.5 成品保护措施

（1）桩应达到设计强度的75％方可起吊，达到100％才能运输。

（2）桩在起吊和搬运时，必须做到吊点符合设计要求，应平稳并不得损坏。

（3）桩的堆放应符合下列要求：

1）场地应平整、坚实，不得产生不均匀下沉。

2）垫木与吊点的位置应相同，并应保持在同一平面内。

3）同桩号的桩应堆放在一起，桩尖应向一端。

4）多层垫木应上下对齐，最下层的垫木应适当加宽。堆放层数一般不宜超过四层。

5）妥善保护好桩基的轴线和标高控制桩，不得由于碰撞和振动而位移。

6）打桩时如发现地质资料与提供的数据不符时，应停止施工，并与有关单位共同研究处理。

7）在邻近有建筑物或岸边、斜坡上打桩时，应会同有关单位采取有效的加固措施。施工时应随时进行观测，避免因打桩振动而发生安全事故。

8）打桩完毕进行基坑开挖时，应制定合理的施工顺序和技术措施，防止桩的位移和倾斜。

2.3.6 应注意的质量问题

（1）预制桩必须提前订货加工，打桩时预制桩强度必须达到设计强度的100％，并应增加养护期一个月后方准施打。

（2）桩身断裂。由于桩身弯曲过大，承载力不足及地下有障碍物等原因造成，或桩在堆放、起吊、运输过程中产生断裂，应及时检查。

（3）桩顶碎裂。由于桩顶强度不够及钢筋网片不足、主筋距桩顶面太小，或桩顶不平、施工机具选择不当等原因所造成。应加强施工准备时的检查。

（4）桩身倾斜。由于场地不平、打桩机底盘不水平或稳桩不垂直、桩尖在地下遇见硬物等原因所造成。应严格按工艺操作规定执行。

（5）接桩处拉脱开裂。连接处表面不干净，连接铁件不平、焊接质量不符合要求、接桩上下中心线不在同一条线上等原因所造成。应保证接桩的质量。

2.4 静力压桩

2.4.1 特点及原理

静力压桩是在软土地基上，利用压桩机的静压力将预制桩压入土中的一种沉桩工艺。静力压桩具有无噪声、无振动、节约材料、降低成本、有利于施工质量、对周围环境的干扰和影响小等特点。其工作原理是：通过安置在压桩机上的卷扬机的牵引，通过钢丝绳、滑轮及压梁,将整个桩机的自重力反压在桩顶上,以克服桩身下沉时与土的摩擦力,使预制桩下沉。

2.4.2 压桩机械设备

静力压桩机分机械式和液压式两种。机械式静力压桩机(图7-9)由桩架、卷扬机、加压钢丝绳、滑轮组和活动压梁组成。液压式静力压桩机(图7-10)由压拔装置、行走机构及起吊装置组成。

2.4.3 压桩方法

压桩机就位后,将预制桩吊入夹持器中,对准桩位调整好垂直度后,用夹持千斤顶将桩夹紧,然后开动主液压千斤顶加压,桩即被压入土中。接着放松夹持千斤顶,主液压千斤顶回程复位,重复上述动作,继续压桩,直至把桩压到设计标高。一般情况

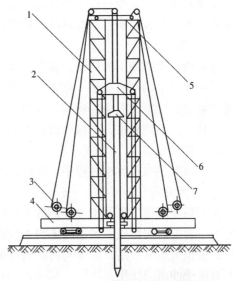

图7-9 机械静力压桩机
1—桩架;2—桩;3—卷扬机;4—底盘;
5—顶梁;6—压梁;7—桩帽

下,对于钢筋混凝土预制长桩进行沉桩时,先在现场分段预制,然后在压桩过程中接长。施工现场接桩的方法可采用焊接法或浆锚法。

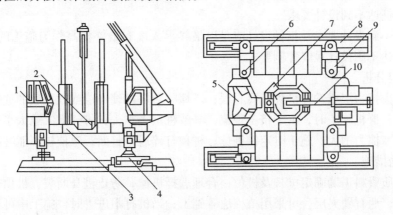

图7-10 液压静力压桩机
1—操作室;2—夹持与压桩机构;3—配重铁块;4—短船及回转机构;5—电控系统;
6—液压系统;7—导向架;8—长船行走机构;9—支腿式底盘结构;10—液压起重机

2.5 质量通病防治

(1) 桩身断裂

桩身断裂是指桩在沉入过程中,桩身突然倾斜错位。

1) 原因分析

桩身在施工中出现较大弯曲,在反复的集中荷载作用下,当桩身抗弯承载力不能满足时,即产生断裂;在长时间打夯中,桩身受到拉、压应力,当拉应力过大,桩身立即断

裂；制作桩的水泥强度等级不合要求，砂、石中含泥量大或石中有大量碎屑，使桩身局部强度不够而在此处断裂；桩在堆放、起吊及运输过程中，也可能发生断裂。

2) 防治措施

施工前，清除地下障碍物，构件经检查不合格不得使用；开始沉桩时，发现桩不垂直应及时校正；采用"植桩法"施工，钻孔的垂直偏差要严格控制，植桩时，出现偏移不宜用移动桩架来校正，以免造成桩身弯曲；桩在堆放、起吊运输过程中，应严格按规定或操作规程执行。出现断桩，一般采取补桩的方法。

(2) 桩顶碎裂

桩顶碎裂是指在沉桩过程中，桩顶出现混凝土掉角、碎裂、坍塌、露筋等情况。

1) 原因分析

桩顶强度不够，混凝土设计强度等级偏低，混凝土配合比不良，施工控制不严，振捣不密实，养护时间短或养护措施不当；桩顶凹凸不平，桩顶平面与轴线不垂直，桩顶保护层厚；桩锤大小不合适；桩顶与桩帽的接触面不平；桩顶未加缓冲垫或缓冲垫损坏，使桩顶面直接受冲击力作用。

2) 防治措施

构件经检查不合格不得使用；合理选择桩锤；沉桩前检查垫木是否平整；检查有无缓冲垫及是否损坏；出现桩顶碎裂时，要停止沉桩，加厚桩垫，严重时，桩顶要剔平补强，重新沉桩；桩顶强度不够时，换用养护时间长的桩，桩锤不合适需更换。

(3) 沉桩达不到设计要求

沉桩达不到设计要求是指桩设计时是以最终贯入度和最终标高作为施工的最终控制，而有时沉桩达不到设计最终控制要求。

1) 原因分析

设计考虑持力层或选择桩尖标高有误；勘探时对局部硬夹层或软夹层的透镜体未能全部了解清楚；群桩施工时，由于挤土现象，导致桩沉不下去；桩锤太大或太小；打桩间歇时间过长，摩擦力增大；施工时定错桩位；桩顶打碎或桩打断，致使桩不能继续打入。

2) 防治措施

根据地质资料正确确定桩长及桩位；合理选择机械，防止桩身断裂，桩顶打碎；认真放线定桩位；遇有硬夹层，可采用植桩法等施工；当桩打不进去时，施工中可适当调节桩锤大小和增加缓冲垫层的厚度。

(4) 桩顶位移

桩顶位移是指在沉桩过程中，相邻桩产生横向位移或桩身上升。

1) 原因分析

桩数较多，土壤饱和密实，桩间距较小，在沉桩时土被挤到极限密实度而向上隆起。

2) 防治措施

采用井点降水等排水措施，减小其含水量；沉桩期间不得同时开挖基坑，待沉桩完毕后相隔适当时间方可开挖；采用"植桩法"可减少土的挤密及孔隙水压力的上升。

(5) 桩身倾斜

桩身倾斜是指垂直偏差超过允许值。

1) 原因分析

场地不平或桩架上导向杆调节不灵；稳桩时不垂直；桩尖倾斜过大；土层有陡的倾斜角。

2) 防治措施

场地要平整；其他措施参见"桩身断裂"和"桩顶碎裂"。

(6) 接桩处松脱开裂

接桩处松脱开裂是指接桩处经过锤击后，出现松脱开裂现象。

原因主要有：连接处表面没有清理干净；采用焊接或法兰盘连接时，铁件面或法兰平面不平，有较大间隙，造成焊接不牢或螺栓拧不紧；焊接质量不好，焊缝不饱满；采用硫磺胶泥接桩时，硫磺胶泥达不到设计强度；两节桩不在同一直线上，锤击时接桩处因局部产生集中应力而破坏连接，当发生此现象时，按产生原因分别纠正。

2.6 施工方案的编制

预制桩基础工程在施工之前，除了总体上执行单位工程施工组织设计的组织安排外，还应单独编制施工方案，用以具体指导、组织施工。

2.6.1 编制施工方案的基本要求

(1) 要求

1) 必须结合本地区、本工程的特点、工程规模、施工现场的周围环境以及工程、水文地质情况。

2) 针对性要强，具有可操作性。能确实起到组织、指导施工的作用。其内容要根据工程规模、复杂程度而定。

3) 施工方法、打桩的机具设备选择要切实可行、经济合理。它是施工方案的核心内容，一定要明确施工的难点和重点内容。

4) 要科学合理的确定施工程序、打桩程序以及施工组织安排。

5) 要认真贯彻国家、地方的有关规范、标准以及企业标准。

(2) 制施工方案的基本内容

1) 工程概况；
2) 编制依据；
3) 沉桩的机械设备选择；
4) 设备、材料供应计划；
5) 沉桩的方法、顺序、进度安排；
6) 预制桩的制作；
7) 施工作业、劳动力计划安排；
8) 制定各种应对措施；
9) 绘制桩基础施工平面图；
10) 桩的试验以及量测方案。

2.6.2 案例

某工程预制桩基础施工方案（节选）如下：

(1) 工程概况

某高层饭店基础为预应力圆管空心桩桩基础，呈多角形。该工程地下 2 层，地上 28

层,总高为100m,建筑面积84582m²,东西长195m,南北宽96m,整个建筑物由主楼(Ⅰ段)和裙房(Ⅱ、Ⅲ、Ⅳ段)组成。主楼为现浇钢筋混凝土框架剪力墙结构,建筑物的高低层连在一起,不留沉降缝。

本工程在打桩时,须下到12.5m深的基坑下作业,因此要求至少做一条坡道,便于上下行走施工机械及运输物件等。

1) 设计、施工要求

①采用$\phi 40cm$预应力圆管空心桩,桩长12m(加桩尖总长为12.4m)。

②受力形式为端承桩。

③桩尖持力层为细中砂土层,要求进入50cm以上。

④单桩承载力为1000kN,贯入度1cm/5击,连续击2次,$H=1.5m$,要求用2.5t柴油锤施打($K-25$或D_2-25均可)。

⑤要求正式施打前,做4组(每组2根)试验桩,以锚桩为反力,做静载荷试验,确定单桩承载力(荷载试验测定单桩承载力1200kN)。

⑥由于穿砂夹层,采用植桩法(即先钻后打),先钻$\phi 30cm$直径的钻孔桩,钻深5~6m(穿过砂夹层即可)。

⑦群桩上涌量要求控制在4cm以内。

⑧为了减少桩的损坏率,桩顶要求垫一层合适的减振材料(布轮),并及时更换。

⑨打桩后,及时用低压手把灯,放入桩中心孔内,自上而下检查桩身是否有损坏,以便及时处理。

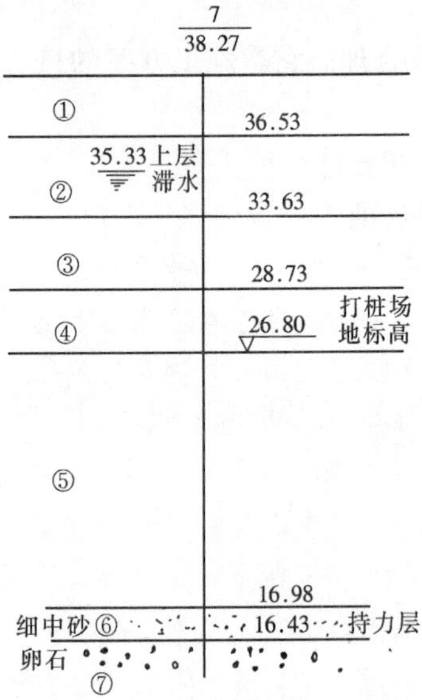

⑩管桩施打后孔内填入中粗砂。

2) 工程地质

物理力学性质详见图7-11的柱状图。场地土层自上而下:①~④为杂填土、粉土、粉质黏土、黏土,此四层土已挖除掉。⑤层以淤泥质黏土为主,软塑,其厚度8~10m不等。⑥层为细中砂土层,厚1~2m,是本工程的桩端持力层。⑦层为卵石层,最大揭露厚度6m左右,在钻探过程中未揭穿该层。打桩场地标高为26.80m。

场地地下水位标高为35.33m左右,经分析水质对钢筋混凝土均无腐蚀性。

3) 总分包及协作单位(略)

4) 建筑物周围自然状况

建筑物周围地形平坦,由于条件所限,四周不能放坡,故打入钢桩护坡挡土,打桩对周围建筑无大的振动影响,但因噪声较大,所以施打桩只允许正常班作业,

图7-11 7号孔地质柱状示意图

禁止夜间施工,因此安排单班多机作业。由于上层滞水影响了打桩场地的密实度,故需采取措施。

5) 工程量(略)

(2) 施工部署

1) 施工程序

接受打桩施工任务→委托单位填写打桩工程委托单→了解施工现场条件→安排施工任务→熟悉有关打桩资料，编写施工方案→做好施工准备工作→组织机械与人员进行试桩→正式打桩→任务结束→整理资料→办理竣工结算手续

2）施工段划分

根据总包要求，打桩尽快插入，为此打桩区域划分为两个施工段，见图7-12。根据挖土进度，待第一段具备打桩条件后，立即组织第一台1号桩机进场，接着进第二台2号桩机。第二施工段又分两个流水段，因桩顶外露故采用退打法。

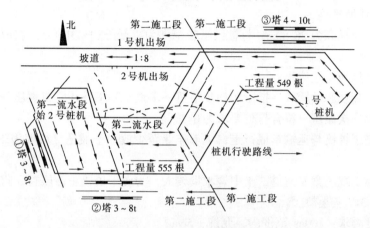

图7-12　流水段划分示意图

1号桩机位桩由北坡4~10t塔吊完成，要求每班至少就位20根以上。

2号桩机位桩由两台3~8t塔吊完成，坡道口处所打完的桩，立即组织截桩，为按时撤出桩机创造条件，钻孔机根据实际情况，两大施工段采取各钻100根的流水方法，以保证打桩正常进行。

（3）施工平面布置

施工平面布置见图7-13。

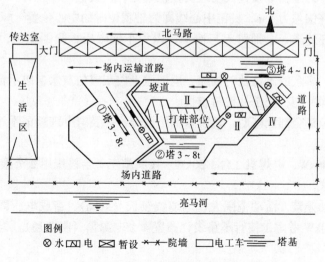

图7-13　施工平面布置示意图

1）预应力圆管空心桩，现场暂存堆放点在北侧马路边，分规格堆放，不得重码四层以上。

2）钻孔弃土，在现场东侧，距坑边10m以外，用塔吊垂直吊出坑，随钻随出土，坑下不得存土，以免影响打桩机行走。

3）现场临建设施：工人休息室4间，办公室1间，库房1间；食堂、医务室等利用总包生活区设施。

（4）施工准备

1）打桩场地平整

打桩区场地标高为26.80m，打桩区平整范围为以最外边桩中心线向外放2m，并排除一切障碍物。

机械平整场地工艺流程：

放水准标高线和轮廓线→推土机初步平整→平地机刮平→压路机碾压→平地机二次刮平→压路机第二次碾压→符合打桩要求为止

①为了便于桩机与运输车辆行走，坑下作业至少放一个坡道，坡度为1:8，底口宽度为6m。

②由于施工现场紧靠河道，土中含水量较大，为便于桩机正常施打，打桩区场地需打一步20cm厚3:7灰土垫层。

③平整度要求：100m^2范围内，允许±5cm。

④密实度满足60t打桩机要求，地耐力为110～120kN/m^2，压路机为10～12t无明显轮痕。局部地区（死角）须人工找平，用蛙式打夯机夯2～3遍即可。

⑤坑下作业放坡要求（略）。

2）放桩位线

①放轴线桩：以基准线引出，在打桩区附近设置，使用5cm×5cm×50cm的木方或做混凝土墩，其数量按规范要求。

②放桩位桩：桩位桩用2.5cm×2.5cm×15cm小木桩或$\phi 6$～$\phi 8$长15cm圆钢筋头或打管灌煤粉、白灰、红土粉等设置在场地明显位置处，供放桩位使用。

放桩位线允许偏差为1cm，桩位中心线即为桩就位时的中心位置。

桩位桩不允许外露，全部钉入与地平，以免车辆碾压，倾倒变位，造成桩顶位移过大。

桩位放好后，多余的木桩及时拔除，周围撒上白灰或白灰水，以示标志，桩位桩要经常检查，丢失随即补上，便于打桩时查找。

轴线桩与桩位桩全部放好后，请质量部门认可，并及时办理验证手续存档。

3）施工用电

钻孔机1台40kW，电焊机2台，60kW。夜间施工每台桩机用2个聚光照明灯（0.5～1kW）；2个碘钨灯（0.5－1kW）。

考虑钻机启动频繁，活动范围大，电缆线较长（l00m），造成电压降低等问题，全部电器备用电按200kW考虑，按行车路线，布置4个电源箱（图7-13）。

4）施工用水

现场多为内燃机用水和施工用水，平面位置见图7-13。

5）场内临时运输道路

用焦渣、碎石、级配石等铺设临时道路，路宽 4~5m，要求碾压，不存水。

6）其他准备工作

①熟悉地质报告、桩位平面图、大样图，编写施工方案。

②编制打桩预算，签订合同。

③做好隐检及办理各种洽商，完成工艺试桩工作。

④根据要求，组织机械与施工人员进入现场。

(5) 施工进度计划

施工进度计划见表 7-3。

施 工 进 度 计 划　　　　　　　表 7-3

桩机号	序号	工作项目	工程量	台班产量	工 作 天											备注
					1	2	3	4	5	6	7	8~22	23	24~34	35	36	37	
1号桩机	1	运桩机	1															第一施工段
	2	组装	1															
	3	试桩	4															
	4	正式打桩	545	17														
	5	拆机退场	1															
2号桩机	1	运桩机	1															第二施工段
	2	组装	1															
	3	试桩	4															
	4	正式打桩	551	17														
	5	拆机退场	1															
3号桩机	1	运桩机	1															流水穿插钻孔
	2	组装	1															
	3	钻孔	1104	50														
	4	拆机退场	1															

注：钻孔计划每台班50根，总计24个工作天。每台班打预应力管桩17根，两个流水施工段，均按36个工作天安排。

(6) 机具设备计划（略）

(7) 劳动力计划（略）

(8) 主要施工方法

本工程采用植桩法工艺施打预应力圆管空心桩。

1）钻孔

采用自制 LZ 螺旋钻孔机钻孔（图 7-14），每次钻孔 100 根，两个施工段交叉钻孔，其工艺流程为：钻孔桩机就位→稳钻杆双向校正→钻孔出土→测量孔深与虚土→达到要求深度止。

2）打预应力圆管空心桩（图 7-15）

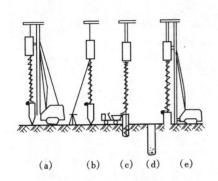
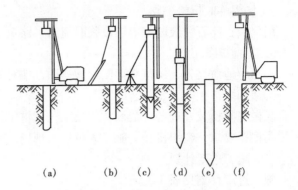

图 7-14 植桩法先钻孔示意图 　　　　图 7-15 植桩法打桩示意图
(a) 钻机就位；(b) 稳钻杆、校正；(c) 钻孔 　　(a) 桩机就位；(b) 吊桩；(c) 稳桩校正；
出土；(d) 成孔；(e) 移机到下一桩位 　　　　(d) 打桩；(e) 成桩；(f) 移机到下一桩位

打桩机就位→挂吊桩钢丝绳→起吊桩→桩尖入孔稳桩双向校正→打冷锤 2～3 击→复查桩垂直度→正式打桩→做记录→成桩。

采用 12m 独根（特制）桩，节省接桩工序，桩尖选用开口桩尖，使贯入时减少阻力。

桩尖与桩身连接用法兰螺栓，必须拧紧，并点焊或将丝扣凿毛，以防锤击时脱扣松动，影响正常沉入和受力。

吊点采用一点吊，自桩顶往下 2m 处，最大弯矩要小于管桩的允许弯矩值。

桩入孔后双向校正，开始 1～2 击后再次校正，发现偏斜立即停击，必要时拔出重新放稳，以保证垂直度（控制 1%）。

采用植桩法，关键是开始 1～2 击偏差无误后，方可正常击入，并控制锤的落距在 1.8m 内，以减少桩的损坏率。

打桩过程中，桩帽内必须垫一层减振材料（如布轮、麻袋等），要求及时更换，这也是减少桩损坏率的一项措施。

桩尖进入持力层的要求深度后，立即测出贯入度，落距为 1.5m，不得忽高忽低，以达到设计要求。

桩顶位移允许偏差为 10cm（规范要求）。

认真做好原始资料整理工作，桩位编号应随打随编，以免发生差错。每班打桩前后，都要核对桩位、桩数，以防错打和漏打。

打桩按施工方案流水段退打，无特殊情况不得更改。

因需穿过硬夹层，施打时，预应力圆管空心桩强度应达到设计强度的 100%。

预应力圆管空心桩在施打前要进行质量检查，如裂缝、桩身弯曲等。

打桩后用灯光观查桩孔，如有问题，应会同设计、总包等单位，研究补救措施。

群桩施打后，上涌量要求 4cm，若超出应请有关单位研究解决。

(9) 质量要求

1) 场地平整要求做 1% 的泛水，四周挖排水沟集水井，以排除上层滞水，场地做 3:7 灰土垫层，以保证正常施打。

2) 坡道和现场临时道路，要求铺 20cm 厚的焦渣防滑并达到密实度。

3) 本工程钻孔要穿过 2～3m 厚砂夹层，经与设计勘察单位商定采用 φ30cm 直径钻孔机以减少桩的损坏率,使桩尖顺利进入细中砂层。

4) 钻孔垂直度要求控制在1%以内。用经纬仪或球架双向校正,否则预应力圆管空心桩植入偏移过大,造成损坏。

5) 植桩孔直径为 $\phi30cm$,长5m,干作业成孔,成孔时应测孔深与虚土,虚土超过50cm就应二次投钻。

6) 成孔后,由于振动与挤压,容易发生坍孔,造成沉桩困难,因此采用流水作业,钻一部分随即施打一部分的措施,以双导向桩机钻一根打一根最佳。

(10) 安全注意事项(略)

课题3 灌注桩施工

灌注桩是先用机械或人工成孔,然后放入钢筋笼、灌注混凝土而成的桩。按其成孔方式的不同,可分为钻孔灌注桩、沉管灌注桩、爆扩成孔灌注桩、人工挖孔灌注桩等。

3.1 钻孔灌注桩

钻孔灌注桩是指利用钻孔机械在桩位上钻出桩孔,然后在孔中灌注混凝土而成的桩。灌注桩的成孔方法,根据地下水位的高低可分为泥浆护壁成孔(桩位处于地下水位以下)和干作业成孔(桩位处于地下水位以上)。

3.1.1 泥浆护壁成孔灌注桩

泥浆护壁成孔灌注桩在进行成孔时,为防止塌孔,在孔内用相对密度大于1的泥浆进行护壁的一种成孔工艺。泥浆护壁成孔灌注桩的施工工艺流程见图7-16

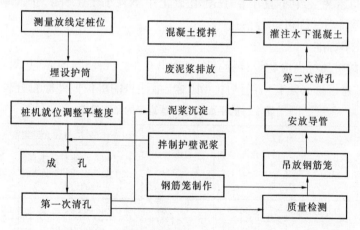

图7-16 泥浆护壁灌注桩施工工艺流程图

(1) 施工设备

泥浆护壁成孔灌注桩常用的钻孔机械有潜水钻机、回旋钻机、冲击钻机、冲抓钻机。这里主要介绍潜水钻机。

潜水钻是一种将动力、变速机构加以密封并与钻头连在一起,潜入水中工作的体积小而轻的钻机。

潜水钻机由潜水电机、齿轮减速器及钻头、钻杆等组成。钻孔直径450~1500mm,钻孔深20~30m,最深可达50m。适用于地下水位较高的软硬土层,不得用于漂石。

(2) 施工工艺

1) 施工准备

①作业条件准备:

地上、地下障碍都处理完毕,达到"三通一平";场地标高一般为承台梁的上皮标高,并已经过夯实或碾压;制作好钢筋笼;轴线控制桩及桩位点,抄平已完成,并经验收签字;选择和确定钻孔机的进出路线和钻孔顺序,制定施工方案;正式施工前要做成孔试验,数量不少于2根。

②材料要求:

水泥:根据设计要求确定水泥品种、强度等级,不得使用不合格水泥;砂:中砂或粗砂,含泥量不大于5%;石子:粒径为5~32cm的卵石或碎石,含泥量不大于2%;水:使用自来水或不含有害物质的洁净水;黏土:可就地选择塑性指数$I_p \geq 17$的黏土;外加剂通过试验确定;钢筋:钢筋的品种、级别或规格必须符合设计要求,有产品合格证、出厂检验报告和进场复验报告。

③施工机具:

准备好钻孔机、翻斗车、混凝土导管、套管、水泵、水箱、泥浆池、混凝土搅拌机、振捣棒等。

2) 操作工艺

钻孔时,先安装桩架等及其他设备,在桩位处埋设护筒。护筒一般由4~8mm厚的钢板卷制而成,护筒内径宜比设计桩径大100mm,上部宜开设1~2个溢浆孔。护筒的埋深,一般情况下,在黏性土中不宜小于1m;在砂土中不宜小于1.5m;护筒顶面宜高出地面300mm。钻机就位后,即可进行钻孔。

3) 质量技术标准

①浇筑后的桩顶标高应比设计标高至少高出0.5m,每浇筑50m³必须有一组试件,小于50m³的桩,每根桩必须有一组试件。混凝土灌注桩的桩位偏差应符合表7-4的规定。

灌注桩的平面位置和垂直度的允许偏差 表7-4

序号	成孔方法		桩径允许偏差(mm)	垂直度允许偏差(%)	桩位允许偏差(mm)	
					1~3根、单排桩垂直于中心线方向和群桩基础的边桩	条形桩基沿中心线方向和群桩基础的中间桩
1	泥浆护壁灌注桩	$D \leq 1000$mm	±50	<1	$D/6$,且不大于100	$D/4$,且不大于150
		$D > 1000$mm	±50	<1	$100 + 0.01H$	$150 + 0.01H$
2	套管成孔灌注桩	$D \leq 500$mm	−20	<1	70	150
		$D > 500$mm	−20	<1	100	150
3	干成孔灌柱桩		−20	<1	70	150
4	人工挖孔桩	混凝土护壁	+50	<0.5	50	150
		钢套管护壁	+50	<1	100	200

注:1. 桩径允许偏差的负值是指个别断面;
2. 采用复打、反插法施工的桩,其桩径允许偏差不受上表限制;
3. H为施工现场地面标高与桩顶设计标高的距离,D为设计桩径。

②混凝土灌注桩钢筋笼质量检验标准见表 7-5。

混凝土灌注桩钢筋笼质量检验标准（mm）　　　　表 7-5

项目	序	检查项目	允许偏差或允许值	检查方法	项目	序	检查项目	允许偏差或允许值	检查方法
主控项目	1	主筋间距	±10	用钢尺量	一般项目	1	钢筋材质检验	设计要求	抽样送检
	2	长度	±100	用钢尺量		2	箍筋间距	±20	用钢尺量
						3	直径	±10	用钢尺量

③混凝土灌注桩质量检验标准见表 7-6。

混凝土灌注桩质量检验标准　　　　表 7-6

项目	序	检查项目	允许偏差或允许值		检查方法
			单位	数值	
主控项目	1	桩位	见"本规范"表 5.1.4		基坑开挖前量护筒，开挖后量桩中心
	2	孔深	mm	+300	只深不浅，用重锤测，或测钻杆、套管长度，嵌岩桩应确保进入设计要求的嵌岩深度
	3	桩体质量检验	按基桩检测技术规范。如钻芯取样，大直径嵌岩桩应钻至桩尖下 50cm		按基桩检测技术规范
	4	混凝土强度	设计要求		试件报告或钻芯取样送检
	5	承载力	按基桩检测技术规范		按基桩检测技术规范
一般项目	1	垂直度	见"本规范"表 5.1.4		测套管或钻杆，或用超声波探测，干施工时吊垂球
	2	桩径	见"本规范"表 5.1.4		井径仪或超声波检测，干施工时用钢尺量，人工挖孔桩不包括内衬厚度
	3	泥浆比重（粘土或砂性土中）	1.15～1.20		用比重计测，清孔后在距孔底 50cm 处取样
	4	泥浆面标高（高于地下水位）	m	0.5～1.0	目测
	5	沉渣厚度：端承桩 摩擦桩	mm mm	≤50 ≤150	用沉渣仪或重锤测量
	6	混凝土坍落度：水下灌注 干施工	mm mm	160～220 70～100	坍落度仪
	7	钢筋笼安装深度	mm	±100	用钢尺量
	8	混凝土充盈系数	>1		检查每根桩的实际灌注量
	9	桩顶标高	mm	+30 −50	水准仪，需扣除桩顶浮浆层及劣质桩体

注：本规范是指《建筑地基基础工程施工质量验收规范》。

4）安全技术

①机械设备操作人员必须经过专门训练，熟悉机械操作性能，并经专业管理部门考核

取得操作证;

②机械设备操作人员和指挥人员严格遵守安全操作技术规程,工作时集中精力,谨慎工作,不擅离职守,严禁酒后操作;

③机械设备发生故障及时检修,决不带故障运行,不违规操作,杜绝机械和车辆事故;

④专业电工持证上岗,电工有权拒绝执行违反电器安全规程的工作指令,安全员有权制止违反用电安全的行为,严禁违章指挥和违章作业;

⑤所有现场施工人员佩带安全帽,特种作业人员佩带专门的防护用具,登高作业超过2m必须穿防滑鞋,带安全帽;

⑥所有现场作业人员和机械操作手严禁酒后上岗;

⑦护筒埋设完毕、灌注混凝土后的桩坑应加以保护,避免人或物品掉入;

⑧钢筋骨架起吊时要平稳,严禁猛起猛落,并拉好尾绳;

⑨灌注桩施工现场所有设备、设施、安全装置、工具配件以及个人劳保用品必须经常检查,确保完好和使用安全;

⑩施工现场一切电源、电路的安装和拆除必须由持证电工操作;电器必须严格接地、接零和使用漏电保护器。

5) 成品保护措施

①桩机就位后,应复测钻具中心,确保钻孔中心位置的准确性;

②成孔过程中,应随地层变化调整泥浆性能,控制进尺速度,避免塌孔及缩颈;并应检查钻具连接的牢固性,避免掉钻头;

③钢筋骨架制作完毕后,应按桩分节编号存放;存放时,小直径桩堆放层数不能超过两层,大直径桩不允许堆放,防止变形;存放时,骨架下部用方木或其他物品铺垫,上部覆盖;

④钢筋骨架安放完毕后,应用钢筋或钢丝绳固定,保证其平面位置和高程满足规范要求;

⑤混凝土灌注完成后的24h内,5m范围内相邻的桩禁止进行成孔施工。

6) 应注意的质量问题

①泥浆护壁成孔时,发生斜孔、弯孔、缩孔和塌孔或沿套管周围冒浆以及地面沉陷等情况,应停止钻进,经采取措施后,方可继续施工;

②钻进速度,应根据土层情况、孔径、孔深、供水或供浆量的大小、钻机负荷以及成孔质量等具体情况而定;

③水下混凝土面平均上升速度不应小于0.25m/h;浇筑前,导管中应设置球、塞等隔水;浇筑时,导管插入混凝土的深度不宜小于1m;

④施工中应经常测定泥浆密度,并定期测定黏度、含砂率和胶体率;泥浆黏度18~22s,含砂率不大于4%~8%。胶体率不小于90%;

⑤清孔过程中,必须及时补给足够的泥浆,并保持浆面稳定;

⑥钢筋笼在堆放、运输、起吊、入孔等过程中,必须加强保护;

⑦混凝土浇到接近桩顶时,应随时测量顶部标高,以免过多截桩或补桩。

(3) 泥浆护壁成孔灌注桩质量控制

1）桩孔的定位放线必须准确，误差严格控制在规范规定的范围以内。

2）必须严格控制成孔质量，保证成孔后的平面布置、垂直度、有效直径、孔深必须符合设计和规范要求。

3）钢筋笼放入后必须进行二次清孔，降低孔底的泥浆比重，要进行严格的清孔检查，主要检查清孔后孔底的实际标高和泥浆指标是否满足规范要求。检查合格后方可浇筑混凝土。否则继续清孔，直至合格为止。

4）严格控制泥浆土料的质量，必须选用优质高塑性黏土或膨润土拌制。泥浆的性能指标必须符合规范要求。

5）必须保证护筒埋设准确、稳定，护筒中心与桩位中心对正且应垂直，偏差控制在规定范围内。

6）必须保证钢筋笼的绑扎正确牢固。钢筋规格、间距、长度、箍筋均应符合设计要求，必须统一配料绑扎。浇筑混凝土时严格防止钢筋上浮。

7）严格控制混凝土的配合比准确。混凝土的搅拌、浇筑、振捣等严格按工艺标准操作。必须保证混凝土的强度达到设计要求。

8）必须使用隔水性能好，并能顺利排出的隔水栓。严禁使用袋装混凝土或砂、编织袋装砂等不合格隔水栓。

3.1.2 干作业成孔灌注桩

干作业成孔灌注桩是指不用泥浆或套管护壁的情况下用人工或钻机成孔，放入钢筋笼，浇灌混凝土而成的桩。干作业成孔灌注桩适用于地下水位以上的各种软硬土中成孔。

（1）施工设备

干作业成孔机械有螺旋钻机、钻孔机、洛阳铲等，现以螺旋钻机为例，介绍干作业成孔灌注桩的施工方法。此类桩按成孔方法可分为长螺旋钻孔灌注桩和短螺旋钻孔灌注桩两种。长、短螺旋钻机见图7-17、图7-18所示。

（2）施工工艺

1）施工准备

在钻孔之前应从以下几个方面做好准备工作：

①技术准备：

熟悉图纸，消除技术疑问；详细的工程地质资料；经审批后的桩基施工组织设计、施工方案；根据图纸定好桩位点、编号、施工顺序、水电线路和临时设施位置。

②材料准备：

水泥：宜用强度等级为32.5级的矿渣硅酸盐水泥；细骨料：中砂或粗砂；粗骨料：卵石或碎石，粒径5~32mm；钢筋：根据设计

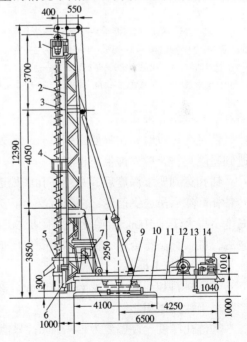

图7-17 液压步履式长螺旋钻机（单位：mm）
1—减速箱总成；2—臂架；3—钻杆；4—中间导向套；
5—出土装置；6—前支腿；7—操纵室；8—斜撑；
9—中盘；10—下盘；11—上盘；12—卷扬机；
13—后支腿；14—液压系统

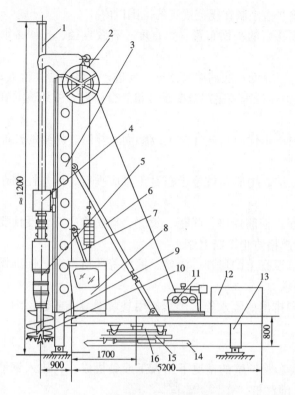

图 7-18 KQB1000 型液压步履式短螺旋钻孔机
1—钻杆；2—电缆卷筒；3—臂架；4—导向架；5—主机；6—斜撑；7—起架油缸；8—操纵室；9—前支腿；10—钻头；11—卷扬机；12—液压系统；13—后支腿；14—履靴；15—中盘；16—上盘

要求选用；火烧丝：规格 18～20 号铁丝烧成；垫块：用 1:3 水泥砂浆和 22 号火烧丝提前预制成型或用塑料卡；外加剂：选用高效减水剂。

③机具准备：

螺旋钻机，机动小翻斗车或手推车，长、短插入式振捣器，串筒，盖板，测绳等。

④作业条件：

地上、地下障碍物都处理完毕，达到"三通一平"。施工用的临时设施准备就绪；场地标高一般应为承台梁的上皮标高，并经过夯实或碾压；分段制作好钢筋笼，其长度以 5～8m 为宜；根据图纸放出轴线及桩位点，抄水平标高，并经过预检；施工前应做成孔试验，数量不少于两根；要选择和确定钻孔机的进出路线和钻孔顺序，制定施工方案，做好技术交底。

2）操作工艺

螺旋钻机利用动力旋转钻杆，钻杆再带动钻头上的螺旋叶片旋转来切削土层，被切削土层随钻头旋转，沿钻杆上升排出孔外。

钻机在钻进时，钻杆要保持垂直，若发现钻杆摇晃、移动、偏移或难以钻进时，可能遇到坚硬夹物，应立即停车检查。

钻孔达到要求深度后，必须在孔底处进行空转清土，然后停止转动；提钻杆，不得回转钻杆。然后吊放钢筋笼，浇筑混凝土。浇筑混凝土时应连续进行，分层振捣密实，每层高度不得大于 1.50m。混凝土浇筑到桩顶时，应适当超过桩顶设计标高，以保证在凿除浮浆后，桩顶标高符合设计标高。混凝土的塌落度一般宜为 80～100mm。

3）质量技术标准

①原材料和混凝土强度必须符合设计和混凝土施工质量验收规范规定。混凝土浇筑量严禁小于计算体积。

②桩孔深度允许偏差为 +300mm，只能深不能浅，孔底沉渣厚度端承桩不大于 50mm，摩擦桩不大于 150mm。

③浇筑混凝土后的桩顶标高及浮浆处理，必须符合设计或《建筑地基基础工程施工质量验收规范》规定。

④桩孔测量放线，平面位置及垂直度允许偏差应符合《建筑地基基础工程施工质量验收规范》规定。

⑤钢筋笼质量检验标准见泥浆护壁成孔桩质量标准。
⑥混凝土浇筑质量标准见泥浆护壁灌注质量标准。

4）安全技术

①钻孔机就位时，必须保持平稳，防止发生倾斜、倒塌。

②桩成孔检查后，盖好孔口盖板，用钢管搭架子护栏围挡，防止在盖板上行车或走人。

③施工现场地面应适当进行混凝土硬化。

④现场搅拌混凝土应搭设搅拌棚。

5）成品保护措施

①钢筋笼在制作、运输和安装过程中，应采取措施防止变形。吊入钻孔时，应有保护垫块或垫管和垫板。

②钢筋笼在吊放入孔时，不得碰撞孔壁。灌注混凝土时，应采取措施固定其位置。

③灌注桩施工完毕进行基础开挖时，应制定合理的施工顺序和技术措施，防止桩的位移和倾斜。并应检查每根桩的纵、横水平偏差。

④孔内放入钢筋笼后，要在4h内浇筑混凝土。在浇筑过程中，应有不使钢筋笼上浮和防止泥浆污染的措施。

⑤安装钻孔机、运输钢筋笼以及浇筑混凝土时，均应注意保护好现场的轴线和高程桩。

⑥桩头外留的主筋插铁要妥善保护，不得任意弯折或压断。

⑦桩头混凝土强度，在没有达到5MPa时，不得碾压，以防桩头损坏。

6）应注意的质量问题

①孔底虚土过多：钻孔完毕后，应及时盖好孔口，并防止在盖板上过车和行走。操作中应及时清理虚土。必要时可二次投钻清土。

②塌孔缩孔：注意土质变化，遇有砂卵石或流塑淤泥、上层滞水层渗漏等情况，应会同有关单位研究处理。

③桩身混凝土质量差：有缩颈、空洞、夹土等，要严格按操作工艺边浇筑混凝土边振捣的规定执行，严禁把土和杂物混入混凝土中一起浇筑。

④钢筋笼变形：钢筋笼在堆放、运输、起吊、入孔等过程中，没有严格按操作规定执行。必须加强对操作工人的技术交底，严格执行加固的质量措施。

⑤当出现钻杆跳动、机架晃摇、钻不进尺等异常现象，应立即停车检查。

⑥混凝土浇到接近桩顶时，应随时测量顶部标高，以免过多截桩和补桩。

⑦钻孔进入砂层遇到地下水时，钻孔深度应不超过初见水位，以防塌孔。

（3）干作业成孔灌注桩质量控制

1）钻孔完毕，应及时盖好孔口，并防止在盖板上过车和行走。操作中应及时清理虚土。必要时可二次投钻清土。

2）注意土质变化，遇有砂卵石或流塑淤泥、上层滞水层渗漏等到情况，应会同有关单位研究处理，防止塌孔缩孔。

3）要严格按操作工艺边浇筑混凝土边振捣的规定执行，严禁把土和杂物混入混凝土中一起浇筑。

4）钢筋笼在堆放、运输、起吊、入孔等过程中，应严格按操作规定执行。必须加强对操作工人的技术交底，严格执行加固的质量措施，防止钢筋笼变形。

5）当出现钻杆跳动、机架摇晃、不进尺等异常现象，应立即停车检查。

6）混凝土浇筑到接近桩顶时，应随时测量顶部标高，以免过多截桩和补桩。

3.1.3 质量通病防治

(1) 护筒周围冒浆

护筒外壁冒浆，会造成护筒倾斜、位移、桩孔偏斜等，甚至无法施工。发生的原因是由于埋设护筒时周围填土不密实，或是起落钻头时碰到了护筒。处理方法是：若是钻进初始时发现冒浆，则应用黏土在护筒四周填实加固。若护筒严重下沉或位移，则应重新埋设。

(2) 孔壁坍塌

指成孔过程中孔壁土层不同程度塌落。在钻孔过程中，如果发现排出的泥浆中不断出气泡，或护筒内的泥浆面突然下降，这都是塌孔的迹象。塌孔原因主要是土质松散，护壁泥浆密度太小，护筒内泥浆面高度不够。处理方法是：加大泥浆密度，保持护筒内泥浆面高度，从而稳定孔壁，若坍塌严重，应立即回填黏土到塌孔位置以上 $1\sim 2m$，待孔壁稳定后再进行钻孔。

(3) 钻孔偏斜

造成钻孔偏斜的原因是钻杆不垂直、钻头导向部分太短、导向性差、土质软硬不一或遇上孤石等。处理方法是：调整钻杆的垂直度，钻进过程中要经常注意观察。钻进时减慢钻进速度，并提起钻头，上下反复扫钻若干次，以削去硬土，使钻土正常；若偏斜过大，应填入石子、黏土，重新成孔。

(4) 孔底虚土

指孔底残留的一些由于安放钢筋笼时碰撞孔壁造成孔壁塌落及孔口落入的虚土。虚土会影响到桩的承载力，所以必须清除。处理方法是：采用新近研制出的一套孔底夯实机具对孔底虚土进行夯实。

(5) 断桩

水下灌注混凝土桩的质量除混凝土本身质量外，是否断桩是鉴定其质量的关键。预防时要注意三方面的问题：力争首批混凝土浇灌一次成功；分析地质情况，研究解决对策；要严格控制现场混凝土配合比。

3.2 沉管灌注桩

沉管灌注桩是目前采用最为广泛的一种灌注桩。它是采用锤击或振动的方法，将带有预制钢筋混凝土桩尖（也称桩靴）或钢活瓣桩尖的钢管沉入土中成孔，然后放入钢筋笼，灌注混凝土，最后再拔出钢管，即形成混凝土灌注桩。

3.2.1 施工设备

锤击沉管灌注桩系用锤击打桩机，将带活瓣桩尖或设置钢筋混凝土预制桩尖（靴）的钢管锤击沉入土中，然后边灌注混凝土边用卷扬机拔桩管成桩。主要设备为锤击打桩机，如落锤、柴油锤、蒸汽锤等，由桩架、桩锤、卷扬机、桩管等组成（图7-19）。

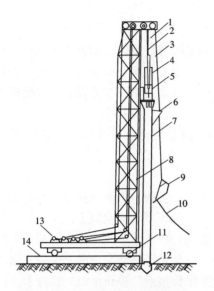
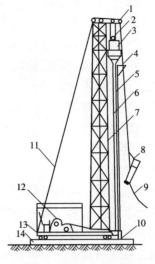

图 7-19 锤击沉管灌注桩机械设备示意图

1—桩锤钢丝绳；2—桩管滑轮组；3—吊斗钢丝绳；4—桩锤；5—桩帽；6—混凝土漏斗；7—桩管；8—桩架；9—混凝土吊斗；10—回绳；11—行驶用钢管；12—预制桩靴；13—卷扬机；14—枕木

图 7-20 振动沉管灌注桩桩机

1—导向滑轮；2—滑轮组；3—激振器；4—混凝土漏斗；5—桩管；6—加压钢丝绳；7—桩架；8—混凝土吊斗；9—回绳；10—活瓣桩靴；11—缆风绳；12—卷扬机；13—行驶用钢管；14—枕木

振动沉管灌注桩系用振动沉桩机将带有活瓣式桩尖或钢筋混凝土预制桩靴的桩管，利用振动锤产生的垂直定向振动和桩管自重及卷扬机通过钢丝绳施加的拉力，对桩管进行加压，使桩管沉入土中，然后边向桩管内灌注混凝土，边振动拔出桩管，使混凝土留在土中而成桩。主要施工设备有振动锤、桩架、卷扬机、加压装置、桩管、桩尖或钢筋混凝土预制桩靴等（图 7-20）。

3.2.2 施工工艺

（1）施工准备

1）技术资料准备：

①工程地质、水文地质、勘察报告。

②桩基础施工图纸及图纸会审纪要。

③施工现场和邻近区域内的地下管线、危房等调查资料。

④确定桩机进出路线和打桩顺序，制定施工组织设计或施工方案。

⑤各分项工程的技术交底书已编制。

2）施工现场准备：

①施工区现场地上、地下、一切障碍都处理完毕，三通一平，临时设施已完成，排水畅通。

②根据桩基础施工图纸和建筑物的轴线控制桩，放出桩基础轴线及桩位点。

③布设测量水平标高的木桩，并经过验收签字。

④分段制作好钢筋笼，以 5~8m 为宜。

⑤进行打试桩，不少于2根。

3）材料机具准备

①施工所需的各种材料准备就绪，满足施工需要。水泥、钢材必须合格，并有材料的合格证，出厂检验报告和进场复验报告；砂、石子有进场复验报告，含泥量符合规定。

②外加剂、掺和料根据需要通过试验确定，并有合格证验测报告，复验报告，预制桩尖已制作完毕，质量应符合设计要求。

③施工机具准备就绪，如：打桩机进场、机动翻斗车、小推车、振捣器、溜筒、盖板、测绳、线坠等。

(2) 操作工艺

①锤击沉管灌注桩的成桩过程为：桩机就位→沉管→上料→拔管。锤击沉管灌注桩施工时，先将桩机就位，吊起桩管，对准预先埋好的预制钢筋混凝土桩尖，放置麻绳垫于桩管与桩尖连接处，然后慢慢放入桩管，套入桩尖，压入土中或将带有活瓣桩尖的套管对准桩位。在桩管上扣上桩帽，检查桩管、桩锤、桩架是否在同一垂线上（偏差≤0.5%），无误后，即可用锤打击桩管。当桩管沉到设计要求深度后，停止锤击。检查套管内无泥浆或水时，即可灌注混凝土。之后，开始拔管，拔管的速度应均匀，第一次拔管高度不宜过高，应控制在能容纳第二次需要灌入的混凝土数量为限，以后始终保持管内混凝土量高于地面。当混凝土灌至钢筋笼底标高时，放入钢筋骨架，继续灌注混凝土及拔管，直到全管拔完为止。上述工艺称单打灌注桩施工。为扩大桩截面提高设计承载力，常采用复打法成桩。施工方法是：第一次灌注桩施工完毕，拔出桩管后，立即在原桩位再埋入混凝土桩尖，将桩管外壁上的污泥清除后套入桩尖，再进行第二次沉管或将带有活瓣桩尖的套管拔出二次沉管，使未凝固的混凝土向四周挤压扩大桩径，然后灌注第二次混凝土。拔管方法与初打时相同。施工时注意：复打施工必须在第一次灌注的混凝土初凝之前进行，且前后两次沉管的轴线应重合。

②振动沉管灌注桩的成桩过程为：桩机就位→沉管→上料→拔管。施工时，先将混凝土桩尖埋设好，桩机就位后将桩管对准桩位中心吊起套入桩尖或将带有活瓣桩尖的套管对准桩位。垂直度检查之后（偏差≤0.5%），把混凝土桩尖压入土中。然后，开动振动锤，将桩管沉入土中。沉管时，为了适应不同土质条件，常用加压方法来调整土的自振频率。桩管沉到设计标高后，停止振动，进行混凝土灌注，混凝土一般应灌满桩管或略高于地面，然后再开动激振器，卷扬机拔出钢管，边振边拔，使桩身混凝土得到振动密实。

振动沉管灌注桩可根据土质情况和荷载要求，可采用单打法、反插法、复打法施工。

A 单打法。即一次拔管。拔管时，先振动5~10s，再开始拔桩管，应边振边拔，每提升0.5m停拔，振5~10s后再拔管0.5m，再振5~10s，反复进行直至地面。

B 反插法。先振动再拔管，每提升0.5~1.0m，再把桩管下沉0.3~0.5m（且不宜大于活瓣桩尖长度的2/3），在拔管过程中分段添加混凝土，使管内混凝土面始终不低于地表面，或高于地下水位1.0~1.5m以上，反复进行直至地面；并严格控制拔管速度不得大于0.5m/min。在桩尖的1.5m范围内，宜多次反插以扩大端部截面，从而可提高桩的承载力，宜用于饱和软土层。

C 复打法。同锤击沉管灌注桩相同。

(3) 质量技术标准

1) 原材料、混凝土强度必须符合规范和设计要求，混凝土的实际浇筑量严禁小于计算体积。充盈系数不得小于1.0；小于1.0时必须采取全长复打。

2) 浇完混凝土后的桩顶标高及浮浆处理，必须符合《建筑地基基础工程施工质量验收规范》要求。

3) 桩孔深度和贯入度必须符合设计要求。

4) 桩位允许偏差见泥浆护壁成孔桩。

5) 钢筋笼质量检验标准见泥浆护壁成孔桩。

6) 混凝土浇筑质量见泥浆护壁成孔桩。

7) 拔管速度、拔管高度要严格控制在规范规定以内。

8) 必须做好施工记录并准确测量最后贯入度和落锤高度。倒打拔管的锤击次数应符合规范要求，在管底未拔至桩顶设计标高之前，倒打和轮击不得中断。

(4) 安全技术

1) 检查桩尖埋设位置是否与设计桩位相符合，钢管套入桩尖后应保持两者轴线一致。

2) 钢管施加的锤击（或振动）力应均一致，让施加力落于钢管中心，严禁打偏锤。

3) 成孔过程中要随时注意桩管沉入情况，控制好钢丝绳的长度。向上拔管时，要垂直向上边振动边拔；遇到卡管时，不要强行蛮拉。

4) 采用二次"复打"方式时，应清除钢管外的泥砂，前后两次沉管的轴线应重合。

5) 在打沉管时，空口和桩架附近不得有人站立或停留。

6) 停止作业时，应将桩管底部放到地面垫木上，不得悬吊在桩架上。

7) 在桩管打到预定深度后，应将桩锤提到4m以上锁住后，才可检查桩管，灌注混凝土。

8) 用振动沉管法成孔时，开机前操作人员必须发出信号，振动锤下严禁站人，用收紧钢丝绳加压时，应随桩管沉入时调整钢丝绳，防止抬起机架。

9) 操作前必须检查各部螺栓、螺母及销的连接有无松动，电气设备是否完好。启动电源检查电动机转向是否正确。

10) 悬挂振锤的起重机，其吊钩上必须有防松脱的保护装置。振动桩锤悬挂钢架的耳环上应加装保险钢丝绳。

11) 启动振动桩锤应监视启动电流和电压，一次启动时间不应超过10s。当启动困难时，应查明原因，排除故障后，方可继续启动。启动后，应待电流降到正常值时，方可转到运转位置。

12) 振动锤启动运转后，应待振幅达到规定值时，方可作业。

13) 沉桩前，应以桩的前端定位，调整道轨与桩的垂直度，不应使其倾斜。

14) 作业中应保持振动桩锤减振装置各磨擦部位具有良好的润滑。

15) 作业后，应将振动桩锤沿导杆放至低处，并用木块垫实，带桩管的振动桩锤可将桩管插入地下一半。切断操纵箱上的总开关外，尚应切断配电箱上的开关，并应采用防水布将操纵箱遮盖好。

(5) 成品保护措施

1) 钢筋笼在制作、运输、安装过程中，采用措施防止变形弯曲。吊入桩孔时，要有保护垫块。

2）采取有效措施保护桩尖位置准确。

3）桩顶混凝土强度在未达到 5MPa 时，不得碾压，以防桩顶混凝土损坏。

4）在安装打桩机，运输钢筋以及浇筑混凝土时，必须保护好现场的轴线定位桩、高程控制桩，防止移位及损坏。

桩顶外留的主筋或插筋要妥善保护，不得任意弯折或压断。

（6）应注意的质量问题

1）确保桩身混凝土的浇筑质量。施工时，应根据土质情况选择单打法、复打法或反插法，严格按工艺标准进行操作。尤其在软弱土层或淤泥土质中施工，必须严格控制拔管速度，防止出现桩身缩颈和断桩事故，使桩管内始终保持不少于 2m 高或高出自然地面 0.2m 以上的混凝土。

2）正确选择打桩顺序。合理的打桩顺序对桩身混凝土至关重要。当桩的中心距小于 4 倍桩的直径时，应采取跳打、隔孔成桩。

3）桩身混凝土强度不足，达不到设计要求，要严格把好混凝土原材料的质量关、配合比关、塌落度必须控制在 8~10cm。

4）对有可能出现缩颈桩时，应采用局部复打法。

5）防止出现套管内的混凝土产生拒落现象，因此要严格检查预制桩尖的强度是否合格，不合格的预制桩尖一律不准使用，防止桩尖压入桩管内。当套管打至设计要求后，要及时检查，及时处理。

3.2.3 沉管灌注桩质量控制

（1）沉管全过程必须有专职记录员做好施工记录；每根桩的施工记录均应包括每米的锤击数和最后一米的锤击数；必须准确测量最后三振，每振十锤的贯入度及落锤高度。

（2）沉管至设计标高后，应立即灌注混凝土，尽量减少间隔时间；灌注混凝土之前，必须检查桩管内有无桩尖或进泥、进水。

当桩身配钢筋笼时，第一次混凝土应先灌至笼底标高，然后放置钢筋笼，再灌混凝土至桩顶标高。第一次拔管高度应控制在能容纳第二次所需灌入的混凝土量为限，不宜拔得过高。

（3）拔管速度要均匀，对一般土层以 1m/min 为宜，在软弱土层和软硬土层交界处宜控制在 0.3~0.8m/min。

（4）混凝土的充盈系数不得小于 1.0；对于混凝土充盈系数小于 1.0 的桩，宜全长复打，对可能有断桩和缩颈桩，应采用局部复打。成桩后的桩身混凝土顶面标高应不低于设计标高 500mm。全长复打桩的入土深度宜接近原桩长，局部复打应超过断桩或缩颈区 1m 以上。

3.2.4 沉管灌注桩质量通病防治

（1）瓶颈桩

瓶颈桩指灌注混凝土后的桩身局部直径小于设计尺寸。产生瓶颈桩的主要原因是：在地下水位以下或饱和淤泥或淤泥质土中沉桩管时，土受压挤，产生孔隙压力，当拔出套管时，把部分桩体挤成缩颈。桩身间距过小，拔管速度过快，混凝土过于干硬或和易性差，也会造成瓶颈现象。处理方法是：施工时每次向桩管内尽量多装混凝土，借自重抵消桩身所受的孔隙水压力；桩间距过小，宜采用跳打法施工；拔管速度不得大于0.8~1.0m/min；

拔管时可采用复打法或反插法；桩身混凝土采用和易性好的低流动性混凝土。

(2) 断桩

断桩指桩身局部残缺夹有泥土，或桩身的某一部位混凝土坍塌，上部被土填充。产生断桩的原因有：桩下部遇到软弱土层，桩身混凝土强度未达初凝，即受到振动，振动对两层土的波速不同，产生剪力将桩剪断；拔管速度过快；桩中心距过近，打邻桩时受挤压断裂等都是引起断桩的原因。处理方法是：桩的中心距宜大于 3.5 倍桩径；桩中心过近，采用跳打或控制时间法以减少对邻桩的影响；已出现断桩时，将断桩拔去，将桩孔清理后，略增大桩截面面积或加上铁箍连接，再重新灌注混凝土。

(3) 吊脚桩

吊脚桩指桩下部混凝土不密实或脱落，形成空腔。产生吊脚桩的原因有：桩尖活瓣受土压实，抽管至一定高度才张开；混凝土干硬，和易性差，形成空隙；预制桩尖被打坏而挤入桩管内。处理方法是：采用"密振慢抽"方法，开始拔管 50cm，将桩管反插几下，然后再正常拔管；混凝土保持良好的和易性；严格检查预制桩尖的强度和规格。

(4) 桩尖进水、进泥砂

这种现象是指套管活瓣处涌水或泥砂进入桩管内。主要发生在地下水位高或含水量大的淤泥和粉砂土层中。产生桩尖进水、进泥砂的原因有：地下涌水量大，水压大；沉桩时间过长；桩尖活瓣缝隙大或桩尖被打坏。处理方法是：地下涌水量大时，桩管沉到地下水位时，应用 0.5m 高水泥砂浆封底，并再灌 1m 高混凝土，然后沉入；沉桩时间不要过长；将桩管拔出，修复改正桩尖缝隙后，用砂回填桩孔重打。

3.3 爆扩成孔灌注桩

爆扩成孔灌注桩简称爆扩桩，它是用钻孔或爆扩法成孔，孔底放入炸药，再灌入适量混凝土压爆，之后引爆，使孔底形成扩大头，孔内混凝土落入孔底的空腔内，再放置钢筋骨架，浇灌桩身混凝土而成的灌注桩，如图 7-21 所示。

3.3.1 施工工艺

(1) 施工准备

1) 各种材料进场准备就绪，并符合要求。要认真检查验收，严禁不合格和不符合要求的材料进入现场和使用。必须把好原材料的质量关。先送检复验合格后施工，不得先施工后复验。实验室的配合比已完成并有报告。

2) 炸药、雷管的使用申请、备案已完成。

3) 地上、地下的一切障碍物已清理完毕，三通一平已完成，临时设施准备就绪。

4) 根据桩基础施工图定出轴线及桩位线，并经过预检签证，在各个桩位作出中心十字线。

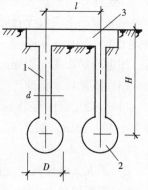

图 7-21 爆扩桩示意图
1—桩身；2—扩大头；3—桩台

5) 钢筋笼已制作完毕，成孔试验桩已完成，不少于 2 根。

6) 已编制施工方案、技术交底书、爆扩安全施工措施已落实。

7) 本节未列内容详见前述各节内容。

(2) 操作工艺

爆扩桩的施工过程见图7-22。

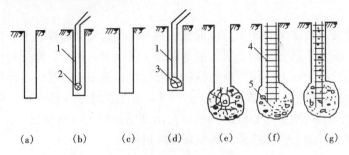

图7-22 爆扩灌注桩施工工艺图
(a) 钻导孔；(b) 放炸药条；(c) 爆扩柱孔；(d) 放炸药包；(e) 爆扩大头；
(f) 放钢筋笼；(g) 浇混凝土
1—导线；2—炸药条；3—炸药包；4—钢筋笼；5—混凝土

1）成孔

常用爆扩桩成孔法，有人工成孔法、机钻成孔法、爆扩成孔法。爆扩成孔法是先用人工（洛阳铲或手提钻）按设计深度打一个导孔，导孔直径视药条粗细及土质情况而定，土质较好者，直径为40～70mm；土质较软、地下水位较高，直径以100mm为宜。然后根据不同土质、不同桩径要求放入不同直径的炸药条。装炸药的管材，以玻璃管为好，管内放置雷管。雷管的放法，一般药管长度大于5m放3个雷管；小于5m的放两个雷管。引爆雷管清除积土后即形成桩孔。

2）爆扩大头

扩大头的爆扩，宜采用硝铵炸药和电雷管进行，且同一工程中宜采用同一种类的炸药和雷管。炸药用量应根据设计所要求的扩大头直径，由现场试验确定。药包宜包扎成扁圆球形，这样炸出的扩大头面积较大。药包中心最好并联放置两个雷管，以保证顺利引爆。药包用绳索吊下安放于孔底正中，如孔中有水，可加压重物以免浮起，药包放正后，上面填盖150～200mm厚的砂，保证药包不受混凝土冲破。随着从桩孔中灌入一定量的混凝土后，即进行扩大头的引爆。

(3) 质量技术标准

1）混凝土强度等级不得低于C20，引爆前第一次混凝土的塌落度：黏性土9～12cm，砂类土12～15cm，黄土17～20cm；引爆后的二次混凝土塌落度：黏性土5～7cm，砂类土7～9cm，黄土6～9cm。

2）扩大头底标高允许低于设计标高15cm；扩大头直径允许偏差±50mm。

3）骨料粒径不大于25mm，桩径大于40cm时，骨料粒径不大于40mm。

4）爆扩桩平面位置偏差，垂直度偏差，钢筋笼质量标准，混凝土浇筑质量标准同"混凝土灌注桩"。

(4) 安全技术

1）距爆扩桩位15m的范围内应做好危险警戒，不得有人员停留或穿行。

2）经专职人员发出装药信号后，爆破人员方可安装药包，药包应放在桩孔底面中心，在药包上填砂，经检验引爆线路完好后，再浇压爆混凝土，其数量不超扩大头的50%。

3) 经专职人员检查现场安全无误时，方可发出引爆信号。

4) 对于瞎炮，应由专职人员检查原因，并设法诱爆，或采用措施破坏药包。

5) 要认真贯彻执行爆破安全规程及有关安全规定。切实做好爆破作业前后各个施工工序的操作检查处理，制定详细的安全施工措施，杜绝各种事故的发生，以确保安全施工。

6) 炸药、雷管要专人负责保管，严格领、退、用制度。

7) 雷管应放在专用木箱内，箱子须放在距炸药不小于 2m 的地方，有条件应与炸药分别存放。

8) 现场必须设置专用闸箱、插座并随时上锁。

9) 爆破材料的贮存与管理、装卸运输、防护等均应符合有关安全规定。

10) 需向当地公安机关申请备案。施工操作由专业技术人员操作，无爆破资格证人员严禁从事本工作。

（5）成品保护措施

1) 施工时注意保护好现场的定位轴线桩、高程桩和各桩位的定位十字线。

2) 爆破桩施工完后，在开挖土方时要分层开挖，一次开挖的深度不要大，防止机械碰撞桩身，发生桩身位移、倾斜、断裂等质量事故。

3) 桩身孔成孔后要用盖板将孔口盖好，以防泥土掉入孔底和发生意外事故。

4) 爆扩大头时，不得用导线将药包放到孔底，应用绳索吊入孔内。炸药包应用防水材料包扎好，以防进水。药包位置必须准确，然后倒入一定厚度砂保护并固定其位置。

（6）应注意的质量问题

1) 拒爆（瞎炮）：引爆后炸药包不爆炸。这种事故经常发生，主要是因爆炸物过期或受潮失效、导线短路折断、药包进水、操作不当引起。因此在施工前要认真进行检查，不合格过期的爆炸物、器材不得使用。严格按照爆破操作规程进行操作。

2) 扩大头位置偏移，不符合设计要求。主要是由于炸药包放的位置不正、上浮，没有按工艺标准进行操作。在具体施工中要加强管理，认真检查，采取有效措施固定药包的正确位置。

3) 混凝土拒落，爆炸形成扩大头后，混凝土不落下。主要是由于爆炸后的气体未能排出，致使混凝土被托住不能落下，或是混凝土塌落度过小，一次灌入混凝量过多，引爆时间间隔过长产生初凝造成。因此，应根据土质选择适宜的塌落度和一次混凝土的灌入量，从灌入混凝土到引爆的间隔时间严格控制在 30min 以内。

4) 桩孔口、孔壁的土塌落，回落到孔底，影响到桩的质量，一般发生在爆扩桩身孔和扩大头时。施工时孔口做喇叭口等有效措施防止此类事故的发生。

5) 缩颈现象，即形成后的桩身局部出现直径小于设计要求。一般在施工时要根据经验在易发生缩颈的土层中成孔时，应选择合理的成孔方法，采取积极的对策就可以避免。

3.3.2 质量控制

（1）严格控制桩基础的定位放线的准确性，其误差不得超过规范规定。

（2）必须严格控制桩的平面位置垂直度，桩身孔和扩大头的直径符合设计要求。成孔后要认真检查，合格后方可进行下道工序。

（3）在正式施工前，必须先进行成孔试验，找出本场地土质条件下炸药用量等有关参数，然后全面展开，否则不得施工。

(4) 钢筋笼制作应符合设计要求（包括主筋间距、箍筋间距、长度、直径、规格）。绑扎牢固，必须有定位箍筋，不得发生变形、弯曲。往孔内吊放钢筋笼时位置应准确，不得发生偏移，防止将泥土带入孔内形成夹渣。

(5) 必须保证混凝土的浇筑质量，配合比准确，材料必须合格和称量。根据不同土质选择混凝土的塌落度，保证混凝土的强度达到设计要求。

(6) 根据桩距大小、孔底标高的深浅，制定合理的爆扩方式和程序。

(7) 按规定制作留设试块，由实验工专门负责，统一管理。及时送验，不得弄虚作假，确保试块的真实性和数据的准确性。

3.3.3 质量通病防治

(1) 拒爆

又称"瞎炮"，是导线弄断、雷管失效或药包受潮，使得引爆时雷管或药包不能爆炸。发生拒爆采取的措施是：用木杆或竹杆在下方锯一个小口，绑上小型药包插入原药包附近，然后通电引爆，带动原药包爆炸；或采用一跟直径为50mm的钢管，下端塞一木塞插入原药包附近成孔，用木杆或钢筋捅掉木塞，放入条形药包后，拔出钢管，通电引爆，带动原药包爆炸；或采用一根直径为50mm的钢管，下端塞一木塞插入原药包附近成孔，用木杆或钢筋捅掉木塞，放入条形药包后，拔出钢管，通电引爆，带动原药包爆炸。

(2) 拒落

又称"卡脖子"，是爆破后混凝土不能自动落下充实爆扩头。产生拒落的原因有：混凝土骨料过大，塌落度过小，灌入的压爆混凝土过多，灌入混凝土至引爆的时间过长，从而引起混凝土在引爆时已初凝，以及地层中夹有软弱土层使引爆后产生缩颈等。发生拒落采取的措施是：用木棍钢筋或通过强力振捣将混凝土捅松，使之下落；若由于缩颈造成拒落，应取出混凝土，钻去缩颈部位的泥土，重新灌入混凝土。

(3) 回落土

回落土指成孔后，由于孔壁土松散，孔壁坍塌回落孔底，或是爆扩成孔时孔口处理不当，以及雨水冲刷浸泡等造成孔壁塌落，回落孔底，这是爆扩桩施工中比较普遍的现象。处理方法是：在松散土层或砂类土层中爆扩大头，要特别注意保护颈部，不致使土体下落；桩孔内有了回落土，应设法掏除干净。

3.4 人工挖孔灌注桩

人工挖孔灌注桩法是指在桩位采用人工挖掘方法成孔，然后安放钢筋笼、灌注混凝土而成的桩。这类桩具有成孔机具简单，挖孔作业时无振动、无噪声、无环境污染，便于清孔和检查孔壁及孔底，施工质量可靠等特点，如图7-23所示。

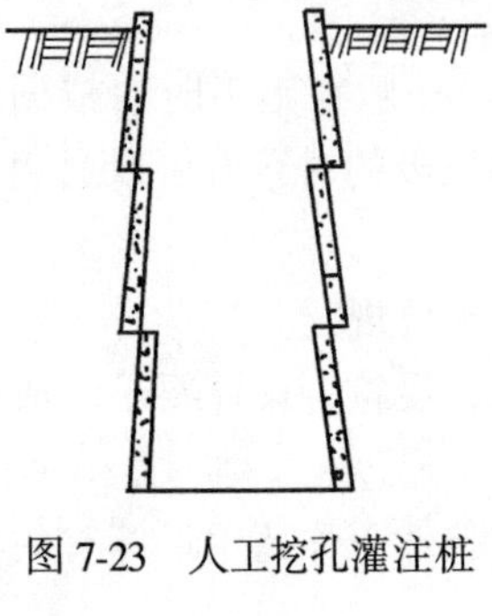

3.4.1 施工工艺

(1) 施工准备

1) 作业条件准备

①人工挖孔桩孔，井壁支护要根据该地区的土质特点、地下水分布情况，编制切实可行的施工方案，进行井壁支护的计

图7-23 人工挖孔灌注桩

算和设计。

②开挖前场地完成三通一平。

③熟悉施工图纸及场地的地下土质、水文地质资料，做到心中有数。

④按基础平面图，设置桩位轴线、定位点；桩孔四周撒灰线，测定高程水准点。放线工序完成后，办理验收手续。

⑤按设计要求分段做好钢筋笼。

⑥全面开挖之前，有选择的先挖两个试验桩孔，分析土质、水文等有关情况，以此修改原施工方案。

⑦地下水位比较高的区域，先降低地下水位至桩底以下 0.5m 左右。

⑧人工挖孔操作的安全至关重要，开挖前对施工人员进行全面的安全技术交底；操作前对吊具进行安全可靠的检查和试验，确保施工安全。

2）材料要求

①水泥：采用 32.5 级以上普通硅酸盐水泥或矿渣水泥，有产品合格证，出厂检验报告和进场复验报告。

②砂：中砂或粗砂，有进场复验报告。

③石子：粒径为 0.5~3.2cm 的卵石或碎石，有进场复验报告。

④水：自来水或不含有害物质的洁净水。

⑤钢筋：钢筋的品种、级别或规格必须符合设计要求，有产品合格证、出厂检验报告和进场复验报告，表面清洁无老锈和油污。

⑦垫块：用 1:3 水泥砂浆埋 22 号铁丝烧成。

⑧火烧丝：规格 18~20 号铁丝烧成。

⑨外加剂、掺合料：根据施工需要通过试验确定，有出厂质量证明、检测报告、复试报告。

3）施工机具三木塔、卷扬机组或电动葫芦、手推车或翻斗车、镐、锹、手铲、钎、线坠、定滑轮组、导向滑轮组、混凝土搅拌机、吊桶、溜槽、导管、振捣棒、钢丝绳、安全活动盖板、防水照明灯、电焊机、通风及供氧设备等。

(2) 操作工艺

人工挖孔灌注桩的工艺流程为：放线定桩位及高程→开挖第一节桩孔土方→支护壁模板放附加钢筋→浇筑第一节护壁混凝土→检查桩位（中心）轴线→架设垂直运输架→安装电动葫芦（卷扬机）→安装吊桶、照明、活动盖板、水泵、通风机等→开挖吊运第二节桩孔土方→先拆第一节支第二节护壁模板（放附加钢筋）→浇注第二节护壁混凝土→检查桩位（中心）轴线→逐层往下循环作业→开挖扩底部分→检查验收→吊放钢筋笼→放混凝土导管→浇筑桩身混凝土→插桩顶钢筋。

1）放线定桩位及高程：依据建筑物测量控制网和基础平面布置图，测定桩位轴线方格控制网和高程基准点，须经有关部门复查，办好预检手续后开挖。

2）开挖第一节桩孔土方：开挖桩孔应从上到下逐层进行。每节的高度根据土质好坏，操作条件而定，一般以 0.9~1.2m 为宜。

3）支护壁模板附加钢筋：护壁模板采用拆上节、支下节重复周转使用。第一节护壁宜高出地坪 150~200mm，便于挡土、挡水。护壁厚度一般取 100~150mm。

4) 浇筑第一节护壁混凝土：桩孔护壁混凝土每挖完一节以后应立即浇筑混凝土。混凝土强度一般为C20，坍落度控制在100mm，确保孔壁的稳定性。

5) 检查桩位（中心）轴线及标高：每节桩孔护壁做好以后，必须将桩位轴线和标高测设在护壁的上口，然后进行检测。

6) 架设垂直运输架：第一节桩孔成孔以后，即着手在桩孔上口架设垂直运输支架。安装电动葫芦或卷扬机：在垂直运输架上安装滑轮组和电动葫芦或穿卷扬机的钢丝绳，选择适当位置安装卷扬机。

7) 安装吊桶、照明、活动盖板、水泵和通风机：安装吊桶时注意吊桶与桩孔中心位置重合；井底照明必须用低压电源（36V、100W）、防水带罩的安全灯具；桩孔深度大于20m时，应向井下通风；桩孔口安装水平推移的活动安全盖板；当地下渗水量较大时，在桩孔底挖集水坑，用水泵抽水。

8) 开挖吊运第二节桩孔土方：从第二节开始，用提升设备运土。桩孔挖至规定的深度后，用支杆检查桩孔的直径及井壁圆弧度，上下应垂直平顺，修整孔壁。

9) 先拆第一节支第二节护壁模板：护壁模板采用拆上节支下节依次周转使用。拆模强度达到1MPa。

10) 浇筑第二节护壁混凝土：混凝土用串筒送。可由实验室确定掺入早强剂，以加速混凝土的硬化。

11) 检查桩位中心轴线及标高：以桩孔口的定位线为依据，逐节校测。

12) 逐层往下循环作业：将桩孔挖至设计深度，桩底应支承在设计所规定的持力层上。

13) 开挖扩底部分：桩底可分为扩底和不扩底两种情况。若设计无明确要求，扩底直径一般为$1.5 \sim 3.0d$。

14) 检查验收：成孔后必须对桩身直径、扩头尺寸、孔底标高、桩位中线等做全面测定。

15) 吊放钢筋笼：吊放钢筋笼时，要对准孔位，直吊扶稳，缓慢下沉，避免碰撞孔壁。

16) 浇筑桩身混凝土：浇筑时采用溜槽加串筒。混凝土的落差大于2m，桩孔深度超过12m时，宜采用导管浇筑。浇筑混凝土时应连续进行，分层振捣密实。

17) 插入桩顶钢筋：混凝土浇筑到桩顶时，桩顶上的钢筋插铁一定要保持设计尺寸，垂直插入，并有足够的保护层。

(3) 质量技术标准

1) 灌注的混凝土强度及原材料必须符合《建筑地基基础工程施工质量验收规范》规定。

2) 桩深必须符合设计要求，孔底沉渣清理干净，厚度符合《建筑地基基础工程施工质量验收规范》规定。

3) 实际浇筑的混凝土量严禁小于计算体积。

4) 浇筑后的桩顶标高及浮浆处理必须符合设计和规范规定。

5) 桩体有效直径必须满足设计要求。

6) 桩孔成孔后，应复验孔底持力层土（岩）性，嵌岩桩必须有桩端持力层的岩性报告。

7）施工结束后，应检查混凝土强度并应做桩体质量及承载力的检验，检验数量同混凝土灌注桩。按规定留设试块。

8）钢筋笼质量检验标准：同混凝土灌注桩。

9）混凝土灌注质量标准：同混凝土灌注桩。

（4）安全技术

1）多孔同时开挖施工时，应采取间隔挖孔方法，相邻的桩不能同时挖孔、成孔。必须待相邻桩孔浇灌完混凝土后才能挖孔，以保证土壁稳定。

2）挖孔的垂直度和直径尺寸应每挖一节检查一次，发现偏差及时纠正，以免误差积累不可收拾。

3）桩底扩孔应间隔削土，留一部分土作支撑，待浇灌混凝土之前再挖，此时宜加钢支架支护，浇灌混凝土时再拆除。

4）挖孔桩孔口，应设水平移动式活动盖板。当土吊桶提升到离地面高1.8m左右（超过人高），推活动盖板，关闭孔口，手推车推至盖板上，卸土后再开盖板，下吊桶吊土，以防土块、操作人员和工具掉入孔内伤人。

5）桩孔挖土，必须挖一节土做一节护壁或安放一次工具式钢筋防护笼。

6）正在开挖的井孔，每天上班前应对井壁、混凝土护壁以及井中的空气等进行检查，如发现异常，应采取安全措施后方可施工。

（5）成品保护措施

1）已挖好的桩孔必须用木板或脚手板、钢筋网片盖好，防止土块、杂物、人员坠落。严禁用草袋、塑料布虚掩。

2）已挖好的桩孔及时放好钢筋笼，及时浇筑混凝土，间隔时间不得超过4h，以防塌方。有地下水的桩孔应随挖、随检、随放钢筋笼、随时将混凝土灌好，避免地下水浸泡。

（6）应注意的质量问题

1）垂直偏差过大：由于开挖过程未按要求每节核验垂直度，致使挖完以后垂直超偏。每挖完一节，必须根据桩孔口上的轴线吊直、修边、使孔壁圆弧保持上下顺直。

2）孔壁坍塌：因桩位土质不好，或地下水渗出而使孔壁坍塌。开挖前应掌握现场土质情况，错开桩位开挖，缩短每节高度，随时观察土体松动情况，必要时可在坍孔处用砖砌、钢板桩、木板桩封堵；操作进程要紧凑，不留间隔空隙，避免坍孔。

3）孔底残留虚土太多；成孔、修边以后有较多虚土、碎砖，未认真清除。在放钢筋笼前后均应认真检查孔底，清除虚土杂物。必要时用水泥砂浆或混凝土封底。

4）孔底出现积水：当地下水渗出较快或雨水流入抽排水不及时，就会出现积水。开挖过程中孔底要挖集水坑，及时下泵抽水。如有少量积水，浇筑混凝土时可在首盘采用半干硬性的，大量积水一时排除困难的，应用导管水下浇筑混凝土的方法，确保施工质量。

5）桩身混凝土质量差：有缩颈、空洞、夹土等现象。在浇筑混凝土前一定要做好操作技术交底，坚持分层浇筑、分层振捣、连续作业。必要时用铁管、竹杆、钢筋钎人工辅助插捣，以补充机械振捣的不足。

6）钢筋笼扭曲变形：钢筋笼加工制作时点焊不牢。未采取支撑加强钢筋，运输、吊放时产生变形、扭曲。钢筋笼应在专用平台上加工，主筋与箍筋点焊牢固，支撑加固措施要可靠，吊运要竖直，使其平稳的放入桩孔中，保持骨架完好。

3.4.2 质量控制

（1）必须保证钢筋笼绑扎正确。钢筋规格、间距、长度均应符合设计要求，绑扎牢固。每个钢筋笼均应采用定位箍筋，统一配料绑扎。

（2）必须保证桩位准确，测量放线和成孔后的平面位置必须符合规范规定。

（3）保证成孔后桩的垂直度、桩径符合规范和设计要求，复查定位桩，定出各桩的中心十字线，吊直、放桩外径线，每步挖土、支模要求随时校正重直度，桩径发现偏差及时纠正。按操作工艺标准进行操作。

（4）必须保证桩身混凝土的强度达到设计要求。严格控制配合比，原材料必须合格，称量必须准确，搅拌、振捣严格按操作工艺标准执行。

（5）按规定留置试块，加强看护管理。

3.4.3 质量通病防治

（1）塌孔

产生的原因有：地下水渗流比较严重；混凝土护壁养护期内，孔底积水，从而使孔壁土体失稳；土层变化部位挖孔深度大于土体稳定极限高度；孔底偏位或超挖。处理方法：先选择几个桩孔连续降水，使孔底不积水；尽可能避免桩孔内产生较大水压差；挖孔深度控制不大于稳定极限高度；防止偏位或超挖。

（2）井涌（流泥）

产生原因：遇残积土、粉土、均匀的粉细砂土层，地下水位差很大时，使土颗粒悬浮在水中成流态泥土从井底上涌。处理方法：遇有局部或厚度大于 1.5m 的流动性淤泥和可能出现涌土、涌砂时，可将每节护壁高度减小到 300～500m，并随挖随验，随浇混凝土，或采用钢护筒作护壁。

（3）护壁裂缝

产生原因：护壁过厚；抽水过度；由于塌方导致土体下滑从而造成裂缝。处理方法：护壁厚度不宜太大；尽量减轻自重；桩孔口的护壁导槽要有良好的土体支撑，以保证其强度和稳定。

（4）淹井

产生原因：井孔内遇较大泉眼或土渗透系数大的砂砾层；附近地下水在井孔集中。处理方法：在群桩孔中间钻孔，设置深井，用潜水泵降低水位，停止抽水后，填砂砾封堵深井。

（5）截面大小不一或扭曲

产生的原因：挖孔时未每节对中量测桩中心轴线及半径；土质松软或遇粉细砂层难以控制半径；孔壁支护未严格控制尺寸。处理方法：挖孔时应按每节支护量测桩中心轴线及半径；遇松软土层或粉细砂层加强支护，控制好尺寸。

（6）超挖

产生的原因：挖孔时未每层控制截面，出现超挖；遇有地下土洞、落水洞、下水道或古墓、坑穴；孔壁坍落，或成孔后间歇时间过长，孔壁风干或浸水剥落。处理方法：挖孔时每层每节严格控制截面尺寸，不致超挖；遇地下洞穴，用 3:7 灰土填补、拍夯实；防止坍孔；成孔后 48h 内浇筑桩混凝土。

3.5 施工方案的编制

3.5.1 编写的基本要求

(1) 要求：灌筑桩施工方案编制的基本要求同预制桩。
(2) 施工方案编制的基本内容如下：
1) 编制的依据。
2) 工程概况。
3) 施工平面图：应标明桩位、编号、施工顺序、水电线路和临时设施的位置；泥浆制备设施、方法及其循环系统。
4) 确定成孔机械、配套设备以及合理的施工工艺标准。
5) 确定科学合理的成孔方法，钢筋笼的制作及安放，混凝土的浇筑、清孔以及泥浆处理等。
6) 施工进度计划和劳动力组织计划。
7) 机械设备、备用配件、工具、材料供应计划。
8) 认真贯彻执行国家、地方的有关规范标准、规定以及企业标准规定。
9) 制定保证工程质量、技术、安全等措施。
10) 突发事件的应对措施。
11) 定位测量方案、材料试验、试块管理制度等。

3.5.2 案例

(1) 工程概况

1) 工程简介：

①"金博大城"位于某城市繁华地段，工程占地面积 31800m²。

②本建筑群由一栋主楼、三栋商住楼、裙房组成，地下均为三层。

③本工程采用全现浇钢筋混凝土结构，基础均采用大直径钻孔灌注桩，工程桩总数为 1114 根（直径为 1m，埋置深度分别为 -80m、-60m、-50m。）为避免主楼与裙房之间的差异沉降，故在两者间设置沉降缝，为保证商住楼的有效埋深，商住楼与裙房之间不设沉降缝，为协调商住楼与裙房的差异沉降，采用裙房不同的桩基埋深及桩数来调整单桩承载力和沉降。

④本工程以城市管网为水源，从城市给水干管上开口供水，并在排水干管上开口排水，城市供水压力为 0.2MPa。

⑤电源由附近变电站以专用双电源电缆回路沿隧道引来，电压为 10kV。备用电源选用三台 750kV 柴油发电机组专供消防用电设备。

2) 地貌、地质、水文情况：

①现场地形平坦、地貌单一，由南向北略有倾斜，施工时已有建设单位沿建筑物范围内下挖 4m。

②根据建设单位提供地质资料，地层为冲洪积与冲湖积沉积物。埋深 27m 以上以饱和、中密状态的粉土及粉砂为主；埋深 27~60m 以饱和、可塑至硬塑状态的粉质黏土为主，含有钙质结核，局部富集，含量达 40%左右；往下从 60~110m 则以饱和、硬塑至坚硬状态的粉质黏土和黏土为主，胶结、轻微胶结层交替出现，胶结部分无规律可循，且不

同部位胶结完好程度也有很大差异；埋深110m以下则以粉细砂、中细砂为主，中间夹有4～5层黏土及粉质黏土。

③场地地下水埋深为5.5m，含水层为第四系全新粉砂及粉土，渗透系数$K=1.8 \text{m/d}$。地下水对混凝土无腐蚀性。

(2) 施工部署

1) 工程目标：

①工程质量：创国家优质工程，以质量求效益。

②建设周期，以合同工期为依据，落实措施，确保提前。

③施工现场，强化施工现场科学管理，创安全、文明样板工地。

2) 工程技术关键：

①直径为1m，埋置深度分别为-80m、-60m的1114根工程灌注桩施工。

②为有效地消除由于基坑除水对周围环境、建筑及市政设施产生的不良影响，而沿建筑物四周设置的旋喷搅拌桩隔水帷幕（总长约700m）施工。

③主楼地下室大体积混凝土底板（面积：3600m^2，厚度：4m，板底标高：-20.8m）浇筑。

④地下室沿钢筋混凝土底板及外墙内侧设置的防水混凝土、聚胺脂防水层施工，按C55级防水混凝土配合比设计。

(3) 主要施工方案及技术措施

1) 施工测量方案

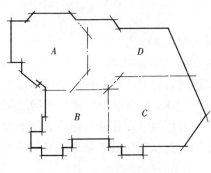

图7-24 分区平面示意图

为确保本工程的施工测量质量，在现场建立施工方格控制网，并将测量控制网的控制桩延伸到施工影响区外。控制桩顶部为现浇混凝土，顶面埋置200mm×200mm不锈钢板，控制桩埋设要牢固稳定，做好保护以免因碰撞造成控制桩移位、偏斜。地下室可用吊线锤作竖向测量。泥浆护壁工程灌注桩施工方案：根据扩初设计，该工程建筑群基础全部采用大直径钢筋混凝土灌注长桩，桩总数为1114根。为确保合同工期要求，并遵循土建施工先深后浅的原则，拟沿设计留置的永久性温度伸缩缝，将工程平面划分为A、B、C、D四区（图7-24）。

投入16台反循环机，按一台钻机三天成桩一根的速度组织灌注桩施工，分区施工顺序为A→B→C→D。灌注桩施工前应平整好施工场地并设置建设区地下障碍物。复核测量基准线和水准基点。

①灌注桩施工工序流程如图7-25所示。

②护筒埋置。

护筒起桩孔定位和保护孔口的作用，用钢板卷制，长2.0～2.5m。

根据设计桩位，精确测定桩中心线，以桩中心线为准，开挖筒坑，筒坑深度应低于筒底端50cm，然后置护筒于坑内，挂线定位，保证护筒中心与桩中心重合。

护筒底及周围用黏土分层夯实。护筒顶面标高应高于地下水位标高2m以上，在整个

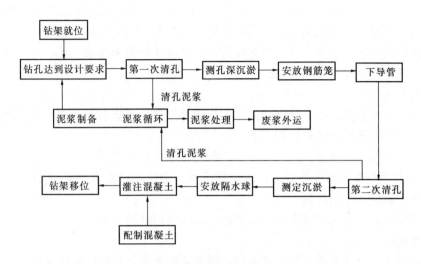

图 7-25 灌注桩施工工序流程图

施工期中护筒应保持垂直，不得翻浆、漏水和下沉。

③钻孔。

工程桩施工前必须试成孔，数量不得少于 2 个，以核对地质资料检验所选用的设备、机具、施工工艺以及技术要求是否适宜。

本工程采用 16 台反循环钻机进行桩基施工。开钻前，要用经纬仪进行检查，使钻机顶部的起吊滑轮、转盘和桩孔中心三者位于同一铅垂线上，偏差不小于 2cm。钻机定位要准确、水平、稳固。

成孔施工应一次不间断地完成，不得无故停钻，施工过程应做好施工原始记录。成孔完毕至灌注混凝土的时间间隔不应大于 24h。成孔过程中孔内水头压力比地下水的水头压力大 20kPa 左右。钻井过程中，若遇松软塌土层应调整泥浆性能指标。成孔至设计要求深度后，应会同工程有关各方对孔深（核定钻头和钻杆长度）、孔径（用测径仪）、桩位进行检查，确保符合要求后，方可进行下一道工序的施工。

多台钻机同时施工时，相邻两钻机之间的距离不宜太近，以免互相干扰，在混凝土灌注完毕的桩旁成孔施工，其安全距离不应小于 $4d$，或时间间隔不应少于 36h。

从开孔起，就需要在孔内灌注护壁泥浆，泥浆的相对密度以 1.10 为好，由于整个施工场地均在深度为 4m 的坑内，灌注桩施工期跨越一个雨季和冬季，其泥浆排放量近 20 万 m^3，为确保桩基施工质量、进度要求及现场的文明施工，现场必须分区对泥浆循环进行统一管理，泥浆循环过程中多余或废弃的泥浆，应按建设单位指定地点及时运出现场处理。现场采用振动筛旋流泵将废泥浆分离后重复使用。

④清孔。

清孔应分二次进行，第一次清孔在成孔完毕后立即进行；第二次清孔在下放钢筋笼和混凝土导管安装完毕后进行。

清孔过程中应测定泥浆指标，清孔后的泥浆相对密度应小于 1.15。清孔结束时应测定孔底沉淤，孔底沉淤厚度应符合设计及有关规范要求（孔底沉淤厚度须采用带圆锥形测锤的标准水文测绳测定，测锤重量不应小于 1kg）。

清孔结束后孔内应保持水头高度,并应在 30min 内灌注混凝土。若超过 30min,灌注混凝土前应重新测定孔底沉淤厚度,若超过规定的沉淤厚度应重新清孔直至符合要求。清孔时送入孔内的泥浆不得少于砂石泵的排量,保证循环过程中补浆充足。清孔时泵吸量应合理控制,避免吸量过大吸垮孔壁。

⑤钢筋笼施工。

钢筋笼宜分段制作,钢筋笼制作前,应将钢筋校直,清除钢筋表面污垢锈蚀,准确控制下料长度,钢筋笼采用环形模制作。

钢筋笼应经验收合格后方可安装。钢筋安装深度应符合设计要求,其允许偏差为 ±10mm。钢筋笼全部安装入孔后应检查安装位置,确认符合要求后将钢筋笼吊筋固定定位,避免灌注混凝土时钢筋笼上拱。

钢筋笼吊放入钻孔工作可考虑由布置在建筑四周的塔吊完成。

⑥水下混凝土施工。

水下混凝土配合比要求:配合比通过计算和试配确定,试配混凝土采用的材料必须是实际施工所用的材料;试配混凝土强度应比设计桩身强度提高一级;坍落度:16~22cm,含砂率:40%~45%;胶凝材料用量不少于 380kg/m³,且不宜大于 500kg/m³;混凝土应具有良好的和易性和流动性,坍落度损失应能满足灌注要求。

混凝土搅拌:混凝土搅拌时,要严格控制材料投入量,按照混凝土搅拌所需最短时间进行搅拌。

混凝土灌注:混凝土灌注是确保成桩质量的关键工序,单桩混凝土灌注时间不宜超过 8h,而且应连续浇筑;混凝土灌注的充盈系数(即实际灌注混凝土体积和桩身设计计算体积加预留长度体积之比)不得小于 1,也不宜大于 1.3;混凝土灌注导管要检查外观是否有凹陷、变形,管身与接头处是否漏水,整根导管顶部与漏斗连接,并放置好隔水栓。导管底部应距孔底 30cm;混凝土初灌量应能保证混凝土灌入后使导管埋入混凝土深度为不少于 0.8~1.3m,导管内混凝土柱和管外泥浆柱压力平衡;混凝土灌注过程中导管应始终埋在混凝土中,严禁将导管提出混凝土表面。导管埋入混凝土表面的深度不得小于 2m,导管应勤提勤拆,一次提管、拆管不得超过 6m。当混凝土灌注达到规定标高时,应经测定确认符合要求方可停止灌注;混凝土实际灌注高度应比设计桩顶标高高出一定高度(具体高度由设计单位确定),以保证设计标高以下的混凝土符合设计要求;混凝土灌注完毕后应及时割断吊筋,拔出护筒,并随即用道渣石将桩顶上部空余段填实至地面,以确保人员、机具设备的安全。

混凝土质量检查:坍落度测定,单桩混凝土量小于 25m³,每根桩应测定 2 次;单桩混凝土量大于 25m³,每根桩需测定 3 次;试块数量一根桩不少于 3 块,试块取样应在现场浇筑点上进行,试块试验及试验结果应符合国家规范的要求。

⑦工程灌注桩施工质量控制。

桩径允许偏差 ±5cm;垂直度偏差不大于 1%;沉渣厚度不大于 30cm;桩位允许偏差:边桩不大于 $d/6$ 且不大于 10cm、中间桩不大于 $d/4$ 且不大于 15cm。

2)基坑支护、隔水帷幕及降水施工方案

①基坑支护。

由于施工场地窄小,为确保四周构筑物的安全,决定沿建筑物外墙设置现浇钢筋混凝土桩作基坑支护用。本工程护坡桩布置原则如下：$\phi 800$钢筋混凝土灌注桩：用于基坑深度为$-20.8m$，主楼北段75m长范围内。桩距1.2m。设四道锚杆，锚杆水平间距1.2m，平均长度为20m。$\phi 600$钢筋混凝土灌注桩：用于基坑深度为$-12m$的裙房及基坑深度为$-14.40m$的商住楼处。桩距均为1.2m。裙房处设一道锚杆，商住楼处设二道锚杆，锚杆水平间距均为1.2m，平均长度为20m。护坡桩桩顶标高均为$-4m$（相对自然地面）采用通长钢筋混凝土连梁连接。护坡桩各项施工要求同正式工程桩（如现场能先进行隔水帷幕施工并将基坑范围内的地下水降低于基底以下，护坡桩成孔可采用螺旋钻机进行）。桩间土壁及$-4m$以上土坡护壁。在土壁上按每隔1000mm双向打入$\phi 12$（$L=1000mm$）钢筋，外挂钢丝网后，抹水泥砂浆护壁。

②隔水帷幕。

根据建设单位提供地质水文资料，施工单位在进行降低地下水前，需先行采用隔水帷幕对基坑全面进行封闭止水，以便有效地消除由于基坑降水对周围环境、建筑及市政设施产生的不良影响，为此决定选用旋喷搅拌桩作为隔水帷幕。隔水帷幕沿基坑四周距建筑物外边线10m外设置（总长700m），帷幕下底绝对标高均为71m，坐落在12层粉质黏土上，从而达到隔断外部水源的目的。由于本工程基坑深度大，地下水位距自然地面仅5.5m，作为隔水帷幕的旋喷搅拌桩所需设置的排数、桩距还需要经实地考证后方可最后确定。初定采用$\phi 600$单排旋喷搅拌桩，其有效厚度为300~400mm。旋喷搅拌桩隔水帷幕采用水泥为固化剂，通过特制的深层搅拌机械在地基深处就地将土与水泥进行强制搅拌，凝结成人工的帷幕墙。具有较好的防渗止水作用，渗透系数$K=3.4\times10^{-7}cm/s$。

③降低地下水。

旋喷搅拌桩隔水帷幕施工完毕后即可进行基坑内的降水工作，本工程采用大井管降水法。

降水井管为无砂混凝土井管，按每隔20m双向在基坑内设置（布置降水井管时要注意避开正式工程桩位置），土方开挖后，根据具体情况在基底设盲沟疏水至降水井管。基坑中部的降水井管在底板施工前，用砂石回填灌实，上部用C15混凝土填封（厚度为1m左右）与垫层混凝土补齐。基坑四周的降水井管可作为基础施工过程中的集水井用，需待基坑回填时方可停止降水。

3）土方工程施工方案

本工程土方开挖从$-4m$开始下挖，总体土方开挖量19万m^3。

①土方开挖。

土方开挖应根据工程灌注桩施工顺序及工程进度要求进行组织。其开挖程序为：待A、B区工程桩施工完毕，即可同时进行该两区的土方开挖，土方由通道1和通道2运出；然后进行C、D区土方开挖，土方由通道2和通道3运出。采用机械开挖为主，留底300mm厚（如设计有要求，按设计规定办），人工清槽至基底标高（其原则为边机械开挖，边人工清槽，边浇垫层混凝土），自卸车将土运至建设单位指定的弃土区（因施工场地窄小，回填所需用土方也运往弃土区存放）。由于本工程基底标高不一致，故相连接处土方开挖坡度均为53°，垫层混凝土施工时用C10混凝土将该处恢复至设计要求形状尺寸。

②土方回填。

自卸车将土运至回填地点，人工分层（25cm/层，在地下室处墙上事先弹上标志线），采用夯实机械以及人工分层夯实至设计要求的密实度。回填要分层取样试验，其含水率及干表观密度符合设计及规范要求。

4）钢筋、模板、混凝土工程

①钢筋工程。

集中加工成形，对进场钢筋必须做到证随物走，并及时做好复检工作。钢筋绑扎及各部接头均要符合规范及设计要求，对直径大于或等于 $\phi16$ 的钢筋，采用窄间隙焊、电渣压力焊和气压焊进行接头。

②模板工程。

与设计结合，按工程特点进行模板设计，推行工业化模板体系，以保证混凝土工程的质量。地下室圆形、矩形柱采用定型钢模，顶板模板均采用多层胶合板。

③混凝土工程。

准备采用 2 台混凝土搅拌机（$50m^3/h$）供应混凝土。由于施工现场窄小，现场混凝土搅拌站只能设置 1 台搅拌机，另一台由建设单位另行指定地点安放，混凝土由现场设置的固定混凝土泵进行浇筑。混凝土搅拌时应根据工程要求，掺入外加剂和沸石粉。混凝土养护采用 M19 表面硬化养护剂。主楼、商住楼基础底板混凝土属大体积混凝土（主楼底板厚 4m，商住楼底板厚 3m），为确保工程质量，应注意如下事项：

大体积混凝土施工一定要进行热工计算，混凝土中掺入沸石粉和减水剂以降低水泥水化热和推迟水化热峰值出现时间；采用级配良好的骨料，限制砂石中的含泥量；为保证主楼底板大体积混凝土的浇筑质量，应与设计结合，将底板划成数块，各块交接处设止水带并贴 BW 止水条，然后接设计规定的混凝土间隔时间分块组织混凝土浇筑；控制混凝土的入模温度，分层连续浇筑混凝土（每层厚度 50cm），加强混凝土保温养护工作，混凝土内部最高温度与混凝土表面差不大于 20℃；混凝土内部增设冷却水管；加强对混凝土的测温工作，做好记录，以掌握混凝土内部温升变化和温度分布规律。

5）雨期施工中的排水措施

①利用道路两侧排水沟有组织地排放场地雨水。

②沿基坑四周砌 240mm 厚 500mm 高砖围墙，表面抹 1:3 水泥砂浆，以阻止地面雨水流入基坑。

③基坑内设排水沟、集水井，及时用抽水泵将雨水排出基坑。

④基坑内场地按 1‰ 找坡，然后按 @30m 双向间距在坑内设置道路（路宽 6m，25cm 厚道渣铺底，上用 15cm 厚泥夹石夯实），以满足雨期进行工程灌注桩施工需要。

课题 4　桩基础的检测与验收

4.1　桩基础的检测

成桩的质量检验有两类基本方法，一类是静载载荷试验法，另一类为动测法。

4.1.1　静载试验法

(1) 试验目的及方法

静载试验的目的：模拟实际荷载情况，采用接近于桩的实际工作条件，通过静载加压,得出一系列关系曲线,确定单桩的极限承载力,综合评定确定其允许承载力,作为设计依据,或对工程桩的承载力进行抽样检验和评价。荷载试验有多种,通常采用的是单桩竖向抗压静载试验、单桩竖向抗拔静载试验和单桩水平静载试验。

(2) 试验要求

预制桩在桩身强度达到设计要求的前提下,对于砂类土,不应少于7d;对于粉土和黏性土,不应少于15d;对于淤泥或淤泥质土,不应少于25d,待桩身与土体的结合基本趋于稳定,才能进行试验。灌注桩应在桩身混凝土强度达到设计等级的前提下,对砂类土不少于10d;对一般黏性土不少于20d;对淤泥或淤泥质土不少于30d,才能进行试验。在同一条件下的试桩数量不宜少于总桩数的1%,且不应少于3根,工程总桩数在50根以内时不应少于2根。

4.1.2 动测法

动测法,又称动力无损检测法,是检测桩基承载力及桩身质量的一项新技术,作为静载试验的补充。

(1) 试验方法

动测法是相对静载试验法而言;它是对桩土体系进行适当的简化处理,建立起数学—力学模型,借助于现代电子技术与量测设备采集桩—土体系在给定的动荷载作用下所产生的振动参数,结合实际桩土条件进行计算,所得结果与相应的静载试验结果进行对比,在积累一定数量的动静试验对比结果的基础上,找出两者之间的某种相关关系,并以此作为标准来确定桩基承载力。

(2) 与静载试验比较

一般静载试验可直观地反映桩的承载力和混凝土的浇筑质量,数量可靠。但试验装置复杂笨重,装、卸、操作费工费时,成本高,测试数量有限,并且易破坏桩基。动测法试验,仪器轻便灵活,检测快速;单桩试验时间仅为静载试验的1/50左右;数量多,不破坏桩基,相对也较准确,可进行普查;费用低,单桩测试费约为静载试验的1/30左右,可节省静载试验错桩、堆载、设备运输、吊装焊接等大量人力、物力。目前,国内用动测法的试桩工程数目,已占工程总数的70%左右,试桩数约占全部试桩数的90%,有效地填补了静力试桩的不足。

(3) 承载力检验

单桩承载力的动测方法种类较多,国内有代表性的方法有:动力参数法、锤击贯入法、水电效应法、共振法、机械阻抗法、波动方程法等,其中常用的方法有动力参数法和锤击贯入法。

(4) 桩身质量检测

在桩基动态无损检测中,国内外广泛使用的方法是应力波反射法,又称低(小)应变法。原理是根据一维杆件弹性波反射理论(波动理论),采用锤击振动力法检测桩体的完整性,即以波在不同阻抗和不同约束条件下的传播特性来判别桩身质量。

4.2 桩基础的验收

当桩顶设计标高与施工场地标高相近时,桩基工程的验收应待成桩完毕后验收;当桩顶设计标高低于施工场地标高时,应待开挖到设计标高后进行验收。

4.2.1 基桩验收应包括的资料

(1) 工程地质勘察报告、桩基施工图、图纸会审纪要、设计变更单及材料及材料代用通知单等。

(2) 经审定的施工组织设计、施工方案及执行中的变更情况。

(3) 桩位测量放线图,包括工程桩位线复核签证单。

(4) 成桩质量检查报告。

(5) 单桩承载力检测报告。

(6) 基坑挖至设计标高的基桩竣工平面图及桩顶标高图。

4.2.2 承台工程验收时应包括的资料

(1) 承台钢筋、混凝土的施工与检查记录。

(2) 桩头与承台的错筋、边桩离承台边缘距离、承台钢筋保护层记录。

(3) 承台厚度、长度记录及外观情况描述等。

4.2.3 桩基允许偏差

桩基允许偏差见表 7-7、表 7-8。

预制桩(钢桩)桩位的允许偏差　　　　　表 7-7

项	项 目	允许偏差 (mm)	项	项 目	允许偏差 (mm)
1	盖有基础梁的桩; (1) 垂直基础梁的中心线 (2) 沿基础梁的中心线	$100+0.01H$ $150+0.01H$	3	桩数为 4~16 根桩基中的桩	1/2 桩径或边长
2	桩数为 1~3 根桩基中的桩	100	4	桩数大于 16 根桩基中的桩; (1) 最外边的桩 (2) 中间桩	1/3 桩径或边长 1/2 桩径或边长

注:H 为施工现场地面标高与桩顶设计标高的距离。

灌注桩的平面位置和垂直度的允许偏差　　　　　表 7-8

序号	成 孔 方 法		桩径允许偏差 (mm)	垂直度允许偏差 (%)	桩位允许偏差 (mm)	
					1~3 根、单排桩基垂直于中心线方向和群桩基础的边桩	条形桩基沿中心线方向和群桩基础的中间桩
1	泥浆护壁钻孔桩	$D \leqslant 1000$mm	±50	<1	$D/6$,且不大于 100	$D/4$,且不大于 150
		$D > 1000$mm	±50		$100+0.01H$	$150+0.01H$
2	套管成孔灌注桩	$D \leqslant 500$mm	−20	<1	70	150
		$D > 500$mm			100	150
3	干成孔灌柱桩		−20	<1	70	150
4	人工挖孔桩	混凝土护壁	+50	<0.5	50	150
		钢套管护壁	+50	<1	100	200

注:1. 桩径允许偏差的负值是指个别断面;

2. 采用复打、反插法施工的桩,其桩径允许偏差不受上表限制;

3. H 为施工现场地面标高与桩顶设计标高的距离,D 为设计桩径。

实 训 课 题

结合本地区实际情况,选择一个在建或已建人工挖孔灌注桩基础工程,编写技术交底

书（或作业指导书）

实训题目： 编制灌注桩技术交底书（或作业指导书）。

实训内容： 选择一个在建灌注桩施工现场，了解施工过程，并编写技术交底书（或作业指导书）。

1. 施工准备工作：
（1）作业条件准备。
（2）材料准备及技术要求。
（3）施工机具准备。
2. 质量要求及标准。
3. 工艺流程图。
4. 操作工艺（此项是重点内容，必须详细）。
5. 成品保护措施。
6. 应注意的质量问题。
7. 安全技术措施。

实训要求： 编写时必须要有针对性和实用性以及可操作性。以项目技术负责人的身份向一线技术管理人员和操作人员进行交底。通过技术交底使每个参与施工的人员了解自己的工作内容、施工方法、操作工艺、质量要求以及安全施工的注意事项。做到任务明确，心中有数。达到保证施工质量的目的。

实训方式： 以实训教学专用周的形式进行，时间为0.5周，也可根据各校具体情况安排。

实训成果： 实训结束后，每位学生提供一份实训资料，按照施工企业技术资料归档要求装订成册。

复习思考题

1. 试述桩基础的作用、适用范围和分类。
2. 分析桩基础的受力特点。
3. 试述预制桩的打桩设备及其选择。
4. 试述打桩顺序。
5. 静力压桩有何特点？工作原理是什么？
6. 什么叫灌注桩？有哪几种类型？
7. 试述泥浆护壁成孔灌注桩的施工工艺。泥浆有什么作用？护筒的作用又如何？
8. 试述干作业成孔灌注桩的施工工艺。
9. 沉管灌注桩常见的问题如何处理？
10. 试述人工挖孔灌注桩的优点和工艺流程。
11. 灌注桩施工方案的编制要求有哪些？
12. 试述桩基础的检测方法？比较各自优缺点。
13. 桩基础验收资料包括哪些？

参 考 文 献

1 牛志荣主编. 地基处理技术及工程应用. 北京：中国建材工业出版社，2004
2 石名磊等编著. 基础工程. 南京：东南大学出版社，2002
3 陈希哲编著. 土力学地基基础. 第三版. 北京：清华大学出版社，1998
4 浩明主编. 建筑工程质量管理全书. 北京：中国建材工业出版社，1999
5 北京市注册工程师管理委员会编. 注册岩土工程师专业考试复习教程. 北京：人民交通出版社，2003
6 北京土木建筑学会主编. 建筑工程技术交底记录. 北京：经济科学出版社，2003
7 杨太生主编. 地基与基础. 北京：中国建筑工业出版社，2004
8 姚谨英主编. 建筑施工技术. 第二版. 北京：中国建筑工业出版社，2003
9 卢循主编. 建筑施工技术. 上海：同济大学出版社，1999
10 《建筑施工手册》编写组编写. 建筑施工手册. 第四版. 北京：中国建筑工业出版社，2003
11 《基础工程施工手册》编写组编写. 基础工程施工手册. 第二版. 北京：中国计划出版社，2002
12 彭圣浩主编. 建筑工程施工组织设计实例应用手册. 第二版. 北京：中国建筑工业出版社，1999
13 中国建筑工程总公司编写. 地基与基础工程施工工艺标准. 北京：中国建筑工业出版社，2003
14 彭圣浩主编. 建筑工程质量通病防治手册. 第三版. 北京：中国建筑工业出版社，2002